普通高等学校"十二五"规划教材

测控技术与仪器创新设计实用教程

主编 隋修武
编著 张宏杰 李阳 牛雪娟 郝涛

国防工业出版社
·北京·

内容简介

本书比较系统地阐述了测控技术与仪器专业实践能力培养的基本思路和方法,包括测控技术基础篇与综合实践篇。上篇介绍了测控技术与仪器专业实践教学体系、测控系统设计技术基础、调试技术基础及仿真技术基础,这部分是测控技术与仪器专业及其他相近专业进行实践教学的基础知识。下篇通过5个具体的综合性、开放性设计实例,将测控技术与仪器专业的相关知识进行综合应用,可以用作毕业设计、课程设计、科技竞赛及各种科技活动的技能培训。

本书可作为高等学校测控技术与仪器专业及电子信息、自动化、机械电子工程等相关专业的本科(或高职高专)辅导教材,也可作为学生的课外实践指导书,还可作为相关领域的工程技术人员的参考书。

图书在版编目(CIP)数据

测控技术与仪器创新设计实用教程/隋修武主编. —北京:国防工业出版社,2012.6
普通高等学校"十二五"规划教材
ISBN 978 – 7 – 118 – 08048 – 3

Ⅰ.①测… Ⅱ.①隋… Ⅲ.①测量系统 – 控制系统 – 高等学校 – 教材②电子测量设备 – 高等学校 – 教材 Ⅳ.①TM93

中国版本图书馆 CIP 数据核字(2012)第 091301 号

※

国防工业出版社出版发行
(北京市海淀区紫竹院南路23号 邮政编码100048)
北京奥鑫印刷厂印刷
新华书店经售

*

开本 787×1092 1/16 印张 17 字数 419 千字
2012 年 6 月第 1 版第 1 次印刷 印数 1—4000 册 定价 33.00 元

(本书如有印装错误,我社负责调换)

国防书店:(010)88540777　　　　发行邮购:(010)88540776
发行传真:(010)88540755　　　　发行业务:(010)88540717

前　言

测控技术与仪器专业是我国高等学校仪器仪表类的唯一本科专业,现代仪器技术水平已经成为国家科技水平和综合国力的重要体现。在国民经济运行中,仪器仪表是"倍增器";在科学研究中,仪器仪表是"先行官";在军事上,仪器仪表是"战斗力"。测控技术与仪器专业的教学必须坚持"厚基础、宽口径、重实践、高素质"的要求,向复合型、创新型、高层次的方向发展,提高学生的终身学习能力、动手实践能力、应用创新能力,才能满足社会发展的需求。

按测控技术与仪器专业实践教学规律,本书分为测控技术基础篇和测控综合实践篇。

测控技术基础篇通过测控技术与仪器专业概论,指出了实践教学在仪器仪表类人才培养中的重要作用,并立足于测控系统设计的基本方法及调试中常用的软硬件工具,详细介绍了电子元器件、常用电路等测控仪器的设计基础知识;电路的焊接技术、万用表的使用、函数信号发生器的使用、示波器的使用、逻辑分析仪的使用等测控系统的调试技术;Multisim仿真、Proteus仿真、Matlab控制系统仿真技术等。

测控综合实践篇通过对基于AT89S52的室内便携式智能空气品质检测仪、基于HT46RU232的快速路智能交通控制系统、基于Mega16单片机的仿生甲壳虫设计、基于PLC的四轴数控加工中心的控制系统、基于LabVIEW的直流电机远程控制系统等5个测控系统的综合实践课题的详细介绍,将测控系统设计中常用的单片机、PLC等控制器做了细致的讲解,同时,引入了虚拟仪器技术及测控系统网络化等先进的测控技术及手段。

本书由天津工业大学隋修武高级工程师主编,并负责全书的策划与统稿。来自天津工业大学的一线教师组成了编写组,张宏杰博士编写了第四、五章,郗涛副教授编写了第六章、李阳博士编写了第七章,牛雪娟博士编写了第八章,隋修武编写了其他章节,齐晓光、胡鹏、任大林、李志君、陆彦超等研究生进行了大量的资料整理及编辑工作,北方工业大学的郑勇副教授、长春工业大学的江虹副教授、天津大学的王庆有教授为本书的编写提供了指导和帮助,为提高本书的质量做出了重要贡献,本书的出版是编写组集体智慧的结晶。

由于编者水平有限,又试图在编写教材的指导思想和内容上做出重大改变,本教材必然存在许多不足,甚至错误之处,敬请广大教师和同学们在使用过程中能够给予批评和指导,以利于提高教材质量,我们一起携手将测控技术与仪器专业的实践教学做得更好。

作者

目　录

[上篇　测控技术基础]

第一章　测控技术与仪器专业实践教学 ……………………………………………… 1
 1.1　测控技术与仪器专业 ………………………………………………………… 1
 1.2　测控技术与仪器专业的人才培养体系 ……………………………………… 2
 1.3　测控专业实践教学模式 ……………………………………………………… 3
  1.3.1　仪器仪表类人才需求的特点 ………………………………………… 3
  1.3.2　科学的实践教学体制 ………………………………………………… 3
  1.3.3　阶梯式的应用型创新型人才培养模式 ……………………………… 4
 1.4　本课程的内容与性质 ………………………………………………………… 5

第二章　测控系统设计技术基础 ………………………………………………………… 6
 2.1　电子元器件基础 ……………………………………………………………… 6
  2.1.1　电阻基础知识及使用技巧 …………………………………………… 6
  2.1.2　电容基础知识及使用技巧 …………………………………………… 10
  2.1.3　电感基础知识及使用技巧 …………………………………………… 15
  2.1.4　晶体二极管 …………………………………………………………… 16
  2.1.5　三极管基础 …………………………………………………………… 21
  2.1.6　固态继电器 …………………………………………………………… 24
  2.1.7　CMOS 与 TTL 集成电路 …………………………………………… 26
 2.2　常用测控电路 ………………………………………………………………… 29
  2.2.1　基本运算放大电路 …………………………………………………… 29
  2.2.2　仪用放大电路 ………………………………………………………… 31
  2.2.3　热电阻接口电路 ……………………………………………………… 33
  2.2.4　电容传感器接口电路 ………………………………………………… 34
  2.2.5　电位器式传感器接口电路 …………………………………………… 35
  2.2.6　差分变压器式传感器接口电路 ……………………………………… 36
  2.2.7　压阻式压力传感器接口电路 ………………………………………… 37
  2.2.8　压电晶体传感器接口电路 …………………………………………… 38
  2.2.9　光电二极管接口电路 ………………………………………………… 38
  2.2.10　电压/电流变换电路 ………………………………………………… 39

2.2.11 电流/电压变换电路 ························ 42
2.2.12 波形变换电路 ···························· 43

第三章 测控系统调试技术基础 ···················· 46
3.1 电路焊接技术 ································ 46
3.2 数字万用表的使用 ···························· 50
3.2.1 面板介绍 ································ 50
3.2.2 组成及测量原理 ·························· 51
3.3 信号发生器的使用 ···························· 55
3.3.1 工作原理 ································ 55
3.3.2 使用方法 ································ 56
3.4 示波器的使用 ································ 59
3.4.1 TDS 200 系列数字示波器准备 ·············· 59
3.4.2 基本操作常识 ···························· 60
3.4.3 进行简单测量 ···························· 63
3.5 逻辑分析仪的使用 ···························· 68
3.5.1 LAP-C 型逻辑分析仪功能介绍 ············· 70
3.5.2 安装及运行逻辑分析仪程序 ················ 71
3.5.3 操作窗口 ································ 72
3.5.4 测量建议 ································ 78

第四章 测控系统仿真技术 ························ 80
4.1 Multisim 仿真技术 ···························· 80
4.1.1 Multisim 10 软件简介 ······················ 80
4.1.2 仿真实例 ································ 84
4.2 Proteus 仿真技术 ····························· 86
4.2.1 Proteus 仿真平台简介 ····················· 86
4.2.2 Proteus 仿真实例 ························· 88
4.3 Matlab 控制系统仿真 ························· 101

[下篇 测控综合实践]

第五章 基于 AT89S52 的室内便携式智能空气品质监测仪 ·········· 109
5.1 空气品质监测仪功能描述 ····················· 109
5.1.1 总体概述 ······························· 109
5.1.2 室内空气品质测试指标的选定 ············· 109
5.2 总体方案 ·································· 110
5.2.1 总体方案设计 ··························· 110

  5.2.2 主控芯片的选择 ………………………………………………… 111
 5.3 硬件系统工作原理与设计 …………………………………………… 111
  5.3.1 传感器的选用 …………………………………………………… 111
  5.3.2 前置放大电路的设计 …………………………………………… 113
  5.3.3 模数转换电路的设计 …………………………………………… 114
  5.3.4 声光报警电路设计 ……………………………………………… 115
  5.3.5 液晶显示电路设计 ……………………………………………… 115
  5.3.6 复位电路与电源电路设计 ……………………………………… 116
 5.4 室内空气品质监测仪的软件设计 …………………………………… 118
  5.4.1 软件设计思路 …………………………………………………… 118
  5.4.2 软件设计 ………………………………………………………… 119
 5.5 调试 …………………………………………………………………… 134
  5.5.1 Proteus 软件仿真调试 ………………………………………… 134
  5.5.2 样机调试 ………………………………………………………… 136

第六章 基于 LabVIEW 的直流电机远程控制系统 …………………………… 139
 6.1 总体方案设计 ………………………………………………………… 139
  6.1.1 总体概述 ………………………………………………………… 139
  6.1.2 模块化软件设计 ………………………………………………… 140
 6.2 理论分析及设备选型 ………………………………………………… 140
  6.2.1 虚拟仪器 ………………………………………………………… 140
  6.2.2 虚拟仪器的特点 ………………………………………………… 141
  6.2.3 硬件平台 ………………………………………………………… 141
  6.2.4 虚拟仪器的软件结构 …………………………………………… 142
  6.2.5 LabVIEW 简介 ………………………………………………… 142
 6.3 直流电机及其驱动 …………………………………………………… 143
  6.3.1 直流电机的结构 ………………………………………………… 143
  6.3.2 直流电机的基本工作原理 ……………………………………… 144
  6.3.3 直流电机的调速原理 …………………………………………… 145
  6.3.4 直流电机驱动 …………………………………………………… 145
 6.4 数据采集模块 ………………………………………………………… 146
  6.4.1 数据采集理论 …………………………………………………… 146
  6.4.2 数据采集卡 ……………………………………………………… 147
  6.4.3 多功能数据采集模块 …………………………………………… 148
 6.5 双路信号传感器 ……………………………………………………… 149
 6.6 图像采集模块 ………………………………………………………… 150
  6.6.1 图像采集概述 …………………………………………………… 150

	6.6.2 图像采集过程简述	151
6.7	声音模块	151
6.8	网络通信	152
6.9	PC 机	156
6.10	软件系统设计	156
	6.10.1 系统登录	156
	6.10.2 直流电机转速控制	157
	6.10.3 图像采集	160
	6.10.4 声音采集	160
	6.10.5 历史数据	160
	6.10.6 网络通信	162
6.11	程序安装、调试和运行	162
	6.11.1 程序的安装	162
	6.11.2 现场运行和调试	164
6.12	结论	167

第七章 基于 HT46RU232 的快速路智能交通控制系统 … 169

7.1	快速路智能交通系统	169
	7.1.1 总体概述	169
	7.1.2 总体方案	169
7.2	硬件系统设计	172
	7.2.1 硬件系统的整体设计	172
	7.2.2 单片机最小系统设计	172
	7.2.3 串行通信模块设计	173
	7.2.4 显示驱动模块设计	175
	7.2.5 故障检测模块设计	177
	7.2.6 系统复位和状态存储模块设计	178
	7.2.7 自动调光模块设计	180
7.3	软件系统设计	184
	7.3.1 软件系统总体设计	184
	7.3.2 系统初始化模块设计	185
	7.3.3 串行通信模块设计	185
	7.3.4 解释、执行上位机指令程序设计	189
	7.3.5 X5045 系统复位及状态存储模块软件设计	192
	7.3.6 TLC1543 A/D 转换模块设计	194
	7.3.7 DS18B20 温度检测模块	195
	7.3.8 亮度检测和自动调光程序	196

  7.3.9 灯板状态故障判断程序 ························ 197
 7.4 实验调试与结论 ·································· 197
  7.4.1 实验调试工具介绍 ···························· 197
  7.4.2 实验调试步骤 ································ 198

第八章 基于 Mega16 单片机的仿生甲壳虫设计 ············ 203
 8.1 仿生甲壳虫结构描述 ······························ 203
 8.2 电机选型及减速器设计 ···························· 204
  8.2.1 电机选型 ···································· 204
  8.2.2 减速器设计 ·································· 205
 8.3 传感器设计 ······································ 206
  8.3.1 碰撞传感器 ·································· 207
  8.3.2 红外传感器 ·································· 207
  8.3.3 光敏传感器 ·································· 210
  8.3.4 声音传感器 ·································· 211
 8.4 控制系统硬件设计 ································ 212
  8.4.1 AVR 单片机系统 ····························· 212
  8.4.2 电机驱动 ···································· 213
  8.4.3 扬声器驱动 ·································· 214
  8.4.4 电压转换电路 ································ 214
  8.4.5 PWM 输出 ··································· 214
  8.4.6 A/D 转换 ···································· 215
 8.5 控制系统的软件设计 ······························ 216
  8.5.1 主程序 ······································ 216
  8.5.2 检测信号处理 ································ 218
  8.5.3 控制功能程序设计 ···························· 224
 8.6 结论 ·· 227

第九章 基于 PLC 的四轴数控加工中心的控制系统 ·········· 229
 9.1 数控加工中心的功能描述 ·························· 229
  9.1.1 总体结构概述 ································ 229
  9.1.2 主要技术参数 ································ 232
 9.2 交流变频调速系统 ································ 233
  9.2.1 主要元器件选型 ······························ 233
  9.2.2 转向控制原理 ································ 236
  9.2.3 变频调速控制原理 ···························· 237
 9.3 步进电机控制系统 ································ 241
  9.3.1 主要元器件选型 ······························ 241

  9.3.2 步进电机单轴定位控制 …………………………………………………… 246
  9.3.3 步进电动机两轴联动控制 …………………………………………………… 249
9.4 交流伺服电机控制系统 …………………………………………………………… 250
  9.4.1 主要元器件选型 ……………………………………………………………… 250
  9.4.2 交流伺服电机定位控制 ……………………………………………………… 253
9.5 综合控制实验 ……………………………………………………………………… 256
  9.5.1 硬件部分设计 ………………………………………………………………… 256
  9.5.2 软件部分设计 ………………………………………………………………… 256
  9.5.3 综合实验 ……………………………………………………………………… 260

上篇 测控技术基础

第一章 测控技术与仪器专业实践教学

1.1 测控技术与仪器专业

　　仪器科学是一门技术科学，又是一门应用基础科学，它是研究测量与控制的基础原理、方法、手段及其设备的科学，仪器是人类五官功能和生物感官功能的模仿和发展。仪器广泛应用于机械制造、冶金、化工、能源、环保、医疗、国防工业以及科学研究等国计民生各个领域，是进行观察、测量、计算、分析、记录和控制自然现象与生产过程的工具，发展国民经济，发展科学技术以及进行科学实验都离不开仪器。因而仪器科学技术有着十分重要的战略地位。

　　在国民经济运行中，仪器仪表是"倍增器"，对国民经济有着巨大的辐射作用和影响力。美国商业部国家标准局20世纪90年代发布的调查数据表明，美国仪器仪表产业的产值约占工业总产值的4%，而它拉动的相关经济的产值却达到社会总产值66%，仪器仪表发挥出"四两拨千斤"的巨大倍增作用。

　　在科学研究中，仪器仪表是"先行官"。离开了科学仪器，一切科学研究都无法进行。在重大科技攻关项目中，几乎一半的人力财力都是用于购置、研究和制作测量与控制的仪器设备。诺贝尔奖设立至今，在物理和化学奖中大约有1/4是属于测试方法和仪器创新的。众多获奖者都是借助于先进仪器的诞生才获得重要的科学发现，甚至许多科学家因为发明科学仪器而获奖。

　　在军事上，仪器仪表是"战斗力"。仪器仪表的测量控制精度决定了武器系统的打击精度，仪器仪表的测试速度、诊断能力则决定了武器的反应能力。1991年的海湾战争美国使用的精密制导炸弹和导弹只占8%，12年后的伊拉克战争中，美国使用的精密制导炸弹和导弹达到了90%以上，这些先进武器都是靠一系列先进的测量与控制仪器仪表实现功能的。

　　在当今社会中，现代仪器是"物化法官"。产品质量检查、环境污染监测、食品安全监查、指纹伪钞识别、各类案件侦破、疾病准确诊断等都离不开先进的科学仪器。

　　总之，现代仪器技术水平已经成为国家科技水平和综合国力的重要体现。中共十六大报告曾指出，要以信息化带动工业化，以工业化促进信息化，走出我国一条新型工业化的道路。而在这个进程中，仪器仪表既肩负着以信息化带动工业化的重任，是改造传统工业的必备手段，又扮演着以工业化促进信息化进一步发展的重要角色，是信息化的重要内容和主要标志。

　　现代测控技术是建立在电子、通信、计算机、测量及控制等多学科基础上的一门高新技术，是信息科学的重要分支，它与多个信息学科技术紧密结合，正走向微型化、集成化、虚拟化、自动化、智能化、网络化。仪器仪表在国民经济的发展中的地位不断地提高，而且产品门类繁多，覆盖面很广，对国民经济支柱产业和重大装备影响很大，代表行业水平。在863计划，特别是航天计划等国家科技发展计划中,支持仪器仪表与测量控制的发展也被放到了重要位置。

测控技术与仪器专业(以下简称测控专业)是我国高等学校仪器仪表类的唯一本科专业,是教育部1997年对与测控领域相关的11个专业归成的一个宽口径专业,它包含调整前的11个专业:精密仪器,光学技术与光电仪器,检测技术及仪器仪表,电子仪器及测量技术,几何量计量测试,热工计量测试,力学计量测试,光学计量测试,无线电计量测试,检测技术与精密仪器,测控技术与仪器。近年来,我国设有测控技术与仪器专业的高校数量也有显著增加,目前已达近300多所。其中,具有专业特色及优势的典型代表有天津大学、清华大学、东南大学、重庆大学、电子科技大学、天津工业大学等。

1.2 测控技术与仪器专业的人才培养体系

测控专业的培养目标是德、智、体全面发展,从事信息检测和控制工程领域有关传感技术、工业检测、过程控制、智能仪器、机电一体化等方面的高级工程技术与管理人才。

由于新的测控专业的发展源流情况,各学校原来的相关专业情况不同、服务对象不同,所以现有办学条件、专业规模、教学水平各异。因此,目前各个高校的测控技术与仪器专业的发展途径和专长各不相同,在专业方向、课程设置、实践内容等方面的设置存在着很大差异。如北京航空航天大学偏重于航空领域,长春理工大学偏重于光学领域,成都理工大学偏重于电子技术及核技术,天津工业大学侧重于以先进的测控技术促进纺织机械工业和现代制造业的发展,构建基于现代传感技术、信息处理技术、计算机技术、先进控制技术、网络技术等多学科交叉的通识教育基础上的宽口径专业人才培养模式,形成"设计、制造、检测、控制"四位一体的专业发展战略。

尽管各高校的测控专业在特色上有很大差别,但有着共同的学科基础和知识结构的总构架,培养方案基本坚持"四纵两横"的总体组织结构,如图 1-1 所示。

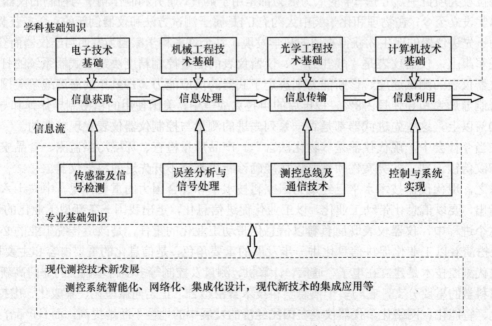

图 1-1 "四纵两横"的课程体系结构

各校都在结合自身的办学特色，采取一系列的措施提高专业教学质量，不断优化课程体系结构。一是按照"少而精"的原则设置必修课，确保学生具备扎实的理论基础。二是增加学科前沿讲座，以科研促教学，提高学生获取知识的能力，使学生有能力接触学科发展趋势。三是增加选修课比重，允许学生跨学科选修课程，使学生依托一个专业，着眼于综合性较强的跨学科训练，优化学生的知识结构，发展学生的学习兴趣，使之能学有所长，培养创新的积极性。四是进一步加强实践环节，加强实践教学的体系化建设，强化学生的动手能力和实践技能的培养，引导学生参加科技活动，培养学生的创新毅力和责任心。

1.3 测控专业实践教学模式

1.3.1 仪器仪表类人才需求的特点

仪器仪表类人才需求具有如下特点：
(1) 知识面宽的复合型人才。
(2) 知识结构新，具备可持续发展能力的人才。
(3) 适应性强，转型快，符合市场经济需要的人才。

我国的高等教育担负着培养具有创新精神和创新能力的世纪新型人才的重要使命，但是传统的教学模式存在严重的"重理论、轻实践，重教学、轻实验，重学历、轻能力"的倾向[1]，为此，测控技术与仪器专业的教学必须坚持"厚基础、宽口径、重实践、高素质"的要求，向复合型、创新型、高层次的方向发展，提高学生的终身学习能力、动手实践能力、应用创新能力，才能满足社会发展的需求。国内的各所大学的测控专业均不断推进教学改革，将实践教学放在越来越突出的重要地位。

1.3.2 科学的实践教学体制

测控专业的实践教学必须把增强学生的创新意识和能力放在首位，把以"授业"为主的教学方式转变为引导学生对知识的主动追求，以CDIO(构思、设计、实现、运作)的工程教育理念为指导，激发学生独立思考，让学生感受、理解知识产生和发展的过程，培养学生的科学精神和创新思维习惯。让学生积极参与教学过程，使学生从被动学习转变为主动学习，调动学生学习的自觉性。在教学方式上，着重培养学生获取、运用、创造知识的意识和能力，积极推进课程改革，开设一系列专门课程如测控系统创新设计、科学研究方法论等，积极促进学生科学精神和创新意识的培养。

实践教学在本科生的培养中发挥着极其重要的作用，这一点勿庸置疑。然而要充分发挥这一作用，必须建立起科学的实践教学的体制，将重视实践教学的思想和实施实践教学的方法落实到具体行动上。

首先进行实验室的建设，进行硬件资源的配置、整合与拓展，配备保证测控专业进行实践教学的典型实验平台，一般应包括传感技术与网络化实验平台、嵌入式系统及控制技术实验平台、光电检测技术实验平台、虚拟仪器技术与仿真实验平台、测控系统综合实训平台等。在软件建设方面，必须针对本科生培养计划，对全专业范围内的实验课进行统一规划，建立有效的实验课程教学体系；在实验室管理上采取一系列措施以提高实验室的运行效率；鼓励教师进行教改和指导学生实践等。

1.3.3 阶梯式的应用型创新型人才培养模式

要培养出具有测控领域综合应用能力,并具有一定创新能力的应用型专业工程技术人才,必须安排丰富的实践教学环节,制定出科学的人才培养模式。

测控专业的实践教学环节包括以电子工艺实习、金工实习、生产实习、专业实习为主的基础实习,以课程设计和毕业设计为主的设计性实践,以各门理论课教学为依托的课内教学实验,以实验室基础教学为主开设的专业实验等,这些实验对测控专业全体学生实践能力的培养都起到至关重要的作用。

阶梯式的应用型、创新型人才培养模式就是充分应用专业实验室,分阶段地、有针对性地根据培养对象所处阶段不同、知识背景不同,将开放式的人才培养分为阶梯式的三个层次,即基本实践技能的培养、创新思想的初步培育、创新能力的进一步提升。

1) 基本实践技能的培养

针对大一、大二的低年级学生,由于其所学专业知识比较有限,首先应对其进行基本专业知识的普及教育,通过选修课、课外兴趣小组的方式,简要地介绍测试技术、控制方法、传动原理,避开复杂的理论知识,从应用的角度使学生掌握其基本使用方法,如开设选修课"单片机应用与实践"、"电路设计基础实例"等,讲解单片机的基本资源的使用方法、编程技巧、调试方法,"机器人知识与竞赛"介绍机器人的基本结构、传感器、控制方法等。对学生进行实验室的安全教育,并让学生掌握实验设备和主要工具的使用,如示波器、函数发生器、逻辑分析仪、电铬铁等。

基本素质培养阶段的学生可以从给定的实验列表中选择一些基本实验,比如采用DP51-PRO单片机实验箱可以完成38个自选实验。通过基本实践技能的培养,一方面培养了学生基本的实践知识,另一方面也培养了学习兴趣,为以后的专业课学习做好铺垫。

2) 创新思想的初步培育

针对有一定专业基础知识的高年级学生,如大三、大四学生,充分利用开放实验室的各种资源,对学生进行创新性课程培训,有意识、有目的地培养学生的创新思想。

一方面,学生可以根据自己的兴趣和特长,选择难度大一些的综合性的、创新性的开放型实验,在教师的指导下,独立完成设计,达到期望的实验效果。另一方面,将专业及学科的前沿技术,结合教师的科研成果,以选修课的形式,开设创新性设计课程,讲解科学研究的基本思路、资料检索方法、电路调试与软件设计高级技巧、常用工具软件(如 DXP、MATLAB、Multisim 等)的使用、常用的机电设备的使用、最新元器件性能和使用方法等。

同时,介绍国内各类机械电子设计大赛的规则和备战方法,如全国大学生机械创新设计大赛、国内国际的机器人比赛、全国大学生电子设计竞赛、IEEE 国际电脑鼠走迷宫竞赛等,在本科阶段培养初步的科研意识和创新意识。

3) 创新能力的进一步提升

在广泛培育学生的应用能力、创新能力的基础上,加强对一部分学生的重点培养,促进其创新能力的进一步提升,创新性、开放性实验是这一阶段的主要形式。

创新性、开放性实验以教师的科学研究与国内外大学生的高水平竞赛为切入点,鼓励学生进行科研活动与创新性设计,比如实施科研性质的"大学生创新实验计划",科技竞赛性质的"飞思卡尔智能车比赛"、"嵌入式应用设计竞赛"、"FPGA 应用设计竞赛"、"智能机器人大赛"等各项大赛,开辟第二课堂,培养高水平的课外兴趣小组。

这一层次的实践采取的方式是学生自主选题，在教师的指导下，进行自主设计，来完成一些实际的工作，并且都是要经过方案论证、结构设计、电路设计、软件设计、元器件采购、加工制作、综合调试等各个实践环节，通过适当投入，鼓励学生进行机械电子类的实际制作，形成一批科技成果，从而使一批学生在实践应用能力、创新能力上得到进一步的提升。

确定丰富的实验内容，采取多样的实验方式，改善传统实验模式，是增强工科院校学生实验效果和提高人才培养质量的重要内容。只有进一步推动实验与实践教学向广度和深度又好又快发展，才能真正使实验室成为"支撑教学、拓展实践、培育创新"的重要阵地。

同时，校企合作共同进行专业和课程建设，重构专业和课程建设新理念，构建有特色的人才培养模式，大力推进第二课堂建设，加强实习实训基地建设。特别是最近推出的卓越工程师计划，与国外知名大学进行 3+1 和 2+2 的培养模式，充分引入国外大学先进的教学理念和良好的实践教学条件，在测控技术与仪器专业的人才培养模式上进行不断探索。

1.4 本课程的内容与性质

实践教学在测控技术与仪器专业的应用型、创新型人才培养中发挥着重大的作用，很多高校都陆续开设了创新实践训练课程。本课程就是以实践训练作为主线，以培养学生的基本功入手，使学生不再停留在只会查找现成的电路，然后进行组合的简单应用阶段。

上篇为测控技术基础篇，从最基础的电子元器件、典型电子仪器的使用，基本的电子工艺知识，基本的电子线路设计与仿真方法入手，所讲内容不限于前期先修课程，即使是零基础的测控专业学生，对于本篇的内容也能够掌握，而具有一定基础的高年级学生或工程技术人员则会进一步加深理解，此篇可以作为教学内容，也可作为自学内容。

下篇为测控综合实践篇，要求学生具备一定的前期基础，对模拟电路、数字电路、单片机原理、PLC 原理、C 语言程序设计、传感器技术、测控电路等具有较深入的学习和理解，在较好地掌握测控专业基础知识的基础上，以 5 个综合设计案例作为线索，将所学知识加以综合应用，此篇的目的是培养学生较高的测控系统的分析设计能力、软硬件调试能力，以及培养学生的科技创新思想。

参考文献：

[1] 林玉池，毕玉玲，马凤鸣，等．测控技术与仪器实践能力训练教程[M]．北京：机械工业出版社，2009．
[2] 高胜利，赵方方．创建机械基础新型实验教学体系的探索[J]．实验室研究与探索，25(3)，2006:247-349．
[3] 隋修武，杜玉红，岳建锋，等．提高高等院校实验教学效果的新探索[J]．中国校外教育，2009，1：60．
[4] 唐英，孙荣禄，雷贻文．关于高校工程训练的思考与实践[J]．高等教育研究学报，2008，31(2):69-71．
[5] 隋修武，桑宏强，李大鹏，等．测控技术与仪器专业人才培养模式的新探索．教育教学论坛，2011,12:42-43．

第二章 测控系统设计技术基础

【学习目的】

通过本章的学习，掌握测控系统的基本知识和进行系统设计的基本方法，包括常用电子元器件的基础知识及使用技巧，常用测控电路的原理及使用方法。

1. 掌握常用电子元器件如电阻、电容、电感、晶体二极管、晶体三极管、固态继电器的基础知识及使用技巧。
2. 熟悉 CMOS 与 TTL 集成电路的特点及使用注意事项。
3. 掌握常用的运算放大电路的特点及使用方法。
4. 掌握常用的传感器接口电路、热电阻接口电路、电容传感器接口电路、电位式传感器接口电路、差分变压器式传感器接口电路、压阻式压力传感器接口电路、压电晶体传感器接口电路、光电二极管接口电路的原理及使用。
5. 掌握常用的信号转换电路如电压/电流变换电路、电流/电压变换电路、波形变换电路的原理及应用。

2.1 电子元器件基础

2.1.1 电阻基础知识及使用技巧

1. 分类

电阻是电路中应用最广泛的一种元件，在电子设备中约占元件总数的 30%以上，其质量的好坏对电路工作的稳定性有极大影响。它的主要用途是稳定和调节电路中的电流和电压，其次还作为分流器、分压器和负载使用。

在电子电路中常用的电阻器有固定式电阻器和电位器，按制作材料和工艺不同，固定式电阻器可分为：膜式电阻(碳膜 RT、金属膜 RJ、合成膜 RH 和氧化膜 RY)、实芯电阻(有机 RS 和无机 RN)、金属线绕电阻(RX)、特殊电阻(MG 型光敏电阻、MF 型热敏电阻)四种。常用电阻的结构和特点见表 2-1。

表 2-1 常用电阻的结构和特点

电阻种类	电阻结构和特点	实物图片
碳膜电阻	气态碳氢化合物在高温和真空中分解，碳沉积在瓷棒或者瓷管上，形成一层结晶碳膜。改变碳膜厚度和刻槽的方法变更碳膜的长度，可以得到不同的阻值。碳膜电阻成本较低，性能一般	

(续)

电阻种类	电阻结构和特点	实物图片
金属膜电阻	在真空中加热合金，合金蒸发，使瓷棒表面形成一层导电金属膜。刻槽和改变金属膜厚度可以控制阻值。这种电阻和碳膜电阻相比，体积小、噪声低、稳定性好，但成本较高	
碳质电阻	把碳黑、树脂、粘土等混合物压制后经过热处理制成。在电阻上用色环表示它的阻值。这种电阻成本低，阻值范围宽，但性能差，很少采用	
线绕电阻	用康铜或者镍铬合金电阻丝，在陶瓷骨架上绕制成。这种电阻分固定和可变两种。它的特点是工作稳定，耐热性能好，误差范围小，适用于大功率的场合，额定功率一般在 1W 以上	
碳膜电位器	它的电阻体是在马蹄形的纸胶板上涂上一层碳膜制成。它的阻值变化和中间触头位置的关系有直线式、对数式和指数式三种。碳膜电位器有大型、小型、微型几种，有的和开关一起组成带开关电位器。还有一种直滑式碳膜电位器，它是靠滑动杆在碳膜上滑动来改变阻值的。这种电位器调节方便	
线绕电位器	用电阻丝在环状骨架上绕制成。它的特点是阻值范围小，功率较大	

2. 电阻的主要性能指标

1) 额定功率

在规定的环境温度和湿度下，假定周围空气不流通，在长期连续负载而不损坏或基本不改变性能的情况下，电阻器上允许消耗的最大功率。为保证安全使用，一般选其额定功率比它在电路中消耗的功率高 1~2 倍。额定功率分 19 个等级，常用的有 0.05W、0.125W、0.25W、0.5W、1W、2W、3W、5W、7W、10W，在电路图中非线绕电阻器额定功率的符号表示如图 2-1 所示。

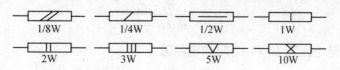

图 2-1 电阻的额定功率符号

2) 标称阻值

即产品上标示的阻值，其单位为欧(Ω)、千欧(kΩ)、兆欧(MΩ)，标称阻值都应符合表 2-2

所列数值乘以 $10^N\Omega$，其中 N 为整数。

表 2-2　标称阻值系列

允许误差	系列代号	标称阻值系列
5%	E24	1.0、1.1、1.2、1.3、1.5、1.6、1.8、2.0、2.2、2.4、2.7、3.0、3.3、3.6、3.9、4.3、4.7、5.1、5.6、6.2、6.8、7.5、8.2、9.1
10%	E12	1.0、1.2、1.5、1.8、2.2、2.7、3.3、3.9、4.7、5.6、6.8、8.2
20%	E6	1.0、1.5、2.2、3.3、4.7、6.8

3) 允许误差

电阻器和电位器实际阻值对于标称阻值的最大允许偏差范围，它表示产品的精度，允许误差的等级如表 2-3 所示。

表 2-3　允许误差等级

级别	005	01	02	Ⅰ	Ⅱ	Ⅲ
允许误差	0.5%	1%	2%	5%	10%	20%

4) 最高工作电压

它是指电阻器长期工作不发生过热或电击穿损坏时的电压。如果电压超过规定值，电阻器内部产生火花，引起噪声，甚至损坏。表 2-4 是碳膜电阻的最高工作电压。

表 2-4　碳膜电阻的最高工作电压

标称功率/W	1/16	1/8	1/4	1/2	1	2
最高工作电压/V	100	150	350	500	750	1000

5) 稳定性

稳定性是衡量电阻在外界条件(温度、湿度、电压、时间、负荷性质等)作用下电阻变化的程度。

(1) 温度系数 α_t，表示温度每变化 1℃时，电阻器阻值的相对变化量，即

$$\alpha_t = \frac{R_2 - R_1}{R_1}$$

式中：R_1、R_2 分别为温度 t_1 和 t_2 时的电阻值。

(2) 电压系数 a_v，表示电压每变化 1V 时，电阻器阻值的相对变化量，即

$$\alpha_v = \frac{R_2 - R_1}{R_1(U_2 - U_1)}$$

式中：R_1、R_2 分别是电压为 U_1 和 U_2 时的电阻值。

6) 噪声电动势

电阻器的噪声电动势在一般电路中可以不考虑，但在弱信号系统中不可忽视。

线绕电阻器的噪声只限定于热噪声(分子扰动引起)，仅与阻值、温度和外界电压的频带有关。薄膜电阻除了热噪声外，还有电流噪声，这种噪声近似地与外加电压成正比。

7) 高频特性

电阻器使用在高频条件下,要考虑其固有的电感和固有电容的影响。这时,电阻器变为一个直流电阻(R_0)与分布电感串联,然后再与分布电容并联的等效电路,非线绕电阻器的 $L_R=(0.01\sim0.05)\mu H$,$C_R=(0.1\sim5)pF$,线绕电阻器的 L_R 达几十 μH,C_R 达几十 pF,即使是无感绕法的线绕电阻器,L_R 仍有零点几 μH。

3. 单位标注规则

阻值在 $M\Omega$ 以上,标注单位 M。比如 $1M\Omega$,标注 1M;$2.7M\Omega$,标注 2.7M。

阻值在 $1k\Omega\sim100k\Omega$,标注单位 k。比如 $5.1k\Omega$ 标注 5.1k;$68k\Omega$ 标注 68k。

阻值在 $100k\Omega\sim1M\Omega$ 之间,可以标注单位 k,也可以标注单位 M。比如 $360k\Omega$ 可以标注 360k,也可以标注 0.36M。

阻值在 $1k\Omega$ 以下,可以标注单位 Ω,也可以不标注。比如 5.1Ω 可以标注 5.1Ω 或者 5.1;680Ω 可以标注 680Ω 或者 680。

4. 命名方法

根据部颁标准(SJ-73)规定,电阻器、电位器的命名由四部分组成,即主称、材料、分类特征、序号。它们的型号及意义见表 2-5。

表 2-5 电阻器的型号命名法

第一部分		第二部分		第三部分		第四部分
用字母表示主称		用字母表示材料		用数字或字母表示特征		序号
符号	意义	符号	意义	符号	意义	
R RP	电阻器 电位器	T	碳膜	1、2	普通	包括: 额定功率 阻值 允许误差 精度等级
		P	金属膜	3	超高频	
		U	合成膜	4	高阻	
		C	沉积膜	5	高温	
		H	合成膜	6	高湿	
		I	玻璃釉膜	7	精密	
		J	金属膜	8	高压	
		Y	氧化膜	9	特殊	
		S	有机实芯	G	高功率	
		N	无机实芯	T	可调	
		X	线绕	X	小型	
		R	热敏	L	测量用	
		G	光敏	W	微调	
		M	压敏	D	多圈	

示例:RJ71-0.125—5.1kI 型的命名含义:R—电阻器;J—金属膜;7—精密;1—序号;0.125—额定功率;5.1k—标称阻值;I—误差 5%。

5. 检测方法与使用注意事项

一般使用注意事项如下:

(1) 根据电子设备的技术指标和电路的具体要求选用电阻的型号和误差等级。

(2) 额定功率应大于实际消耗功率的 1.5 倍~2 倍。

(3) 电阻装接前要测量核对,尤其是要求较高时,还要进行人工老化处理,提高稳定性。

(4) 根据电路工作频率选择不同类型的电阻。

电阻的检测方法如下:

1) 固定电阻的检测

将万用表两表笔(不分正负)分别与电阻的两端引脚相接即可测出实际电阻值。为了提高测量精度,应根据被测电阻标称值的大小来选择量程。对于指针式万用表,由于欧姆挡刻度的非线性关系,它的中间一段分度较为精细,因此应使指针指示值尽可能落到刻度的中段位置,即全刻度起始的 20%~80%弧度范围内,以使测量更准确。根据电阻误差等级不同,读数与标称阻值之间分别允许有±5%、±10%或±20%的误差,如果不相符,超出误差范围,则说明该电阻值变值了。

测试时,特别是在测几十 kΩ 以上阻值的电阻时,手不要触及表笔和电阻的导电部分,被检测的电阻应从电路中焊下来,至少要焊开一个头,以免电路中的其他元件对测试产生影响,造成测量误差;色环电阻的阻值虽然能以色环标志来确定,但在使用时最好还是用万用表测试一下其实际阻值。

2) 正温度系数热敏电阻(PTC)的检测

检测时,用万用表 R×1 挡,具体可分两步操作。第一步,常温检测(室内温度接近 25℃)。将两表笔接触 PTC 热敏电阻的两引脚测出其实际阻值,并与标称阻值相对比,二者相差在±2Ω 内即为正常。实际阻值若与标称阻值相差过大,则说明其性能不良或已损坏。第二步,加温检测。在常温测试正常的基础上,即可进行第二步测试——加温检测。将一热源(例如电烙铁)靠近 PTC 热敏电阻对其加热,同时用万用表监测其电阻值是否随温度的升高而增大,如果是,说明热敏电阻正常,若阻值无变化,说明其性能变劣,不能继续使用。注意不要使热源与 PTC 热敏电阻靠得过近,或直接接触热敏电阻,以防止将其烫坏。

3) 压敏电阻的检测

用万用表的 R×1k 挡测量压敏电阻两引脚之间的正、反向绝缘电阻,均为无穷大,否则,说明漏电流大。若所测电阻很小,说明压敏电阻已损坏,不能使用。

4) 光敏电阻的检测

第一步,用一黑纸片将光敏电阻的透光窗口遮住,此时阻值接近无穷大。此值越大说明光敏电阻性能越好。若此值很小或接近为零,说明光敏电阻已烧穿损坏,不能再继续使用。第二步,将一合适光源对准光敏电阻的透光窗口,此时阻值明显减小。此值越小说明光敏电阻性能越好。若此值很大甚至无穷大,表明光敏电阻内部开路损坏,也不能再继续使用。第三步,将光敏电阻透光窗口对准入射光线,用小黑纸片在光敏电阻的遮光窗上部晃动,使其间断受光,此时光敏电阻的阻值应有较大的变化,如果阻值几乎不变,说明光敏电阻的光敏材料已经损坏。

2.1.2 电容基础知识及使用技巧

1. 分类

电容是一种储能元件,在电路中用于调谐、滤波、耦合、旁路、能量转换和延时。电容器通常叫做电容。常用的电容器按其结构可分为固定电容器、半可变电容器、可变电容器三种;按其介质材料可分为电解电容器、云母电容器、瓷介电容器、玻璃釉电容器等。具体见表 2-6。

表2-6 常用电容的结构和特点

电容种类	电容结构和特点
铝电解电容	它是由铝圆筒做负极，里面装有液体电解质，插入一片弯曲的铝带做正极制成，还需要经过直流电压处理，使正极片上形成一层氧化膜做介质。它的特点是容量大，但是漏电大，误差大，稳定性差，常用作交流旁路和滤波，在要求不高时也用于信号耦合。电解电容有正、负极之分，使用时不能接反
纸介电容	用两片金属箔做电极，夹在极薄的电容纸中，卷成圆柱形或者扁柱形芯子，然后密封在金属壳或者绝缘材料(如火漆、陶瓷、玻璃釉等)壳中制成。它的特点是体积较小，容量可以做得较大，但是固有电感和损耗都比较大，用于低频比较合适
金属化纸介电容	结构和纸介电容基本相同。它是在电容器纸上覆上一层金属膜来代替金属箔，体积小，容量较大，一般用在低频电路中
油浸纸介电容	它是把纸介电容浸在经过特别处理的油里，增强它的耐压。它的特点是电容量大、耐压高，但是体积较大
玻璃釉电容	以玻璃釉作介质，具有瓷介电容器的优点，且体积更小，耐高温
陶瓷电容	用陶瓷做介质，在陶瓷基体两面喷涂银层，然后烧成银质薄膜做极板制成。它的特点是体积小，耐热性好，损耗小，绝缘电阻高，但容量小，适宜用于高频电路
薄膜电容	结构和纸介电容相同，介质是涤纶或者聚苯乙烯。涤纶薄膜电容，介电常数较高，体积小，容量大，稳定性较好，适宜做旁路电容。聚苯乙烯薄膜电容，介质损耗小，绝缘电阻高，但是温度系数大，可用于高频电路
云母电容	用金属箔或者在云母片上喷涂银层做电极板，极板和云母一层一层叠合后，再压铸在胶木粉或封固在环氧树脂中制成。它的特点是介质损耗小，绝缘电阻大，温度系数小，适宜用于高频电路
钽、铌电解电容	它用金属钽或者铌做正极，用稀硫酸等配液做负极，用钽或铌表面生成的氧化膜做介质制成。它的特点是体积小，容量大，性能稳定，寿命长，绝缘电阻大，温度特性好。用在要求较高的设备中
半可变电容	也叫做微调电容。它是由两片或者两组小型金属弹片，中间夹着介质制成。调节的时候改变两片之间的距离或者面积。它的介质有空气、陶瓷、云母、薄膜等
可变电容	它由一组定片和一组动片组成，它的容量随着动片的转动可以连续改变。把两组可变电容装在一起同轴转动，叫做双连。可变电容的介质有空气和聚苯乙烯两种。空气介质可变电容体积大，损耗小，多用在电子管收音机中。聚苯乙烯介质可变电容做成密封式的，体积小，多用在晶体管收音机中

2. 主要性能指标

1) 标称容量和允许误差

电容器的容量是指电容器存储电荷的能力，常用的单位是 F、μF、pF。电容器上标有的电容数值是电容器的标称容量，标称容量和它的实际容量会有误差。常用固定电容允许误差的等级见表2-7，常用固定电容的标称容量系列见表2-8。一般地，电容器上都直接写出其容量，也有用数字来标志容量的，通常在容量小于 10000pF 的时候，用 pF 做单位，大于 10000pF

的时候，用 μF 做单位。为了简便起见，大于 100pF 而小于 1μF 的电容常常不标注单位。没有小数点的，它的单位是 pF；有小数点的，它的单位是 μF。如有的电容上标有"332"(3300pF) 三位有效数字，左起两位给出电容量的第一、二位数字，而第三位数字则表示在后加 0 的个数，单位是 pF。

表 2-7 常用固定电容允许误差的等级

允许误差	±2%	±5%	±10%	±20%	(+20%/-30%)	(+50%/-20%)	(+100%/-10%)
级别	02	I	II	III	IV	V	VI

表 2-8 常用固定电容的标称容量系列

电容类别	允许误差	容量范围	标称容量系列
纸介电容、金属化纸介电容、纸膜复合介质电容、低频(有极性)有机薄膜介质电容	5% ±10% ±20%	100pF～1μF 1μF～100μF	1.0、1.5、2.2、3.3、4.7、6.8 1、2、4、6、8、10、15、20、30、50、60、80、100
高频(无极性)有机薄膜介质电容、瓷介电容、玻璃釉电容、云母电容	5% 10% 20%	1pF～1μF	1.1、1.2、1.3、1.5、1.6、1.8、2.0、2.4、2.7、3.0、3.3、3.6、3.9、4.3、4.7、5.1、5.6、6.2、6.8、7.5、8.2、9.1 1.0、1.2、1.5、1.8、2.2、2.7、3.3、3.9、4.7、5.6、6.8、8.2 1.0、1.5、2.2、3.3、4.7、6.8
铝、钽、铌、钛电解电容	10% ±20% +50/-20% +100/-10%	1μF～1000000μF	1.0、1.5、2.2、3.3、4.7、6.8 (容量单位 μF)

2) 额定工作电压

在规定的工作温度范围内，电容长期可靠地工作，它能承受的最大直流电压，就是电容的耐压，也叫做电容的直流工作电压。如果在交流电路中，要注意所加的交流电压最大值不能超过电容的直流工作电压值。常用的固定电容工作电压有 6.3V、10V、16V、25V、50V、63V、100V、250V、400V、500V、630V、1000V。

3) 绝缘电阻

由于电容两极之间的介质不是绝对的绝缘体，它的电阻不是无限大，而是一个有限的数值，一般在 1000MΩ 以上，电容两极之间的电阻叫做绝缘电阻，或者叫做漏电电阻，大小是额定工作电压下的直流电压与通过电容的漏电流的比值。漏电电阻越小，漏电越严重。电容漏电会引起能量损耗，这种损耗不仅影响电容的寿命，而且会影响电路的工作。因此，漏电电阻越大越好。

4) 介质损耗

电容器在电场作用下消耗的能量，通常用损耗功率和电容器的无功功率之比，即损耗角的正切值表示。损耗角越大，电容器的损耗越大，损耗角大的电容不适于高频情况下工作。常见电容的特性见表 2-9。

表 2-9 常用电容的特性

电容种类	容量范围	直流工作电压/V	运用频率/MHz	准确度	漏电电阻(>MΩ)
中小型纸介电容	470pF～0.22μF	63～630	8 以下	Ⅲ	>5000
金属壳密封纸介电容	0.01uF～10μF	250～1600	直流，脉动直流	Ⅰ～Ⅲ	>1000～5000
中小型金属化纸介电容	0.01μF～0.22μF	160、250、400	8 以下	Ⅰ～Ⅲ	>2000
金属壳密封金属化纸介电容	0.22μF～30μF	160～1600	直流，脉动电流	Ⅰ～Ⅲ	>30～5000
薄膜电容	3pF～0.1μF	63～500	高频、低频	Ⅰ～Ⅲ	>10000
云母电容	10pF～0.51μF	100～7000	75～250 以下	02～Ⅲ	>10000
瓷介电容	1pF～0.1μF	63～630	低频、高频	02～Ⅲ	>10000
铝电解电容	1μF～10000μF	4～500	直流，脉动直流	Ⅳ～Ⅴ	
钽、铌电解电容	0.47μF～1000μF	6.3～160	直流，脉动直流	Ⅲ～Ⅳ	
瓷介微调电容	2/7pF～7/25pF	250～500	高频		>1000～10000
可变电容	7pF～1100pF	100 以上	低频，高频		>500

3. 命名方法

根据部颁标准(SJ-73)规定，电容器的命名由四部分组成，即主称、材料、分类特征、序号。它们的型号及意义见表 2-10 和表 2-11。

表 2-10 电容器型号命名方法

第一部分		第二部分		第三部分		第四部分
用字母表示主称		用字母表示材料		用数字或字母表示特征		序号
符号	意义	符号	意义	符号	意义	
C	电容器	C	瓷介	T	叠片式	包括：品种、尺寸、代号、温度特性、直流工作电压、标称值、允许误差、标准代号
		I	玻璃釉	W	微调	
		O	玻璃膜	J	金属化	
		Y	云母	X	小型	
		V	云母纸	S	独石	
		Z	纸介	D	低压	
		J	金属化纸	M	密封	
		B	聚苯乙烯	Y	高压	
		F	聚四氟乙烯	C	穿心式	
		L	涤纶			
		S	聚碳酸酯			
		Q	漆膜			
		H	纸膜复合			
		D	铝电解			
		A	钽电解			
		G	金属电解			
		N	铌电解			
		T	钛电解			
		M	压敏			
		E	其他材料			

表 2-11　第三部分是数字时所代表的意义

符号 (数字)	特征(型号的第三部分)的意义			
	瓷介电容器	云母电容器	有机电容器	电解电容器
1	圆形	非密封	非密封	箔式
2	管形	非密封	非密封	箔式
3	叠片	密封	密封	烧结粉液体
4	独石	密封	密封	烧结粉固体
5	穿心		穿心	
6	支柱等			
7				无极性
8	高压	高压	高压	
9			特殊	特殊

4. 选用常识

电容在电路中实际要承受的电压不能超过它的耐压值。在滤波电路中，电容的耐压值不要小于交流有效值的 1.44 倍。使用电解电容的时候，还要注意正负极不要接反。

不同电路应该选用不同种类的电容。谐振回路可以选用云母、高频陶瓷电容，隔直流可以选用纸介、涤纶、云母、电解、陶瓷等电容，滤波可以选用电解电容，旁路可以选用涤纶、纸介、陶瓷、电解等电容。

电容在装入电路前要检查它有没有短路、断路和漏电等现象，并且核对它的电容值。安装的时候，要使电容的类别、容量、耐压等符号容易看到，以便核实。

5. 电容器的检测方法

1) 固定电容器的检测

检测 10pF 以下的小电容时，因 10pF 以下的固定电容器容量太小，用万用表进行测量，只能定性地检查其是否有漏电、内部短路或击穿现象。测量时，可选用万用表 R×10k 挡，用两表笔分别任意接电容的两个引脚，阻值应为无穷大。若测出阻值为零，则说明电容漏电损坏或内部击穿。

对于 0.01μF 以上的固定电容，可用万用表的 R×10k 挡直接测试电容器有无充电过程以及有无内部短路或漏电，并可根据指针向右摆动的幅度大小估计出电容器的容量。

2) 电解电容器的检测

(1) 因为电解电容的容量较一般固定电容大得多，所以测量时，应针对不同容量选用合适的量程。根据经验，一般情况下，1μF～47μF 间的电容，可用 R×1k 挡测量，大于 47μF 的电容可用 R×100 挡测量。

(2) 将万用表红表笔接负极，黑表笔接正极，在刚接触的瞬间，万用表指针即向右偏转较大偏度(对于同一电阻挡，容量越大，摆幅越大)，接着逐渐向左回转，直到停在某一位置。此时的阻值便是电解电容的正向漏电阻，此值略大于反向漏电阻。实际使用经验表明，电解电容的漏电阻一般应在几百 kΩ 以上，否则，将不能正常工作。在测试中，若正向、反向均无充电的现象，即表针不动，则说明容量消失或内部断路；如果所测阻值很小或为零，说明电容漏电大或已击穿损坏，不能再使用。

(3) 对于正、负极标志不明的电解电容器，可利用上述测量漏电阻的方法加以判别。即先任意测一下漏电阻,记住其大小,然后交换表笔再测出一个阻值。两次测量中阻值大的那一次便是正向接法,即黑表笔接的是正极,红表笔接的是负极。

(4) 使用万用表电阻挡,采用给电解电容进行正、反向充电的方法,根据指针向右摆动幅度的大小,可估测出电解电容的容量。

3) 采用数字万用表的电容测量方法

电容的测量挡位有 20nF、2μF、200μF。

测量步骤如下:

(1) 将黑表笔插入"COM"插孔,红表笔插入"mA CAP"插孔。

(2) 测量前估计被测电容容量的大小,选取合适的挡位,选挡要大于并且最接近被测电容的容量。

(3) 对于无极性电容,红黑表笔不分正负分别接被测电容两端,对于有极性电容,红表笔接正极,黑表笔接负极。

2.1.3 电感基础知识及使用技巧

电感也是一种储能元件,电感元件是电感、互感及变压器的总称,电感通常是指空心线圈或磁芯线圈,电感在电路中可与电容组成振荡电路,也用于能量转换等。

电感线圈是将绝缘的导线在绝缘的骨架上绕一定的圈数制成。为了增加电感量,提高品质因数和减少体积,通常在线圈中加入软磁性材料的磁芯。直流可通过线圈,直流电阻就是导线本身的电阻,压降很小;当交流信号通过线圈时,线圈两端将会产生自感电动势,自感电动势的方向与外加电压方向相反,阻碍交流信号通过,所以电感的特性是通直流阻交流,频率越高,线圈阻抗越大,其对交流信号的阻碍作用称为感抗,感抗与交流信号的频率和电感量有关,表示为 $X_L = 2\pi fL$,式中 f 表示交流信号的频率,L 表示电感量。

1. 电感标识

电感标识一般有直标法、色标法和数值表示法。

1) 直标法

指在小型固定电感器的外壳上直接用文字标出电感器的主要参数。其中额定电流常用字母标注,小型固定电感器的工作电流和字母的关系如表 2-12 所示。

表 2-12 小型固定电感器的工作电流和字母的关系

字母	A	B	C	D	E
最大工作电流/mA	50	150	300	700	1600

2) 色标法

与电阻类似,如:"棕黑金金"表示 1μH、误差为 5% 的电感。电感各道色环颜色的意义如表 2-13 表示。

表 2-13 固定电感器的色环颜色意义

颜色	黑	棕	红	橙	黄	绿	蓝	紫	灰	白	金	银
第一、二数字	0	1	2	3	4	5	6	7	8	9		
倍乘	10^0	10^1	10^2	10^3							0.1	0.01
允许误差	±20%										±20%	±10%

3) 数值表示法

用三位数字表示，前两位表示电感值的有效数字，第三位数字表示 0 的个数，小数点用 R 表示，单位为 μH。例如：151 表示 150μH，2R7 表示 2.7μH，R36 表示 0.36μH。

2. 电感分类

大电感全部是线绕的，按结构分为空心电感和磁芯电感。空心电感的线性度好，但受外界干扰严重；磁芯电感存在磁饱和现象，磁化曲线的弯曲使得电感值不固定。

按电感量是否可调分为固定电感、可调电感、微调电感。固定电感如小磁环，小引线等；可调电感如中周等，中周在检波和发射中使用，必须带屏蔽罩，克服干扰。带骨架的电感也是一种线绕电感，骨架起固定作用，如果骨架是磁芯，则为磁芯电感。

微调电感可满足整机调试的需要，补偿电感生产中的分散性，一次调好后一般不再变动。

3. 主要特性

1) 电感量 L

电感量是指电感器通过变化电流时产生感应电动势的能力。其大小与磁导率 μ、线圈单位长度中匝数 n 及体积 V 有关。当线圈长度大于直径时，电感量可表示为

$$L = \mu n^2 V \tag{2-1}$$

电感的基本单位为亨(H)，换算单位有：$1H=10^3 mH=10^6 \mu H$。

2) 品质因数 Q

指电感在某一频率的交流电压作用下工作时，电感的感抗与本身直流电阻的比值。品质因数 Q 的大小反映电感传输能量的本领，Q 越大，传输能量的本领越大，损耗越小，一般要求 $Q= 50\sim300$。

$$Q = \omega L / R \tag{2-2}$$

式中，ω 为工作角频率；L 为线圈电感量；R 为线圈电阻。

3) 额定电流

指电感正常工作时允许通过的最大电流。额定电流主要对高频电感和大功率调谐电感而言。电流超过额定值时，电感将发热，严重时会烧坏。

4) 固有电容

电感线圈的匝与匝之间存在寄生电容，绕组与地之间、与屏蔽罩之间等存在电容，这些电容是电感固有的。

4. 电感的选用

使用电感时，电流不能超过额定电流，否则可能损坏电感。电感的类型不同，结构形状不同，其特点与应用也不同，在选择电感器时要明确使用频率范围，铁芯线圈只能用于低频；一般的铁氧体线圈、空心线圈用于高频。另外线圈是磁感应元件，它对周围的电感元件有影响，必要时可在电感元件上加屏蔽罩。

5. 电感质量的判别

用万用表的电阻挡测量电感阻值的大小。若被测电感阻值为零，说明电感内部绕组有短路性故障，注意测量前万用表先调零。若被测电感阻值为无穷大，说明电感内部绕组或引出脚与绕组接点处发生断路性故障。

2.1.4 晶体二极管

最常用的晶体管有三极管和二极管两种。三极管以符号 BG(旧)或 T 表示，二极管以 D 表

示。按制作材料分，晶体管可分为锗管和硅管两种。图 2-2 所示为常用二极管示例。

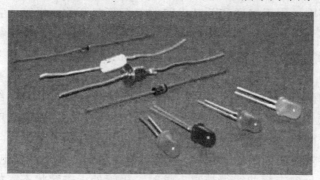

图 2-2　常用二极管

1. 二极管的主要参数

(1) 正向电流 I_F：在额定功率下，允许通过二极管的电流值。

(2) 正向电压降 V_F：二极管通过额定正向电流时，在两极间所产生的电压降。

(3) 最大整流电流(平均值) I_{OM}：在半波整流连续工作的情况下，允许的最大半波电流的平均值。

(4) 反向击穿电压 V_P：二极管反向电流急剧增大到出现击穿现象时的反向电压值。

(5) 反向峰值电压 V_{RM}：二极管正常工作时所允许的反向电压峰值，通常 V_{RM} 为 V_P 的 2/3 或略小一些。

(6) 反向电流 I_R：在规定的反向电压条件下流过二极管的反向电流值。

(7) 结电容 C：在高频场合下使用时，要求结电容小于某一规定数值。

(8) 最高工作频率 F_M：二极管具有单向导电性的最高交流信号的频率。

2. 常用二极管

1) 整流二极管

将交流电源整流成为直流电流的二极管叫作整流二极管，它是面结合型的功率器件，因结电容大，故工作频率低。

通常，I_F 在 1A 以上的二极管采用金属壳封装，以利于散热；I_F 在 1A 以下的采用全塑料封装，见图 2-3。由于近代工艺技术不断提高，国外出现了不少较大功率的管子，也采用塑封形式。

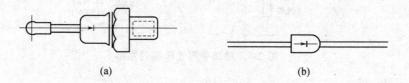

图 2-3　二极管封装

(a) 全密封金属结构；(b) 塑料封装。

2) 检波二极管

检波二极管是用于把叠加在高频载波上的低频信号检出来的器件，它具有较高的检波效率和良好的频率特性。

3) 开关二极管

在脉冲数字电路中,用于接通和关断电路的二极管叫开关二极管,它的特点是在正向电压作用下电阻很小,处于导通状态,在反向电压作用下电阻很大,处于截止状态。开关二极管是一种高频管,恢复时间短,能满足高频和超高频应用的需要。

4) 稳压二极管

稳压二极管是由硅材料制成的面结合型晶体二极管,它是利用 PN 结反向击穿时的电压基本上不随电流的变化而变化的特点,来达到稳压的目的,因为它能在电路中起稳压作用,故称为稳压二极管,简称稳压管,其图形符号见图 2-4。

稳压管的伏安特性曲线如图 2-5 所示,当反向电压达到 V_z 时,即使电压有一微小的增加,反向电流亦会猛增,反向击穿曲线很徒直,这时二极管处于击穿状态,如果把击穿电流限制在一定的范围内,管子就可以长时间在反向击穿状态下稳定工作。

图 2-4 稳压二极管

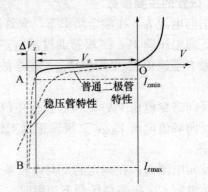

图 2-5 硅稳压管伏安特性

稳压管常用于限幅电路,如图 2-6 所示,电路利用稳压二极管反向击穿后的电压不变来稳定输出电压的幅度。一只稳压管的稳定电压为 4.5V,两只背靠背连接时输出电压约为±5V。

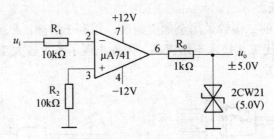

图 2-6 稳压管用于限幅的电路

5) 变容二极管

变容二极管是利用 PN 结的电容随外加偏压而变化这一特性制成的非线性电容元件,被广泛地用于参量放大器、电子调谐及倍频器等微波电路中,变容二极管主要是通过结构设计及工艺等一系列途径来突出电容与电压的非线性关系,并提高 Q 值以适合应用。

变容二极管的结构与普通二极管相似,其符号如图 2-7 所示,   图 2-7 变容二极管图形符号
几种常用变容二极管的型号参数见表 2-14。

表 2-14　变容二极管的型号参数

型号	产地	反向电压/V		电容量/pF		电容比	使用波段
		最小值	最大值	最小值	最大值		
2CB11	中国	3	25	2.5	12		UHF
2CB14	中国	3	30	3	18	6	VHF
BB125	欧洲	2	28	2	12	6	UHF
BB139	欧洲	1	28	5	45	9	VHF
MA325	日本	3	25	2	10.3	5	UHF
ISV50	日本	3	25	4.9	28	5.7	VHF
ISV97	日本	3	25	2.4	18	7.5	VHF
ISV59.OSV70/IS2208	日本	3	25	2	11	5.5	UHF

3. 二极管的选用常识

选用二极管时要注意以下几个方面。

1) 正向特性

加在二极管两端的正向电压(P 为正、N 为负)很小时(锗管小于 0.1V，硅管小于 0.5V)，管子不导通，处于"死区"状态，当正向电压超过一定数值后，管子才导通，电压再稍微增大一点儿，电流急剧增加。不同材料的二极管，正向导通电压不同，硅管为(0.5～0.7)V 左右，锗管为(0.1～0.3)V 左右。

2) 反向特性

二极管两端加上反向电压时，反向电流很小，当反向电压逐渐增加时，反向电流基本保持不变，这时的电流称为反向漏电流。不同材料的二极管，反向电流大小不同，硅管约为 1μA 到几十 μA，锗管则可高达数百 μA，另外，反向电流受温度变化的影响很大，锗管的稳定性比硅管差。

3) 击穿特性

当反向电压增加到某一数值时，反向电流急剧增大，这种现象称为反向击穿。这时的反向电压称为反向击穿电压，不同结构、工艺和材料制成的管子，其反向击穿电压值差异很大，可由 1V 到几百 V，甚至高达数 kV。

4) 频率特性

由于结电容的存在，当频率高到某一程度时，容抗小到使 PN 结短路，导致二极管失去单向导电性，不能工作，PN 结面积越大，结电容也越大，越不能在高频情况下工作。

4. 二极管检测方法

1) 普通二极管的检测

二极管的极性通常在管壳上注有标记，如无标记，可用模拟万用表电阻挡测量其正反向电阻来判断，一般用 R×100 或×1k 挡，具体方法见表 2-15。

表 2-15 二极管简易测试方法

项 目	正向电阻	反向电阻
测试方法	(红笔接正极，黑笔接负极，Rx1k 挡)	(红笔接负极，黑笔接正极，Rx1k 挡)
测试情况	硅管：表针指示位置在中间或中间偏右一点；锗管：表针指示在右端靠近满刻度的地方表明管子正向特性是好的。如果表针在左端不动，则管子内部已经断路。	硅管：表针在左端基本不动，极靠近 O 位置；锗管：表针从左端起动一点，但不应超过满刻度的 1/4，则表明反向特性是好的，如果表针指在 0 位，则管子内部已短路

关于用数字万用表测二极管的方法，见第四章数字万用表的使用。

2) 发光二极管的检测

(1) 用万用表检测。

利用具有 ×10kΩ 挡的指针式万用表可以大致判断发光二极管的好坏。正常时，二极管正向电阻阻值为几十 Ω 至 200kΩ，反向电阻的值为 ∞。如果正向电阻值为 0 或为 ∞，反向电阻值很小或为 0，则已损坏。这种检测方法，不能实际看到发光管的发光情况，因为 ×10kΩ 挡不能向 LED 提供较大正向电流。

如果有两块指针万用表，最好同型号，可以较好地检查发光二极管的发光情况。用一根导线将其中一块万用表的"+"接线柱与另一块表的"-"接线柱连接，余下的"-"笔接被测发光管的正极(P 区)，余下的"+"笔接被测发光管的负极(N 区)。两块万用表均置 ×10Ω 挡。正常情况下，接通后就能正常发光。若亮度很低，甚至不发光，可将两块万用表均拨至 ×1Ω 挡，若仍很暗，甚至不发光，则说明该发光二极管性能不良或损坏。应注意，不能一开始测量就将两块万用表置于 ×1Ω 挡，以免电流过大，损坏发光二极管。

(2) 外接电源测量。

用 3V 稳压源或两节串联的干电池及万用表，指针式或数字式皆可，可以较准确地测量发光二极管的光电特性，按图 2-8 所示连接电路即可。如果测得 V_F 在 1.4～3V 之间，且发光亮度正常，可以说明发光管正常。如果测得 $V_F=0$ 或 $V_F \approx 3V$，且不发光，说明发光管已坏。

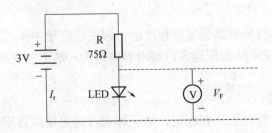

图 2-8 外接电源测量发光二极管

3) 红外发光二极管的检测

由于红外发光二极管发射(1～3)μm 的红外光,人眼看不到,通常单只红外发光二极管发射功率只有数 mW,不同型号的红外 LED 发光强度角分布也不相同。红外 LED 的正向压降一般为(1.3～2.5)V。正是由于其发射的红外光人眼看不见,所以利用上述可见光 LED 的检测法只能判定其 PN 结正、反向电学特性是否正常,而无法判定其发光情况正常否。为此,最好准备一只光敏器件(如 2CR、2DR 型硅光电池)作接收器,用万用表测光电池两端电压的变化情况来判断红外 LED 加上适当正向电流后是否发射红外光。其测量电路如图 2-9 所示。

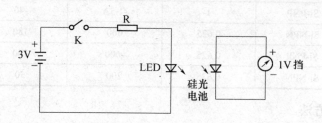

图 2-9 红外发光二极管检测

2.1.5 三极管基础

1. 三极管的命名方法

双结型三极管相当于两个背靠背的二极管 PN 结。按极性分,三极管有 PNP 和 NPN 两种,多数国产管用 xxx 表示,其中每一位都有特定含义:如 3AX31,第一位 3 代表三极管;第二位代表材料和极性,A 代表 PNP 型锗材料,B 代表 NPN 型锗材料,C 为 PNP 型硅材料,D 为 NPN 型硅材料,第三位表示用途,其中 X 代表低频小功率管,D 代表低频大功率管,G 代表高频小功率管,A 代表高频大功率管。最后面的数字是产品的序号,序号不同,各种指标略有差异。对于进口的三极管来说,就各有不同,要在实际使用过程中注意积累资料。

常用的进口管有韩国的 90xx、80xx 系列,欧洲的 2Sx 系列,在该系列中,第三位含义同国产管的第三位基本相同。常用中小功率三极管参数见表 2-16。

表 2-16 常用中小功率三极管

型号	材料与极性	P_{cm}/W	I_{cm}/mA	BV_{cbo}/V	f_t/ MHz
3DG6C	Si-NPN	0.1	20	45	>100
3DG7C	Si-NPN	0.5	100	>60	>100
3DG12C	Si-NPN	0.7	300	40	>300
3DG111	Si-NPN	0.4	100	>20	>100
3DG112	Si-NPN	0.4	100	60	>100
3DG130C	Si-NPN	0.8	300	60	150
3DG201C	Si-NPN	0.15	25	45	150
C9011	Si-NPN	0.4	30	50	150
C9012	Si-PNP	0.625	-500	-40	
C9013	Si-NPN	0.625	500	40	

(续)

型号	材料与极性	P_{cm}/W	I_{cm}/mA	BV_{cbo}/V	f_t/ MHz
C9014	Si-NPN	0.45	100	50	150
C9015	Si-PNP	0.45	-100	-50	100
C9016	Si-NPN	0.4	25	30	620
C9018	Si-NPN	0.4	50	30	1.1G
C8050	Si-NPN	1	1.5A	40	190
C8580	Si-PNP	1	-1.5A	-40	200
2N5551	Si-NPN	0.625	600	180	
2N5401	Si-PNP	0.625	-600	160	100
2N4124	Si-NPN	0.625	200	30	300

2. 三极管检测方法

三极管的检测包括类型检测、极性检测和好坏检测。

1) 选用指针式万用表进行检测的步骤

(1) 判别基极和管子的类型。

选用欧姆挡的 R×100(或 R×1k)挡,先用红表笔接一个管脚,黑表笔接另一个管脚,可测出两个电阻值,然后再用红表笔接另一个管脚,重复上述步骤,又测得一组电阻值,这样测 3 次,其中有一组两个阻值都很小的,对应测得这组值的红表笔接的为基极,且管子是 PNP 型的;反之,若用黑表笔接一个管脚,重复上述做法,若测得两个阻值小,对应黑表笔为基极,且管子是 NPN 型的。

(2) 判别集电极。

因为三极管发射极和集电极正确连接时 β 大,表针摆动幅度大,反接时 β 就小得多。因此,先假设一个集电极,用欧姆挡连接,对 NPN 型管,发射极接黑表笔,集电极接红表笔。测量时,用手捏住基极和假设的集电极,两极不能接触,若指针摆动幅度大,而把两极对调后指针摆动小,则说明假设是正确的,从而确定集电极和发射极。

(3) 电流放大系数 β 的估算。

选用欧姆挡的 R×100(或 R×1k)挡,对 NPN 型管,红表笔接发射极,黑表笔接集电极,测量时,只要比较用手捏住基极和集电极(两极不能接触)和把手放开两种情况下指针摆动的大小,摆动越大,β 值越高。

2) 选用数字式万用表的检测步骤

(1) 三极管的类型检测。

三极管类型有 NPN 型和 PNP 型,三极管的类型检测使用二极管检测挡。检测时,将挡位选择开关置于二极管测量挡,然后红、黑表笔分别接三极管任意两个引脚,同时观察每次测量时显示屏显示的数据,以显示 150~800 数字的测量为准,红表笔接的为 P,黑表笔接的为 N。然后红表笔不动,将黑表笔接三极管另一个引脚,如果显示屏显示 150~800 的数字,则现黑表笔接的引脚为 N,该三极管为 NPN 型三极管,红表笔接的为基极。如果显示屏显示溢出符号"1",则现黑表笔接的引脚为 P,被测三极管为 PNP 型三极管,黑表笔开始一次接的引脚为基极。

(2) 三极管的极性检测。

在测量三极管类型时,同时还会找出基极,下面介绍如何检测出三极管的集电极和发射极。三极管集电极、发射极的检测使用"hFE"挡。

检测时，将挡位选择开关置于"hFE"挡，然后根据被测三极管是 PNP 型还是 NPN 型，找到相应类型的三极管插孔，再将已知的基极插入"B"插孔，另外两个引脚分别插入"C"和"E"插孔，接着观察显示屏显示的数值。

如果显示的放大倍数为几十至几百，说明三极管两引脚安插正确，插入"C"孔的引脚为集电极，插入"E"孔的引脚为发射极。

如果显示的放大倍数在几到十几，说明三极管两引脚安装错误，插入"C"孔的引脚为发射极，插入"E"孔的引脚为集电极。

(3) 检测三极管集电极与发射极之间的漏电电流。

数字万用表可以使用"hFE"挡直接来检测三极管集电极—发射极之间的漏电电流，电阻越大说明漏电电流越小。

将挡位选择开关置于"hFE"挡，让基极保持悬空状态，然后根据三极管的类型和引脚极性，将三极管的集电极和发射极分别插入相应的"C"和"E"插孔，观察显示屏显示的数值，图中显示数字为 000，表明集—射极之间漏电电流为 0；保持基极处于悬空状态，将集电极和发射极互换插孔(即让集电极插入"E"孔，发射极插入"C"孔)，正常显示数字也为 0。在测量时，如果显示溢出符号"1"，说明三极管集—射极之间已经短路，如果显示数字超过了"2"，说明三极管集—射极之间的漏电电流很大，一般不能再使用。

总之，如果三极管任意一个 PN 结不正常，或发射极与集电极之间有漏电电流，均说明三极管损坏。如果检测发射结时，显示数字为"0"，说明发射结短路。检测集—射极之间漏电电流时，若显示溢出符号"1"，则说明集—射极之间短路。三极管的好坏检测需要进行 6 次测量，其中检测发射结正、反向各一次，集电结正、反向各一次和集—射极之间的正、反向电阻各一次，只有这 6 次检测都正常才能说明三极管是正常的。

3. 晶体三极管的选用

I_{CEO} 的增大将直接影响管子的工作稳定性，在使用中尽量选用 I_{CEO} 小的管子；在开关电路中，要充分考虑管子的开关特性，一般 NPN 型三极管 V_{BE} 约为 0.7V，PNP 型晶体管 V_{BE} 约为 0.2V~0.3V；在使用中防止电压电流超出最大值，也不允许两个参数同时达到极限，管子的基本参数相同就能互相替换，性能高的可以代替性能低的，一般硅管、锗管不能互相替换。

4. 三极管的常用电路

1) 恒流源

图 2-10 所示电路能向负载提供恒定电流 I_0。由于稳压管 D_z 的反向击穿电压稳定不变，三极管发射结正向导通电压也基本不变，即使电源电压变化，三极管的集电极电流 I_0 也不会变。调整电位器 RP 可以确定 I_0 的值。

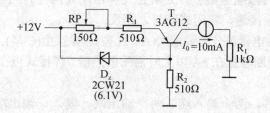

图 2-10 三极管构成的恒流源电路

2) 光控路灯电路

图 2-11 为一光控路灯电路，白天受光照射时，光敏三极管 T_1 导通，输出为低电阻，晶体管 T_2 截止，T_3 导通，继电器 JRX-13F 吸合，其常闭触点 K_{11} 断开，路灯 H 不亮。夜间无光照射时，T_1 输出为高电阻，T_2 导通，T_3 截止，继电器的 K_{11} 触点闭合，路灯亮。T_1 选用 3DU5 光敏三极管，T_2 选用开关管 3DK2，T_3 导通时要提供驱动电流，因此采用小功率三极管 3DG130。二极管 D 用来保护继电器线圈不会因 T_3 截止时产生的感应电流而损坏。

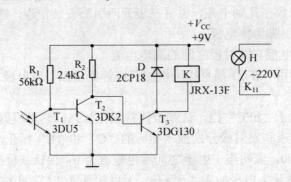

图 2-11 光控路灯电路

2.1.6 固态继电器

固态继电器(SSR)是近年来发展起来的一种新型电子继电器，其输入控制电流小，用 TTL、HTL、CMOS 等集成电路或加简单的辅助电路可以直接驱动。因此适宜在微机测控系统中作为输出通道的控制元件，其输出利用晶体管或可控硅驱动，无触点，与普通的电磁式继电器和磁力开关相比，具有无机械噪声、无抖动和回跳、开关速度快、体积小、重量轻、寿命长、工作可靠等特点，并且耐冲击、抗潮湿、抗腐蚀。因此，在微机测控等领域中，已经逐步取代传统的电磁式继电器和磁力开关作为开关量输出控制元件。

1. 固态继电器的分类

固态继电器依负载电源类型可以分为交流固态继电器(AC-SSR)和直流固态继电器(DC-SSR)。AC-SSR 以双向可控硅作为开关元件，DC-SSR 以功率晶体管作为开关元件，分别用来接通或断开交流或直流负载电源。

按控制触发形式，固态继电器可以分为过零触发型和随机导通型。当控制信号输入后，过零触发型总是在交流电源为零电压附近导通，导通时，干扰小，一般用于计算机 I/O 接口等场合；随机导通型则是在交流电源的任意状态(指相位)上导通或关闭，但导通瞬间可能产生较大干扰。

依开关触点形式，固态继电器可分为常开式和常闭式两种。当常开式继电器的输入端加有效控制信号时，输出端接通，常闭式则与之相反。

依安装形式，固态继电器可分为装配式(A、N 型)、焊接型(C 型)、插座式(F、H 型)。装配式可装在配电板上，当通断容量在 5A 以上时需配散热器。焊接式可在印制电路板上直接焊接。

2. 交流固态继电器

AC-SSR 为四端器件，两个输入端、两个输出端。输入、输出端间采用光电隔离，没有电气联系。输入端仅要求很小的控制电流，输出回路采用双向可控硅或大功率晶体管接通或断开负载电源。

1) 随机导通型交流固态继电器

如图 2-12 所示，GD 为光电耦合器，T_1 为开关三极管，用来控制单向可控硅 T_2 的工作。当输入端加上信号时，GD 的三极管饱和导通，T_1 截止，T_2 的控制极通过电阻 R_3 和 R_4 的分压获得触发电流，T_2 导通，双向可控硅 TRIAC 的控制极通过 R_5→整流桥→T_2→整流桥，得到触发电流，故 TRIAC 导通，将负载与电源接通。

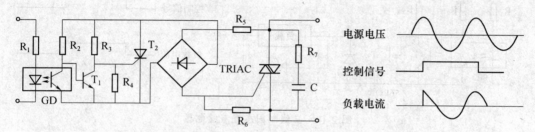

图 2-12　随机导通型交流固态继电器

当输入信号去除后，GD 截止，T_1 进入饱和状态，它旁路了 T_2 的控制极电流，因此，在 T_2 电流过零的瞬间 T_2 截止。一旦 T_2 截止后，TRIAC 也在其电流减小到小于维持电流的瞬间自动关断，切断负载与电源间的电流通路。

图 2-12 中的 R_1 和 R_5 分别是 GD 和 T_2 的限流电阻。R_4 和 R_6 为分流电阻，用来保护 T_2 和 TRIAC 的控制极。R_7 和 C 组成浪涌吸收网络，用来保护双向可控硅管 TRIAC。

2) 过零触发型交流固态继电器

如图 2-13 所示，该电路具有在电压过零时开启而电流过零时关断的特性，因此线路可以使射频及传导干扰的发射减到最低程度。无信号输入时，T_1 管饱和导通，旁路了 T_3 的控制电流，T_3 处于关断状态，因此固态继电器也呈断开状态。

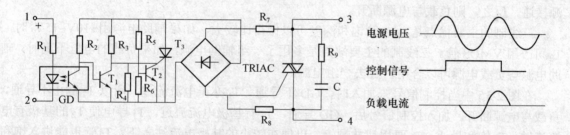

图 2-13　过零触发型交流固态继电器

当有信号输入时，GD 的三极管导通，它旁路了 T_1 的基极电流，使 T_1 管截止，此时 T_3 的工作还取决于 T_2 的状态。T_2 在这里成为负载电源的零点检测器，只有 R_5、R_6 分压超过 T_2 的基、射极压降，T_2 将饱和导通，它也能使 T_3 的控制极钳在低电位上，而不能导通。只有当输入信号加入的同时，负载电压又处于零电压附近，来不及使 T_2 进入饱和导通，此时的 T_3 才能通过 R_3 注入控制电流而导通。过零触发型交流固态继电器在此后的动作与随机型相同。

综上所述，过零触发型交流固态继电器并非真在电压为 0V 处导通，而有一定电压，一般在±10V~±20V 范围内。

3. 直流固态继电器

直流固态继电器有两种形式,一种是输出端为 3 根引线的,见图 2-14,另一种是输出端为 2 根引线的,见图 2-15。

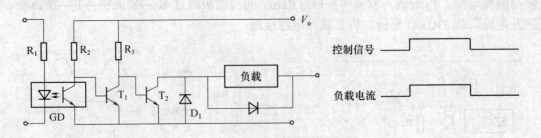

图 2-14 三线制固态直流继电器

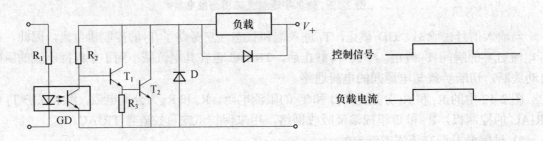

图 2-15 二线制固态直流继电器

在图 2-14 中,GD 为光电耦合器,T_1 为开关三极管,T_2 为输出管,D_1 为保护二极管。当信号输入时,GD 饱和导通,T_1 管截止,T_2 管基极经过 R_3 注入电流而饱和,这样负载便与电源接通。反之,则负载与电源断开。

三线制的主要优点是,T_2 管饱和深度可以做得比较大。如果辅助电源用+10V~15V 时,T_2 可改用 VMOS 管。三线制的主要缺点是多用了一组辅助电源,如果负载的电压不高时,辅助电源与负载电源可以合用,省去一组电源。

在图 2-15 中当控制信号未加入时,GD 不导通,T_1 亦无电流流过,所以 T_2 截止不导通,负载与电源断开。加入控制信号后,GD 导通,T_1 有基极电流流过,T_1 导电使 T_2 的基极有电流流过,T_2 饱和导通。T_2 要用达林顿管,以便在较小的基极电流注入下,T_2 管也能进入饱和状态。二线制的突出优点是使用方便,几乎与使用交流继电器一样方便。但是线路结构决定了 T_2 的饱和深度不可能太深,即 T_2 的饱和压降不可能太低。同时,受光电耦合器和 T_1 管耐压所限,二线制直流固态继电器切换的负载电压不能太高。

2.1.7 CMOS 与 TTL 集成电路

集成电路有 TTL 和 MOS 电路两种。在使用 TTL 和 CMOS 电路时,要认真阅读产品有关资料,了解其引脚分布情况及极限参数之外,还要注意以下问题:

TTL 电路为正逻辑系统,即高电平是大约 3.4V 的正电压,低电平 0.2V~0.35V。TTL 器件有 5400 系列(军用)和 7400 系列(民用)两种,7400 系列的电源电压范围为 4.75V~5.25V(5V±0.25V),工作温度范围 0℃~70℃。

CMOS 电路是互补金属氧化物半导体集成电路的简称。我国最常用的 CMOS 逻辑电路为 CC4000 系列，其工作电压范围为 3V～18V。CC4000 系列产品与国际标准相同，只要后四位的数字相同，就为相同功能、相同特性的器件，可以与国外 CD、MC、TC 等系列直接互换。

不同供电电压的 TTL 器件在输入端具有 5V 容限的情况下可以直接接口；不同供电电压的 CMOS 器件由于电平不匹配不能直接连接。

1. 模拟集成电路的命名方法

(1) 国产模拟集成电路命名方法如表 2-17 所示。

表 2-17 器件型号的组成

第 0 部分		第 1 部分		第 2 部分	第 3 部分		第 4 部分	
用字母表示器件符合国家标准		用字母表示器件的类型		用阿拉伯数字表示器件的系列和品种代号	用数字表示器件的工作温度范围		用字母表示器件的封装	
符号	意义	符号	意义		符号	意义	符号	意义
C	符合国家标准	T	TTL 电路		C	0℃～70℃	W	陶瓷扁平
		H	HTL 电路		E	−40℃～85℃	B	塑料扁平
		E	ECL 电路		R	−55℃～85℃	F	多层陶瓷扁平
		C	CMOS 电路		M	−55℃～125℃	D	多层陶瓷双列直插
		F	线性放大器		…		P	塑料双列直插
		D	音响、电视电路				J	黑陶瓷双列直插
		W	稳压器				K	金属菱形
		J	接口电路				T	金属圆形
		B	非线性电路				…	
		M	存储器					
		…	…					

(2) 国外部分公司及产品代号如图 2-18 所示。

表 2-18 国外部分公司及产品代号

公司名称	代号	公司名称	代号
美国无线电公司(BCA)	CA	美国悉克尼特公司(SIC)	NE
美国国家半导体公司(NSC)	LM	日本电气工业公司(NEC)	μPC
美国摩托罗拉公司(MOTA)	MC	日本日立公司(HIT)	RA
美国仙童公司(PSC)	μA	日本东芝公司(TOS)	TA
美国德克萨斯公司(TI)	TL	日本三洋公司(SANYO)	LA,LB
美国模拟器件公司(ANA)	AD	日本松下公司	AN
美国英特西尔公司(INL)	IC	日本三菱公司	M

2. TTL 集成电路使用注意事项

1) 电源

正常使用时供电电源 7400 系列电压范围为 4.75V～5.25V(5V±0.25V)。若电源过高可能造成集成电路的损坏。在集成电路电源和地之间接 0.01μF 的高频滤波电容，在电源输入端接 20μF~50μF 的低频滤波钽电容或电解电容，能够有效地消除电源线上的噪声干扰，同时，要保证电路有良好的接地。注意不要将电源和地线接反，否则将烧坏电路。

2) 输入端

各输入端不能直接与高于 5.5V 和低于-0.5V 的低内阻电源连接，低阻电源会产生较大电流而烧坏电路。对门电路的多余输入端一般采取接地以直接获得低电平(或门、或非门)，接电源 VCC 以获得高电平(与门、与非门)的方式。

3) 输出端

输出端不能直接接低内阻电源，但可以通过适当阻值的电阻与电源连接，以提高输出电平。输出端接有较大容性负载时，电路在断开到接通的瞬时，会产生很大冲击电流损坏电路，应用时应串入电阻加以保护。除具有 OC 结构(集电极开路输出)和三态输出结构的电路以外，不允许将电路输出端并联使用。

3. CMOS 电路使用注意事项

1) 电源

CMOS 集成电路的工作电源电压一般在 3V~18V 之间，但当系统中有门电路的模拟应用(如脉冲振荡、线性放大)时，最低工作电压则不应低于 4.5V。由于工作电压范围宽，故使用不稳压的电源电路也可以工作。CMOS 有微功耗的特点，所以特别适用于电池做电源或备用电源。工作在不同电源电压下的器件，其输出阻抗、工作速度和功耗也会不同，在使用中应注意。

2) 输入端

输入信号不可大于正电源电压值 V_{DD} 或小于负电源电压值 V_{SS}，否则输入保护二极管会因正向偏置而引起大电流。因此，在工作或测试时，要按着先接通电源，后加入信号，先撤除信号后再关闭电源的顺序进行操作。

CMOS 电路的输入端不允许悬空，因为悬空会使电位不定，破坏正常的逻辑关系。另外，悬空时输入阻抗高，易受外界噪声干扰，使电路产生误动作，而且也极易使栅极感应静电造成击穿。所以，对于"与"门、"与非"门的多余端接高电平，对于"或"门、"或非"门的多余端接低电平。如果电路的工作速度不高，功耗也不需要特别考虑，则可将多余的输入端和使用端并联。

输入端的电流不能超过 1mA，极限值为 10mA，一般要在输入端加适当的电阻进行限流保护。输入信号的上升或下降时间不宜过长，否则一方面容易造成虚假触发而导致器件失去正常功能，另一方面还会造成大的损耗。对 4000B 系列，上升或下降时间限于 15μs 以内；对于 74HC 系列限于 0.5μs 以内，如果不满足这个要求，应使用史密特触发器对输入进行整形。

输入端需要接入长线，但长输入线必然有较大的分布电容和分布电感，很容易形成 LC 振荡。特别当输入端一旦发生负电压，容易破坏 CMOS 中的保护二极管，因此在输入端串接一个电阻。

3) 输出端

除具有 OC 结构和三态输出结构的门电路以外，不允许将电路输出端并联使用。因为不同的器件参数不一致，有可能导致 NMOS 和 PMOS 器件同时导通，形成大电流。但为了增加电路的驱动能力，允许把同一芯片上的同类电路并联使用。

各输出端不能直接与 VDD 或 VSS 电源连接。输出与大电容、电感直接相连时，要在电路的输出与大电容之间加入保护电阻。

4) 驱动能力

CMOS 电路的驱动能力，除选用驱动能力较强的大缓冲器来提高之外，还可以将同一个芯片几个同类电路并联起来提高，这时驱动能力提高到 N 倍(N 为并联门电路的数量)。

2.2 常用测控电路

在测控系统中，传感器的输出有各种形式，为了便于信号的显示、记录和分析处理，检测装置的输出信号必须转化成足够大的电压、电流或数字量信号。测控电路就是通过对信号的转换、放大、解调、A/D 转换以及干扰抑制等各种变换得到所希望的输出信号的处理过程，测控电路的形式多种多样，本章仅对常用的几个基本测控电路进行分析和介绍。

2.2.1 基本运算放大电路

1. 传感器等效电路

传感器的输出电压或电流信号一般来说都比较小，电压为毫伏级或微伏级，电流为毫安级或微安级，通常采用运算放大器构成的放大电路将其放大或变换到伏级电压输出。

传感器的因变量为电源性参数时，其等效电路可归结为图 2-16 所示的三种形式。图(a)所示为电压源等效电路，信号源 U_S 与传感器的等效电阻 R_S 串联，热电偶的等效电路即属于此种类型；图(b)所示为电流源等效电路，电流源 I_S 与传感器的等效电阻 R_S 并联，光电二极管的等效电路即属于此种类型；在电压源的情况下，往往使用图(c)所示的参考电路。这种电路有两个电压源 U_S 和 U_C，U_C 同时加在两个输出端，称为共模电压，U_S (或用 U_D 表示)称为差模电压。U_C 通常是无用信号，必须进行抑制，U_S 则是需要进行放大的有用信号。在一些测量场合，共模信号往往比差模信号大许多倍，因此，要求放大电路有极大的差模放大倍数 A_D 和极小的共模放大倍数 A_C，或者有极大的共模抑制比 CMRR=$20\lg\dfrac{A_D}{A_C}$。在心电波形的测量中，两测量电极上的电压即是这种情况，220V 供电及其输电线路与人体之间的分布电容会在两个测量电极上感应出十几伏甚至几十伏的共模电压，而两电极之间的心电信号的差模信号最大只

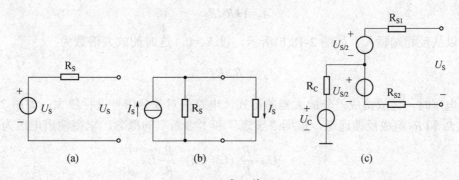

图 2-16 传感器等效电路

(a) 电压源等效电路；(b) 电流源等效电路；(c) 存在共模电压时的电压源等效电路。

有几毫伏。高温炉使用的热电偶由于存在来自电源的漏电,在分析时也应采用图2-16(c)所示的等效电路。采用差分原理的电感、电容和电阻式传感器其输出等效电路也是如此。

2. 集成运算放大器

集成运算放大器是内部具有差分放大电路的集成电路,国家标准规定的符号如图2-17(a)所示,习惯的表示符号如图2-17(b)所示,运放有两个信号输入端和一个输出端。两个输入端中,标"+"的为同相输入端;标"-"的为反相输入端。所谓同相或反相是表示输出信号与输入信号的相位相同或相反。$U_{iD} = U_{i1} - U_{i2}$称为差模或差分输入信号,$U_{ic} = (U_{i1} + U_{i2})/2$则称为共模输入信号,输出信号为$U_o$,其参考点为信号地。

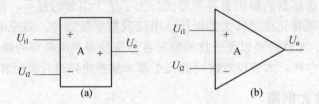

图2-17 集成运算放大器符号

理想的运算放大器,简称为运放,具有以下特性:
(1) 对差模信号的开环放大倍数为无穷大。
(2) 共模抑制比无穷大。
(3) 输入阻抗无穷大。

如果集成运放工作在线性放大状态,那么它具有以下两个特点:
(1) 两输入端电压非常接近,即$U_{i1} \approx U_{i2}$,但不是短路,故称为"虚短"。在工程中分析电路时,可以认为$U_{i1} \approx U_{i2}$。
(2) 流入两个输入端的电流通常可视为零,即$i_- \approx 0$,$i_+ \approx 0$,但不是断开,故称为"虚断"。在工程中分析电路时,可以认为$i_- = i_+ = 0$。

3. 基本放大电路

运算放大器最基本的用法如图2-18所示,(a)中输入电压U_S加在"+"端,输出电压U_o经电阻R_1和R_2分压后得到反馈电压U_F加到"-"端,构成负反馈,R_1称为反馈电阻。应用运放"虚短"和"虚断"的概念,可得这种电压负反馈放大电路的放大倍数为

$$A_u = 1 + R_1/R_2 \tag{2-3}$$

信号也可以从反相端输入,如图2-18(b)所示,设$R_S=0$,这时的放大倍数为

$$A_u = -R_f/R_1 \tag{2-4}$$

存在共模电压时,运放接成差分放大器的形式,电路只对差分信号进行放大,如图2-18(c)所示。电阻R_1和R_2组成反馈通道,根据"虚短"和"虚断"的概念,求得输出电压为

$$U_o = \frac{R_1}{R_2}(U_1 - U_2) = \frac{R_1}{R_2}U_S \tag{2-5}$$

可见,共模电压U_C被抑制掉了,只有差模信号U_S得到放大。

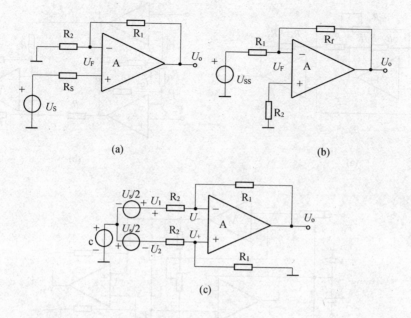

图 2-18 比例放大电路
(a) 同相比例放大器;(b) 反向比例放大器;(c) 差分放大器。

2.2.2 仪用放大电路

在信号很微弱而共模干扰很大的场合,放大电路的共模抑制比是一个很重要的指标。在做常规心电图时,对人体的心电信号(为差模信号)需要分辨到 0.1mV,如果附近供电电网通过分布电容耦合到人体上的共模干扰高达 10V,则一个共模抑制比为 80dB 的放大器就满足不了要求。因为 10V 的共模干扰作用于该放大器时,其等效差模误差为 1mV。若能将该放大器的共模抑制比提高到 120dB,对于相同的共模干扰,其等效差模误差仅为 0.01mV,这样就能用来放大 0.1mV 级的信号了。

为了抑制干扰,运放常采用差动输入方式,对测量电路的基本要求是:
(1) 高输入阻抗,以减轻信号源的负载效应和抑制传输网络电阻不对称引入的误差。
(2) 高共模抑制比,以抑制各种共模干扰引入的误差。
(3) 高增益及宽的增益调节范围。
(4) 非线性误差要小。
(5) 零点的时间及温度稳定性要高,零位可调,或者能自动校零。
(6) 具有优良的动态特性,即放大器的输出信号能尽可能快地跟随被测量的变化。

以上这些要求通常采用多运放组合的测量放大器来满足。典型的组合方式有:二运放同相串联式测量放大电路,如图 2-19(a)所示;三运放同相并联式测量放大电路,如图 2-19(b)所示,四运放高共模抑制放大电路,如图 2-19(c)所示。

下面主要分析三运放同相并联式测量放大电路,即常用的仪用放大电路。

三运放结构的测量放大器由两级组成,两个对称的同相放大器构成第一级,第二级为差动放大器——减法器。

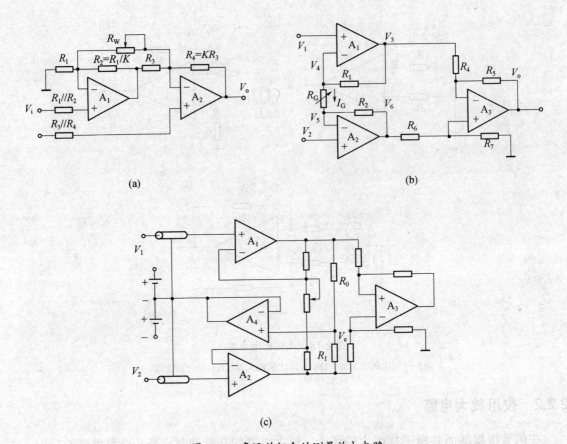

图 2-19 多运放组合的测量放大电路

(a) 同相串联式测量放大电路；(b) 同相并联式测量放大电路；(c) 高共模抑制测量放大电路。

设加在运放 A_1 同相端的输入电压为 V_1，加在运放 A_2 同相端的输入电压为 V_2，若 A_1，A_2，A_3 都是理想运放，则 $V_1=V_4$，$V_2=V_5$，有

$$I_G = \frac{V_4 - V_5}{R_G} = \frac{V_1 - V_2}{R_G} \tag{2-6}$$

$$V_3 = V_4 + I_G R_1 = V_1 + \frac{V_1 - V_2}{R_G} R_1 \tag{2-7}$$

$$V_6 = V_5 - I_G R_2 = V_2 - \frac{V_1 - V_2}{R_G} R_2 \tag{2-8}$$

所以测量放大器第一级的闭环放大倍数为

$$A_{F1} = \frac{V_3 - V_6}{V_1 - V_2} = 1 + \frac{R_1 + R_2}{R_G} \tag{2-9}$$

整个放大器的输出电压为

$$V_o = V_6 \left[\frac{R_7}{R_6 + R_7} \left(1 + \frac{R_5}{R_4}\right) \right] - V_3 \frac{R_5}{R_4} \tag{2-10}$$

为了提高电路的抗共模干扰能力和抑制漂移的影响，应根据上下对称的原则选择电阻，

若取 $R_1=R_2$，$R_4=R_6$，$R_5=R_7$，则输出电压为

$$V_\mathrm{o}=\frac{R_5}{R_4}(V_6-V_3)=-\left(1+\frac{2R_1}{R_\mathrm{G}}\right)\frac{R_5}{R_4}(V_1-V_2) \qquad (2\text{-}11)$$

第二级的闭环放大倍数为

$$A_{\mathrm{F2}}=\frac{V_\mathrm{o}}{V_6-V_3}=\frac{R_5}{R_4} \qquad (2\text{-}12)$$

整个放大器的闭环放大倍数为

$$A_\mathrm{F}=\frac{V_\mathrm{o}}{V_1-V_2}=-\left(1+\frac{2R_1}{R_\mathrm{G}}\right)\frac{R_5}{R_4} \qquad (2\text{-}13)$$

若取 $R_4=R_6=R_5=R_7$，则 $V_\mathrm{o}=V_6-V_3$，$A_{\mathrm{F2}}=1$，有

$$A_\mathrm{F}=-\left(1+\frac{2R_1}{R_\mathrm{G}}\right) \qquad (2\text{-}14)$$

由式(2-14)可看出，改变电阻 R_G 的大小，可方便地调节放大器的增益。在集成化的测量放大器中，R_G 是外接电阻，用户可根据整机的增益要求来选择 R_G 的值。

2.2.3 热电阻接口电路

热电阻是一种用于测量温度的传感器，它的阻值随温度变化而变化。测量电阻的方法主要是根据欧姆定律，因而需要恒流源或恒压源作为驱动信号才能进行测量。

由于热电阻本身的阻值较小，随温度变化而引起的电阻变化值更小，因此在传感器与测量仪器之间的引线过长会引起较大的测量误差。在实际应用时，通常采用两线制、三线制或四线制的方式，如图 2-20 所示。

1) 二线制

二线制的电路如图 2-20(b)所示。这是热电阻最简单的接入电路，也是容易产生较大误差的电路。图中的两个 R 是固定电阻，R_T 是为保持电桥平衡的电位器，R_t 是热电阻。二线制的接入电路由于没有考虑引线电阻和接触电阻，有可能产生较大的误差。如果采用这种电路进行精密温度测量，整个电路必须在使用温度范围内校准。

2) 三线制

三线制的电路如图 2-20(c)所示。这是热电阻最实用的接入电路，可得到较高的测量精度。图中的两个 R 是固定电阻，R_T 是为保持电桥平衡的电位器。R_{11}，R_{12} 和 R_{13} 分别是传感器和驱动电源的引线电阻，一般说来，R_{11} 和 R_{12} 基本上相等，而 R_{13} 不会引入误差。三线制的接口电路由于考虑了引线电阻和接触电阻带来的影响，所以可取得较高的精度。

3) 四线制

四线制的电路如图 2-20(d)所示。这是热电阻最高精度的接入电路，图中 R_{11}，R_{12}，R_{13} 和 R_{14} 都是引线电阻和接触电阻。R_{11} 和 R_{14} 在恒流源回路中，不会引入误差，R_{12} 和 R_{13} 则在高输入阻抗的仪器放大器的回路中，也不会带来误差。

上述三种热电阻传感器的接口电路的输出，都需要后接高输入阻抗、高共模抑制比的仪用放大电路。

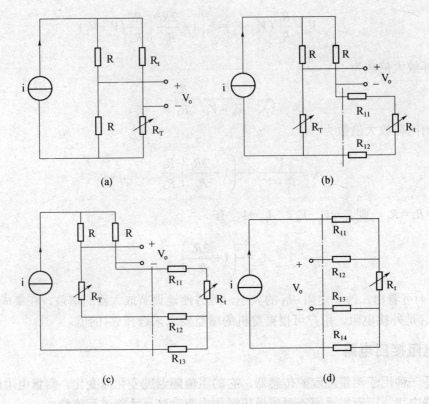

图 2-20 热电阻传感器接口电路

(a) 电路原理;(b) 二线制;(c) 三线制;(d) 四线制。

2.2.4 电容传感器接口电路

电容传感器是一种传统的传感器,它是一个具有可变参数的电容器,具有结构简单、体积小、分辨率高、可实现非接触式测量的优点。其工作原理基于

$$C = \frac{\varepsilon A}{d} \tag{2-15}$$

式中:ε 为电容极板间介质的介电常数;A 为两平行极板的面积;d 为两平行极板的距离;C 为电容量。由于电容传感器是电参量传感器,因而需要驱动信号才能工作。电容传感器的接口电路常用如下的形式:桥式电路、谐振电路、调频电路、运算电路、二极管双 T 型交流电桥等,这里只介绍桥式接口电路。

如图 2-21 所示,传感器接在电桥内,激励源采用稳频、稳幅和固定波形的低阻信号源,电桥电压经放大和相敏整流后得到直流的输出信号。

交流电桥平衡时

$$\frac{Z_1}{Z_2} = \frac{C_2}{C_1} \tag{2-16}$$

式中:C_1 和 C_2 为传感器中的差分电容。

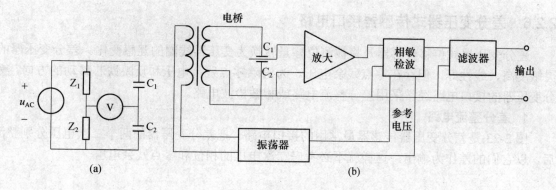

图 2-21 电容传感器桥式接口电路

当差分电容中的动极移动 Δd 时,交流电桥的输出电压为

$$u_0 = \frac{u_{AC}}{2} \cdot \frac{1 + j\omega\Delta C}{R_0 + \frac{1}{j\omega C_0}} = \frac{u_{AC}}{2} \cdot \frac{\Delta Z}{Z} \tag{2-17}$$

式中:R_0 为电容损耗电阻;ΔC 为差分电容的变化量;C_0 为 $C_1 = C_2$ 时的电容值;Z 为 C_0 和 R_0 的等效阻抗。

2.2.5 电位器式传感器接口电路

电位器式传感器的工作原理是一定截面的导线的电阻与长度成正比。电位器结构可分为直线式和旋转式。直线式一般用于检测几厘米的直线变位,旋转式一般用于旋转变位的检测,也可利用齿条和小齿轮装置将微小直线变位扩大为旋转变位,用作检测低于几厘米的直线变位。采用电位器检测变位的接口电路如图 2-22 所示,若设负载电阻为 R_L,R_L 两端的电压为 V_X,L 为导线总长度,X 为电位器当前导线的长度,则:

$$V_X = \frac{V \cdot X \cdot R \cdot R_L}{R \cdot R_L + (1 - X)X \cdot R^2} \tag{2-18}$$

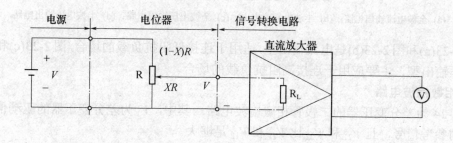

图 2-22 电位器检测变位的接口电路

因此,负载的端电压 V_X 与负载电阻 R_L 有关,偏离理想特性 $V_X = X \cdot V$ 的现象叫做电位器的负载效应,使用电位器时对此要注意。因而,在检测电路中,通常要求电路的输入阻抗大于电位器电阻 R 十倍以上。另外,由于上述电位器为直接接触方式,故不适宜测量频率高的动态变化。对此,近几年来研制出了无接触式电位器,并正向产品化方向发展。

2.2.6 差分变压器式传感器接口电路

差分变压器式位移传感器是将被测位移量转换为变压器线圈的互感变化。差分变压器的灵敏度高、线性好，但存在零点残余电压。为消除零点残余电压和反映铁芯移动的方向，差分变压器的接口电路经常采用差分整流电路或相敏检波电路。

1. 差分整流电路

图 2-23 是差分变压器传感器最常用的接口电路。把差分变压器的两个二次电压分别整流后，以它们的差作为输出，这样就不必考虑二次电压的相位和零点残余电压。

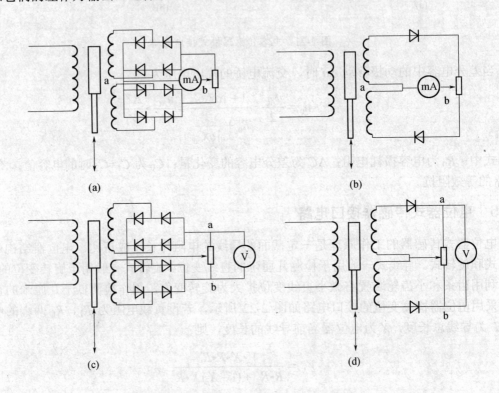

图 2-23 差分变压器的差分整流接口电路
(a) 全波电流输出电路；(b) 半波电流输出电；(c) 全波电压输出电路；(d) 半波电压输出电路。

图 2-23(a)和图 2-23(b)是电流输出型，适用于连接低阻抗负载的场合。图 2-23(c)和图 2-23(d)则是电压输出型，主要应用于连接高阻抗负载的场合。

2. 相敏检波电路

图 2-24 为差分变压器的二极管相敏检波电路。其中，V_1 为差分变压器的驱动信号，V_2 为同频的参考信号，且 V_{21} 和 V_{22} 比 V_{11} 和 V_{12} 足够大。

当测头处于平衡位置，即 $V_{11}=V_{12}$，由于 V_2 的作用，在正半周时，D_1，D_2，D_3 和 D_4 处于正向偏置，由于 $V_{11}=V_{12}$，只要 $V_{21}=V_{22}$，D_1，D_2，D_3 和 D_4 的性能相同，电流表的电流就为 0。在负半周时，D_1，D_2，D_3 和 D_4 均处于反向偏置，流过电流表的电流也为 0。

如果测头不处于平衡位置，则要分两种情况讨论：

(1) 如果测头位置偏上，此时 $V_{11}>V_{12}$，由于 V_2 的作用，在正半周时，D_1，D_2，D_3 和 D_4 均处于正向偏置，但由于 $V_{11}>V_{12}$，只要 $V_{21}=V_{22}$，且 D_1，D_2，D_3 和 D_4 的性能相同，流过电

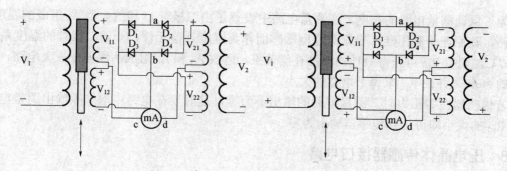

图 2-24 差分变压器的二极管相敏检波电路

流表的电流就大于 0，且与测头偏离平衡位置的距离成正比。在负半周时，D_1、D_2、D_3 和 D_4 均处于反向偏置，流过电流表的电流为 0。所以，一个周期内电流表中的电流与测头偏离平衡位置的距离成正比，且反映了测头偏离平衡位置的方向。

(2) 如果测头位置偏下，此时 $V_{11}<V_{12}$，由于 V_2 的作用，在正半周时，D_1、D_2、D_3 和 D_4 均处于正向偏置，但由于 $V_{11}<V_{12}$，只要 $V_{21}=V_{22}$，且 D_1、D_2、D_3 和 D_4 的性能相同，流过电流表的电流就小于 0，且与测头偏离平衡位置的距离成正比。在负半周时，D_1、D_2、D_3 和 D_4 均处于反向偏置，流过电流表的电流为 0。所以，一个周期内电流表中的电流与测头偏离平衡位置的距离成正比，并且反映了测头偏离平衡位置的方向。

如果将图中的 D_3 和 D_4 同时反向，则电路仍然可以实现相敏检波的功能。

2.2.7 压阻式压力传感器接口电路

压阻式压力传感器是利用晶体的压阻效应制成的传感器，一般由恒流源或恒压源供电，使用恒流源供电时，电桥输出只受电桥电流和电阻变化的影响。而使用恒压源供电时，电桥的输出受电阻变化、电桥电压和 ΔR_t 的影响，增加了温度误差，所以一般采用恒流源给传感器供电。

图 2-25 是压阻式传感器的典型接口电路，该电路由 A_1，D_{Z1} 和 R_1 构成恒流源电路对电桥供电，输出 1.5mA 的恒定电流。

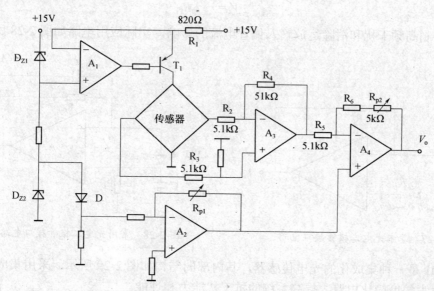

图 2-25 压阻式传感器接口电路

为了保证测量电路的精度，在测量电路中设置了由二极管 D 和放大器 A_2 组成的温度补偿电路，其原理是利用硅二极管对温度敏感而作为温度补偿元件，一般二极管的温度系数为 $-2mV/℃$，调节 R_{p1} 可获得最佳的温度补偿效果。运放 A_3 和 A_4 组成两级差分放大电路，放大倍数约为 60，并由 R_{p2} 来调节增益的大小。

若传感器在零压力时，测量电路的输出不为零，这时要在电路中增加零输出调整电路，调节 R_{p1} 的大小即可达到传感器输出为零。

2.2.8 压电晶体传感器接口电路

石英晶体、压电陶瓷和一些特殊材料在外界机械力的作用下，内部会产生极化现象，导致其上下表面出现电荷，当去掉外压力时电荷立即消失，这种现象就是压电效应。压电式加速度传感器是灵敏度很高的容性传感器，常配以电荷放大器，其电路如图 2-26 所示。

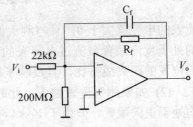

由于电荷放大器频带宽，增益由负反馈电路中的电容 C_f 决定，输出电缆的电容对放大器无影响，输出电压为 $V_o = -q/C_f$，在实际应用时，传感器在过载时，会有很大的输出，所以在放大器的输入端加保护电路，电荷放大电路只适用于动态测量。

图 2-26 压电晶体传感器接口电路

2.2.9 光电二极管接口电路

光电二极管是一种基本的敏感元件，作用是将输入光量的变化转换为电量的变化，不仅可以直接测量光强，也可以与二次转换元件如光纤等配合，用于测量其他物理量或化学量。

由于光电二极管的输出短路电流与输入光强有极好的线性关系，因此，为得到良好的精度和线性，光电二极管通常都采用电流/电压转换电路作为接口电路，如图 2-27 所示。不难得出，电路的输出为

$$V_o = -i_g R_f \tag{2-19}$$

为了抑制高频干扰和消除运放输入偏置电流的影响，实际应用电路如图 2-28 所示。

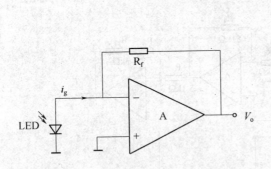

图 2-27 基本光电二极管接口电路

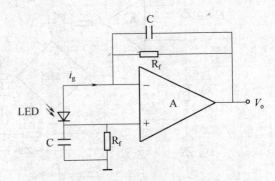

图 2-28 常用光电二极管接口电路

OTP301 是一种集成化的光电传感器，其内部的结构如图 2-29 所示。采用集成化的光电传感器可以大幅度简化电路、提高系统的抗干扰能力和性能。

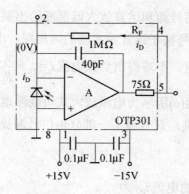

图 2-29 集成化的光电传感器 OTP301 内部结构

2.2.10 电压/电流变换电路

电压/电流变换器(VCC)用来将电压信号变换为与电压成正比的电流信号。VCC 按负载接地与否可分为负载浮地型和负载接地型两类。

1. 负载浮地型电压/电流变换器

负载浮地型电压/电流变换器常见的电路形式如图 2-30 所示。其中图(a)是反相式,图(b)是同相式,图(c)是电流放大式。反相式负载浮地型 VCC 中,输入电压 v_i 加在反相输入端,负载阻抗 Z_L 接在反馈支路中,故输入电流 i_i 等于反馈支路中的电流 i_L,即

$$i_i = i_L = \frac{v_i}{R_1} \tag{2-20}$$

式(2-20)表明,负载阻抗中的电流 i_L 与输入电压 v_i 成正比,而与负载阻抗 Z_L 无关,从而实现了电压与电流变换。

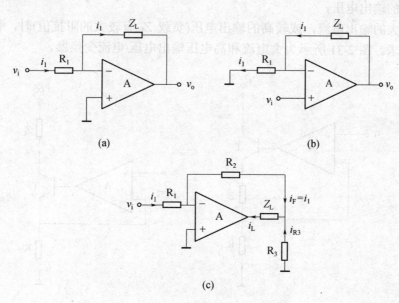

图 2-30 负载浮地型电压/电流变换器
(a) 反相式;(b) 同相式;(c) 电流放大式。

这个电路的缺点是，要求信号源和运算放大器都能给出要求的负载电流值。图(b)所示的同相式负载浮地型VCC中，信号接于运算放大器的同相端，由于同相端有较高的输入阻抗，因而信号源只要提供很小的电流。不难得出负载电流 $i_i = i_L = \dfrac{v_i}{R_1}$，即负载电流 i_L 与输入电压 v_i 成正比，且与负载阻抗无关。图(c)所示为电流放大式负载浮地型VCC，在这个电路中，负载电流 i_L 大部分由运算放大器提供，只有很小一部分由信号源提供，且有

$$i_L = i_F + i_{R_3} \tag{2-21}$$

式中，反馈电流 i_F 和电阻 R_3 中的电流 i_{R3} 为

$$i_F = i_i = \frac{v_i}{R_1}$$

$$i_{R3} = \frac{-v_o}{R_3} = \frac{\left(v_i \dfrac{R_2}{R_1}\right)}{R_3}$$

分别代入式(2-21)中，则有

$$i_L = \frac{v_i}{R_1} + \frac{v_i R_2}{R_1 R_3} = \frac{v_i}{R_1}\left(1 + \frac{R_2}{R_3}\right) \tag{2-22}$$

由式可知，调节 R_1、R_2 和 R_3 都能改变VCC的变换系数，只要合理地选择参数，电路在较小的输入电压 v_i 作用下，就能给出较大的与 v_i 成正比的负载电流 i_L。但该电路要求运算放大器给出较高的输出电压。

当需要较大的输出电流，或较高的输出电压(负载 Z_L 有较大的阻抗值)时，普通的运放可能难以满足要求。图2-31所示为大电流和高电压输出电压/电流变换器。

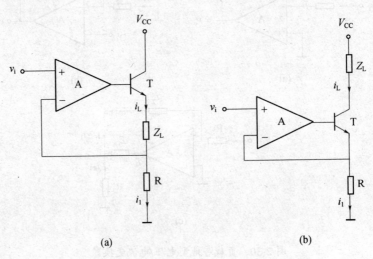

图2-31 大电流和高电压输出电压/电流变换器

对图 2-31(a)所示的电路，不难得出

$$i_L = i_1 = \frac{v_i}{R} \tag{2-23}$$

由于采用了三极管 T 来提高驱动能力，其输出电流可高达几安培，甚至于几十安培。当负载 Z_L 的阻抗值较高时，图 2-31(a)所示的电路中的运放仍然需要输出较高的电压。普通运算放大器的输出最高幅值不超过±18V，即使是高压运算放大器，其输出最高幅值一般不超过±40V，而且价格昂贵。采用图 2-31(b)所示的电路可以满足负载 Z_L 的阻抗值较高时需要较高输出电压的要求，该电路同时也能给出较大的负载电流。由于采用同相输入方式，也具有很高的输入阻抗。

对图 2-31(b)所示的电路可有

$$i_L = \frac{\beta}{1+\beta} i_1 = \frac{\beta}{1+\beta} \frac{v_i}{R} \tag{2-24}$$

式中，β 为晶体管 T 的直流电流增益。选用 β 值较大的晶体管，可有 $\beta \gg 1$，则

$$i_L = \frac{v_i}{R} \tag{2-25}$$

所以，对图 2-31(b)所示的电路应选用 β 值较大的晶体管才能得到较高的精度。应该指出的是，图 2-31 所示的电路只能用于 $v_i > 0$ 的信号。

2. 负载接地型电压/电流变换器

图 2-32 所示为一种典型的负载接地型 VCC 电路。利用叠加原理，可以写出

$$v_o = -v_i \frac{R_F}{R_1} + v_L \left(1 + \frac{R_F}{R_1}\right) \tag{2-26}$$

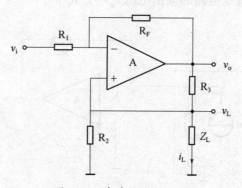

图 2-32 负载接地型 VCC

式中，v_L 为负载阻抗 Z_L 两端的电压，它也可看成是运算放大器输出电压 v_o 分压的结果，即

$$v_L = i_L Z_L = v_o \frac{R_2 /\!/ Z_L}{R_3 + (R_2 /\!/ Z_L)} \tag{2-27}$$

由式(2-26)和式(2-27)可解得

$$i_L = \frac{-v_1 \dfrac{R_F}{R_1}}{\dfrac{R_3}{R_2}Z_L - \dfrac{R_F}{R_1}Z_L + R_3} \tag{2-28}$$

若取 $\dfrac{R_F}{R_1} = \dfrac{R_3}{R_2}$，则有

$$i_L = -\frac{v_1}{R_2} \tag{2-29}$$

该式表明：只要满足 $\dfrac{R_F}{R_1} = \dfrac{R_3}{R_2}$，该电路便能给出与输入电压 v_1 成正比的电流 i_L 输出，而且与负载阻抗无关。该电路的输出电流 i_L 将会受到运算放大器输出电流的限制，负载阻抗 Z_L 的大小也受到运算放大器输出电压 v_o 的限制，在最大输出电流 $i_{L\max}$ 时，应满足

$$v_{o\max} \geq v_{R_3} + i_{L\max} Z_L \tag{2-30}$$

为了减小电阻 R_3 上的压降，应将 R_3 和 R_F 取小一些，而为了减小信号源的损耗，应选用较大的 R_1 和 R_2 值。该电路最大的缺点是引入了正反馈，使得电路的稳定性降低。

2.2.11 电流/电压变换电路

电流/电压变换器(CVC)用来将电流信号变换为与之成正比的电压信号。图 2-33 所示为电流/电压变换器的原理图。图中 i_S 为电流源，R_S 为电流源内阻。理想的电流源的条件是输出电流与负载无关，也就是说电流源内阻 R_S 应很大。若将电流源接入运算放大器的反相输入端，并忽略运算放大器本身的输入电流 i_B，则有 $i_F = i_S - i_B \approx i_S$，即输入电流 i_S 全部流过反馈电阻 R_F，电流 i_S 在电阻 R_F 上的压降就是电路的输出电压 $v_o = -i_S R_F$。

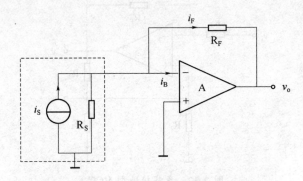

图 2-33 电流/电压变换电路原理图

上式表明输出电压 v_o 与输入电流 i_S 成正比，即实现了电流/电压的变换。若运算放大器的输出阻抗很低，那么可用一般的电压表在输出端直接测定输入电流值大小，其变换系数就是 R_F 值。若被测电流 i_S 很小，为了要有一定的输出电压数值应该取较大的 R_F 值，但 R_F 值过大，必然带来两个问题：一是大阻值的电阻不容易找到，精度也差；二是输出端的噪声也增大。在应用上，一是采用 T 形电阻网络替代大阻值电阻，这时可采用较小阻值的电阻；二是为了

要降低噪声,可在电阻 R_F 的两端并接一个小电容来解决,且该电容本身的漏电流应足够小。图 2-34 给出了测量微弱电流信号的电流/电压变换电路。

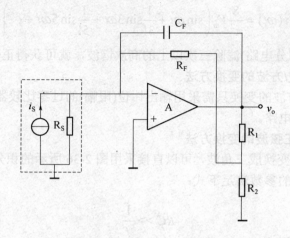

图 2-34　实用测量微弱电流信号的电流/电压变换电路

测量电流 i_S 的下限值受运算放大器本身的输入电流 i_B 所限制,i_B 值越大,则带来的测量误差也越大,通常希望 i_B 的数值应比被测电流 i_S 低 1～2 个数量级以上。一般通用型集成运算放大器本身的输入电流在数十至数百纳安的量级,因此只适宜用来测量 μA 级电流,若需测定更微弱的电流,可采用 CMOS 场效应管作为输入级的运算放大器,该运算放大器的输入电流 i_B 可降至 pA 级以下。

2.2.12　波形变换电路

方波、三角波和正弦波是测控系统中常见的波形,我们经常需要在它们之间进行变换,如图 2-35 所示。很多参考资料介绍几十种波形变换的方法,但这些方法中绝大多数没有实用价值。以三角波/正弦波的变换为例,仅采用非线性变换的方法就有二极管折线近似电路、模拟近似计算法、利用场效应管等元器件的非线性等,这些方法只能对特定幅值的波形进行变换,超过或小于设定的幅值将不能进行变换。即便如此,波形变换的方法仍然有很多有实用价值的方法,限于篇幅,本节只介绍几种经典的变换方法。

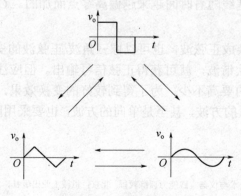

图 2-35　波形变换

1. 三角波/正弦波的变换方法

对于周期性的三角波，按傅里叶级数展开时，有

$$v(\omega t) = \frac{8}{\pi^2} V_m \left(\sin \omega t + \frac{1}{3!} \sin 3\omega t + \frac{1}{5!} \sin 5\omega t + \cdots \right) \tag{2-31}$$

若用低通滤波器(积分电路)滤除三次以上的高次谐波，就可获得正弦信号输出。

2. 三角波或正弦波/方波的变换方法

三角波或正弦波/方波的变换只需采用输出钳位(限幅)的过零比较器即可，按照需要的方波幅值设计相应的钳位电路。

3. 方波/三角波或正弦波的变换方法

对于周期性的方波变换成三角波，可以直接采用图 2-36 所示的积分器。为了准确地实现变换，应该使图中元件的参数满足下式：

$$RC \gg \frac{1}{f} \tag{2-32}$$

式中：f 为方波的频率。RC 乘积(即积分常数 τ)越大，变换精度越高，但三角波的输出幅值越小。

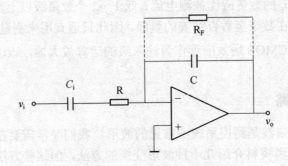

图 2-36 方波/三角波变换电路

图 2-36 中的电阻 R_F 是为了提供直流负反馈而加上的。没有 R_F 会使电路的输出基线随着时间越来越偏离零点，但是 R_F 的取值应该尽量地大。同样，C_i 也是为了消除输入方波中的直流分量，避免电路的输出基线随着时间越来越偏离零点而加的。C_i 的取值也应该尽量地大，同时要选用漏电小的电容。

对于周期性的方波变换成正弦波，也可以像三角波/正弦波的变换一样，采用低通滤波器滤除方波中三次以上的高次谐波，就可获得正弦信号输出。但应注意的是，由于方波中的高次谐波的幅值比三角波中的要高不少，为了得到较好的变换效果，应该采用更高阶数的低通滤波器。对有较大直流分量的方波，甚至是单向的方波，也要采用隔直电路(高通滤波)以避免输出基线偏离零点。

参考文献：

[1] 林玉池，毕玉玲，马凤鸣. 测控技术与仪器实践能力训练教程. 北京：机械工业出版社，2005.

[2] 李刚，林凌. 现代测控电路. 北京：高等教育出版社，2004.

[3] 赵燕. 传感器原理及应用. 北京：北京大学出版社，2010.

[4] 李刚，林凌. 电路学习与分析实例解析. 北京：电子工业出版社，2008.

[5] 林玉池. 测量控制与仪器仪表前沿技术及发展趋势. 天津：天津大学出版社，2008.

[6] 林玉池，曾周末. 现代传感技术与系统. 北京：机械工业出版社，2009.

[7] 何希才. 常用传感器应用电路的设计与实践. 北京：科学出版社，2007.

[8] 吕俊芳. 传感器接口与检测仪器电路. 北京：国防工业出版社，2009.

[9] 陈书旺等. 传感器应用及电路设计. 北京：化学工业出版社，2008.

[10] 赵广林. 常用电子元器件识别、检测、选用一读通. 北京：电子工业出版社，2007.

第三章 测控系统调试技术基础

【学习目的】
　　通过本章的学习，掌握测控系统调试的基本技术，能够熟练地进行电路焊接及运用各种测试仪器进行电路功能测试。
1. 熟悉电路焊接技术，能够熟练地使用合适的焊接工具进行元器件正确焊接。
2. 熟悉万用表的测量原理及各项功能，能够熟悉地运用万用表完成电路参数测试。
3. 熟悉函数信号发生器的工作原理和使用方法，能够熟练地运用函数发生器产生要求的信号。
4. 熟悉示波器的功能及操作，能够熟练地运用示波器进行常用电路信号测试。
5. 熟悉逻辑分析仪的功能及操作，能够熟练地运用逻辑分析仪进行逻辑信号测试。

3.1 电路焊接技术

　　在电路板制作与调试过程中，元器件焊接是非常重要的一个环节，焊接质量将直接影响到电路工作的可靠性。因此，焊接技术是从事电类工作者的基本功，只有熟练掌握焊接技术，才能保证电路的焊接质量，以减少电路调试过程中不必要的故障隐患。

1. 焊接基础知识
　1) 焊接质量
　　焊接质量主要包括电器的可靠连接、力学性能牢固和光洁美观三个方面，其中最关键的一点是必须避免虚焊。虚焊可能引起电路噪声、工作状态不稳定、元器件脱落，同时又不易检查，是电路调整和维护中的重大隐患。
　　造成虚焊的主要原因有：焊锡质量差，助焊剂质量不良或用量不当(过少或过多)，被焊接表面可焊性处理不好；烙铁头的温度过高或过低、表面有氧化层；焊接时间掌握不好，焊锡尚未凝固便摇动被焊元件。
　2) 焊接工具
　　焊接工具主要包括电烙铁、焊料、助焊剂等。
　　(1) 电烙铁。
　　电烙铁是手工焊接的重要工具，表述其性能的指标有输出功率及其加热方式。电烙铁输出功率越大，发出的热量就越大，温度则越高，常用的规格有20W、25W、30W、45W、75W、100W等，电子线路试验中以低瓦数的为主。按照加热方式，电烙铁分为外热式、内热式和控温式等。
　　选用何种规格的电烙铁，要根据被焊元件而定。外热式电烙铁适合于焊接电子管电路、体积较大的元器件；内热式和控温式电烙铁适用于焊接电子元器件、集成电路和印制电路板电路。如果电烙铁规格选用不当，轻者造成焊点质量不高，重者损害所焊元器件或印制电路板的焊点与连线。

常用的几种电烙铁的外形有圆斜面式、凿式、锥式和斜面复合式。凿式烙铁头多用于电器维修工作，锥式烙铁头适于焊接高密度的焊点和小面积怕热的元件，当焊接对象变化大时，可选用适合于大多数情况的斜面复合式烙铁头。

为了保证可靠方便地焊接，必须合理选用烙铁头形状和尺寸。选择烙铁头的依据是应使它的接触面积小于被焊点(焊盘)的面积。烙铁头接触面积过大，会使过量的热量传导给焊接部位，损坏元器件。一般来说，烙铁头越长越粗，则温度越低，焊接时间就越长；反之，烙铁头尖的温度越高，焊接越快。

电烙铁使用应注意下列事项：

① 注意安全。使用前除了用万用表欧姆挡测量插头两端是否短路或开路现象外，还要用 $R \times 10k$ 挡或 $R \times 1k$ 挡测量插头和外壳之间的电阻。如电阻大于 $2M\Omega \sim 3M\Omega$ 就可以使用，否则需要检查漏电原因，经排除后方可使用。

② 初次使用。电烙铁初次使用时，要先将烙铁头浸上一层焊锡。方法是将烙铁头加热以后，用烙铁架上的海绵垫(海绵垫需要浸水)旋转摩擦数遍，直到烙铁头变亮，涂上焊锡膏，加锡即可。这样做，不但能够保护烙铁头不被氧化，而且使烙铁头传热加快。

③ 握持方法。持烙铁方法一般有"握笔式"和"拳握式"两种，前者是使用小型电烙铁常用的一种方法，适用于焊接小型电子元件。当被焊元器件体积较大，使用的电烙铁也较大时，一般采用后者。电烙铁在使用中不能用来任意敲击，应轻拿轻放，以免损坏内部发热器件而影响使用寿命。

(2) 焊料。

焊料是用来熔合两种或两种以上的金属，使之成为一个整体的金属或合金。按组成成分焊料可分为锡铅焊料、银焊料和铜焊料，按熔点焊料分为软焊料(熔点在450℃以下)和硬焊料(熔点在450℃以上)。常用的是锡铅焊料，即焊锡丝，它是锡和铅的合金，是软焊料。

锡铅合金焊锡的共晶点配比为锡63%，铅37%，这种焊锡称为共晶焊锡，共晶点的温度为183℃。当锡含量高于63%时，熔化温度升高，强度降低。当锡含量小于10%时，焊接强度差，接头发脆，焊料润滑能力差。最理想的是共晶焊锡，在共晶温度下，焊锡由固体直接变为液体，无需经过半液体状态。共晶焊锡的熔化温度比非共晶焊锡要低，这样就减少了被焊接的元器件受热损坏的机会。同时，由于共晶焊锡固化时是由液体直接变为固体，也减少了虚焊现象，所以共晶焊锡应用广泛。

焊锡丝用锡铅焊料制成，有的焊锡丝中心加有助焊剂松香，则称松香焊锡丝。如果在助焊剂松香中加入盐酸二乙胺，就构成活性焊锡丝。焊锡丝的直径有：0.5,0.8,0.9,1.0,1.2,1.5,2.0,3.0,4.0,5.0mm 等多种。

(3) 助焊剂。

对助焊剂要求熔点低于焊锡熔点，有较高的活化性和较低的表面张力，受热后能迅速而均匀地流动，不产生有刺激性的气味和有毒气体，不导电，无腐蚀性，残留物无副作用，容易清洗，配制简单，原料易得，成本低。

助焊剂一般分无机系列、有机系列和树脂系列。常用的是松香酒精助焊剂，这种助焊剂松香和酒精的重量比一般为3:1。为了改善助焊剂的活性，可添加适量的活性剂，如澳化水杨酸、氟碳表面活性剂等。

3) 焊接方法

(1) 焊接步骤。

① 上锡。电烙铁头长时间不用，其表面会有一层氧化物，使电烙铁头呈黑色状态，这时不易上锡，应去掉氧化层上锡。方法是将电烙铁头在含水的海绵面上摩擦几下，就可以去掉氧化层，烙铁头就可以上锡。保持这层锡，可延长烙铁头寿命。

② 加热。用烙铁头加热被焊接面时，注意烙铁头要同时接触焊盘和元器件的引线，时间大约为 1s～2s。

③ 送焊丝。焊接面被加热到一定温度时，焊锡丝从烙铁对面接触被焊接的引线(不是送到烙铁头上)，时间大约 1s～2s。

④ 移开。当焊丝溶化并浸润焊盘和引线后，同时向左右 45°方向移开焊锡丝和电烙铁，整个焊接过程约 2s 左右。

(2) 注意事项。

① 掌握好电烙铁的温度。电烙铁温度的高低，可从电烙铁头和松香接触时间的情况来判断。当烙铁头蘸上松香后，如果冒出柔顺的白烟，松香向烙铁头的面上扩展，而又不"吱吱"作响时，那么就是烙铁头最好的焊接状态，此时焊出的焊点比较光亮。若松香只是在烙铁头上缓慢溶化而发出轻烟，那么即使电烙铁吃上锡，但由于温度低，焊点上的锡也会像豆腐渣一样不易焊牢。

② 控制好焊接加热时间。如果加热时间过短，焊剂未能充分挥发，在焊锡和金属之间会隔一层焊剂，焊锡不能将焊点充分覆盖，形成松香灰渣而造成虚焊。如加热时间过长，会造成过量的加热，使助焊剂全部挥发完，当烙铁离开时极易拉成锡尖，同时焊点发白，失去光泽，表面粗糙，还会出现松香炭化引起虚焊的现象，甚至导致印制电路板上铜箔焊盘的剥落，又易烫坏元器件。

③ 不要用烙铁头对焊件加力。用烙铁头对焊接面施加压力，不仅会加速烙铁头的损耗，还容易损伤元器件。

④ 加热元件，不单加热焊丝。用烙铁头的接触面加热被焊工件，然后将焊锡丝放入烙铁头与工件的间隙中，让焊液流动而焊接。焊锡不得过多，否则易掩饰虚焊点。

⑤ 让焊锡自然冷却，不必用口吹来加速冷却。

⑥ 随时保持烙铁头的清洁，经常擦去烙铁头上的氧化物及杂质炭渣。

(3) 质量检查。

焊点的质量检查：合格的焊点不仅没有虚焊，而且含锡量合适，大小均匀，表面有金属光泽，没有拉尖、气泡、裂纹等现象。注意，表面有金属光泽是焊接温度合适的标志，也是美观的要求。合格的焊点形状为近似圆锥面表面微凹呈慢坡状。不合格点甚至虚焊点表面往往呈凸形，有尖角、气泡、裂纹，结构松散，白色无光泽，不对称，可以鉴别出来。

2. TQFP、LQFP 和 MLP 封装器件的焊接方法

1) 工具和材料

合适的工具和材料是做好焊接工作的关键，根据我们的经验，推荐选用下面的工具和材料。

(1) 进口焊芯，直径为 0.4mm 或 0.5mm。

(2) 电烙铁也使用进口的，要求：烙铁尖要细，顶部的直径在 1mm 以下，功率为 25W，不需选用功率过大的。

(3) 焊接剂——液体型,如购买助焊剂不方便,可以用松香代替,须将松香压成碎面,撒在焊接处。

(4) 吸锡网,宽度为1.8mm左右,价格为20元左右,用于清理多余的焊锡,吸锡网很重要。

(5) 放大镜,放大倍数最小为10倍,可根据自己的实际情况选用头戴式、台灯式、手捣式。

(6) 无水乙醇(酒精),含量不小于99.8%。

(7) 尖头镊子(不要平头)和一组专用的焊接辅助工具(是两端有尖的,弯的各种形状或用其他工具代替)。

(8) 一把小硬毛刷(非金属材料)用于电路板的清理工作。

2) 焊接操作的过程

首先检查QFP的引脚是否平、直,如有不妥之处,可事先处理好。PCB上的焊盘应是清洁的。

(1) 用尖镊子或其他方法小心地将QFP器件放在PCB上,另一只手用尖镊子夹QFP的对角无引脚处,使其尽可能地与焊盘对齐(要保证镊子尖不弄偏引脚,以免矫正困难),要确保器件的放置方向是正确的(注意引脚1的方向)。

(2) 另一只手拿一个合适的辅助工具(头部尖的或是弯的)向下压住已对准位置的QFP器件。

(3) 先在QFP两端的中部引脚上加上少量的助焊剂;然后,再向下压住QFP。将烙铁尖加上少许的焊锡,焊接这两点引脚,此时不必担心焊锡过多而使相邻的引脚粘连,目的是用焊锡将QFP固定住,这时再仔细观察QFP引脚与焊盘是否对得很正,如不正则及早处理。

(4) 按上述(3)的方法,焊接另外两端中部的引脚,使其四周都有焊锡的固定,以防焊接时窜位。

(5) 这时便可焊接所有的引脚了。焊接的顺序为:

① 先将需要焊接的引脚涂上适量的助焊剂,在烙铁尖上加上焊锡。

② 先焊一端的引脚,然后在焊接对面的引脚。

③ 焊接第三面,再焊接第四面引脚。

3) 焊接要领

(1) 在焊接时要保持烙铁尖与被焊引脚是并行的。

(2) 尽可能防止焊锡过量而发生连接现象,如果出现粘连,也不必立即处理,待全部焊接完毕后,再统一处理,同时也要避免发生假焊现象。

(3) 焊接时用烙铁尖接触每个QFP引脚的末端,直到焊锡注入引脚,可随时向烙铁尖加上少量焊锡。

(4) 电烙铁不要长时间地停留在QFP引脚上,以免过热损坏器件或焊锡过热而烧焦PCB板。

4) 清理过程

(1) 焊完所有的引脚后,用助焊剂浸湿所有的引脚,以便清除多余的焊锡。在需要清除焊锡的地方,将吸锡网贴在该处,如有必要,可将吸锡网浸上助焊剂或松香。用电烙铁尖贴在被吸点边缘的吸锡网上,吸锡网有了热量,就会把多余的焊锡吸在吸锡网上,以解除粘连现象。存留在吸锡网上的焊锡可随时给予清理,剪掉或涂上松香加热甩掉。

(2) 用10倍放大镜(或更高倍数)检查引脚之间有无粘连,假焊现象。如有必要,可重新焊接这些引脚。

(3) 检查合格后,需清洗电路板上的残留助焊剂,以保证电路板的清洁、完美,更能看清焊接效果。

(4) 先将器件及电路板浸在装有无水乙醇(酒精)的容器里，或用毛刷浸上无水乙醇几分钟。然后，用毛刷沿引脚方向顺向反复擦拭，用力要适中，不要用力过大。要用足够的酒精在 QFP 引脚处仔细擦拭，直到焊接剂完全消失为止。如有必要，可更换新的酒精擦拭，使得清洗的电路板及器件更美观。

(5) 最后再用放大镜检查焊接的质量，焊接效果好的，应该是焊接器件与 PCB 之间，有一个平滑的熔化过渡，看起来明亮，没有残留的杂物，焊点清晰，如发现有问题之处，再重新焊接或清理引脚。

(6) 擦拭过的电路板，应在空气中干燥 30 分钟以上，使得 QFP 下面的酒精能够充分挥发。上述介绍的焊接技术，是我们在实际的焊接工作中，积累的一些经验，焊接 TQFP 和 LQFP 器件，原本就不是很难，只要细心观察，精心操作，就会得到满意的焊接效果。

3. 多脚元件的拆装

随着技术的进步，多脚元件日益增多，特别是各种集成电路和转换开关，往往有几十个焊脚。当需要拆焊这些零件时比较困难，这里介绍几种常用的拆焊方法。

(1) 用吸锡电烙铁拆装多脚元件。吸锡电烙铁是拆焊的专用工具，其烙铁头中间有一类似打气筒的细管。使用时，先压缩空气，用烙铁烫熔了接点上的焊锡之后，一按烙铁上的按键，弹簧活塞弹出，吸管即把焊锡吸出，焊脚脱离印制电路板。如此一个脚一个脚地拔离，直到全部引脚脱离印制电路板后，即可取下多脚元件。

(2) 用电烙铁加吸锡器拆装多脚元件。与上述方法相似，用电烙铁和不带加热部分的专用吸锡器也能方便地完成拆装工作。当电烙铁熔化接点上的焊锡之后，迅速把熔锡吸入管内，从而使元器件和印制电路板分离。

(3) 用电烙铁和金属网带拆装多脚元件。这是一种利用毛细管原理吸锡的方法，就是将易吃锡的编制铜线置于待拆焊的接点上，将电烙铁放在编制铜线上面，当焊锡熔化时即被编织铜线吸收，元件脚自然脱开印制电路板。

(4) 用热风机拆装多脚元器件。方法是手握热风机，先远距离对准元器件旋转吹风逐渐靠近，直到元器件活动。

3.2 数字万用表的使用

数字万用表是电子技术应用在测量领域而出现的一种电子仪表，与指针式万用表相比，它具有测量准确度高、测量速度快、输入阻抗大、过载能力强和测量功能多等优点，目前已成为电工电子领域的主要测量工具之一。下面以 VC9208 为例，对万用表做一简要介绍。

3.2.1 面板介绍

VC9208 型数字万用表面板如图 3-1 所示。从图中可以看出,数字万用表面板主要由液晶显示屏、按键、挡位选择开关和各种插孔组成。

面板各部分说明如下。

(1) 液晶显示屏。在测量时,数字万用表是依靠液晶显示屏(简称显示屏)显示数字来表明被测对象的数值大小。VC9208 型数字万用表的液晶显示屏可以显示 4 位数字和 1 个小数点，选择不同的挡位时，小数点的位置会改变。

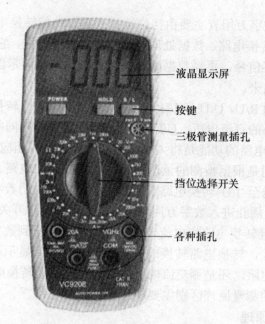

图 3-1 VC9208 型数字万用表面板

(2) 按键。VC9208 型数字万用表面板上有 3 个按键,左边标"POWER"的为电源开关键,按下时内部电源接通,万用表可以开始测量,弹起时关闭电源,万用表无法使用;中间标"HOLD"的为保持键,当显示屏显示的数字变换时,可以按下该键,显示的数字保持稳定不变;右边标"B/L"的为背光灯控制键,按下时开启液晶显示屏的背光灯,弹起则背光灯关闭。

(3) 挡位选择开关。在测量不同的量时,挡位选择开关要置于相应的挡位。挡位有直流电压挡、交流电压挡、交流电流挡、直流电流挡、温度测量挡、电容测量挡、频率测量挡、二极管测量挡、欧姆挡和三极管测量挡。

(4) 插孔。面板上有 5 个插孔。标有"VΩHZ"的为红表笔插孔,在测电压、电阻和频率时,红表笔应插入该插孔;标"COM"的为黑表笔插孔;标"mA"的为小电流插孔,当测电容为 0~200mA 电流时,红表笔应插入该插孔;标"20A"的为大电流插孔,当测 200mA~20A 电流时,红表笔应插入该插孔;标有"PNP"字样的插孔测量 PNP 型三极管,它由 E, B, C, E 4 个插孔组成,两个 E 插孔内部是相通的,标有"NPN"字样的插孔用来测量 NPN 型三极管。

3.2.2 组成及测量原理

数字万用表的组成框图如图 3-2 所示。

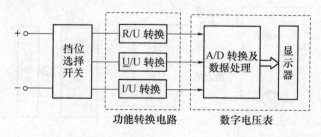

图 3-2 数字万用表的组成框图

从图中可以看出，数字万用表主要由挡位选择开关、功能转换电路和数字电压表组成。

数字电压表由 A/D 转换电路、数据处理电路和显示器等构成，它通过 A/D 转换电路将输入的直流电压转换成数字信号，再经数据处理电路处理后送到显示器，将输入的直流电压的大小以数字的形式显示出来。

功能转换电路主要由 R/U、U/U 和 I/U 等转换电路组成。R/U 转换电路的功能是将大小不同的电阻转换成相应大小的直流电压；U/U 转换电路能将大小不同的交流电压转换成相应大小的直流电压；I/U 转换电路的功能是将大小不同的电流转换成相应大小的直流电压。

挡位选择开关的作用是根据被测的量选择相应的功能转换电路。例如，在测电流时，挡位选择开关将被测电路送至 I/U 转换电路。以测电流为例来说明数字万用表的工作原理，在测电流时，电流由表笔、插孔进入数字万用表，经内部挡位选择开关(开关置于电流挡)后，电流送至 I/U 转换电路，经转换电路将电流转换成直流电压再送到数字电压表，最终在显示屏显示数字。被测电流越大，转换电路转换成的直流电压越高，显示屏显示的数字越大。不管数字万用表在测电流、电阻，还是测交流电压时，在内部都要转换成直流电压。

数字万用表各种量的测量原理区别主要在于功能转换电路。

1. 直流电压的测量原理

直流电压的测量原理示意图如图 3-3 所示。

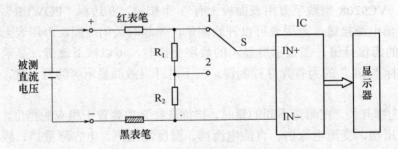

图 3-3 直流电压的测量原理

被测直流电压通过表笔送入万用表，如果被测电压低，则直接送到电压表 IC 的 IN+(正极输入)端和 IN-(负极输入)端，被测电压经 IC 进行 A/D 转换和数据处理后，在显示器上显示出被测电压的大小。如果被测电压很高，将挡位选择开关 S 置于"2"，被测电压经电阻 R_1 降压后再通过挡位选择开关送到数字电压表的 IC 输入端。

2. 直流电流的测量原理

直流电流的测量原理示意图如图 3-4 所示。

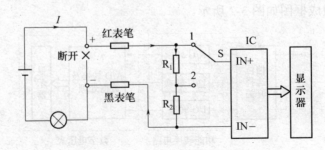

图 3-4 直流电流的测量原理

被测直流电流通过表笔送入万用表，电流在流经电阻 R_1、R_2 时，在 R_1、R_2 上有直流电压，如果被测电流小，可将挡位选择开关 S 置于"1"，取 R_1、R_2 上的电压送到 IC 的 IN+端和 IN-端，被测电流越大，R_1、R_2 上的直流电压越高，送到 IC 输入端的电压就越高，显示器显示的数字越大(因为挡位选择的是电流挡，故显示的数值读作电流值)。如果被测电流很大，将挡位开关 S 置于"2"，只取 R_2 上的电压送到数字电压表的 IC 输入端，这样可以避免被测电流过大时，电压过高而超出电压表的显示范围。

3. 交流电压的测量原理

交流电压的测量原理示意图如图 3-5 所示。

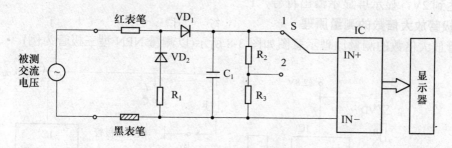

图 3-5 交流电压的测量原理

被测交流电压通过表笔送入万用表，交流电压正半周经 V_{D1} 对电容 C_1 充得上正下负的电压，负半周则由 V_{D2}、R_1 旁路，C_1 上的电压经挡位选择开关直接送到 IC 的 IN+端和 IN-端，被测电压经 IC 处理后在显示器上显示出被测电压的大小。如果被测交流电压很高，C_1 被充得的电压很高，这时可将挡位选择开关 S 置于"2"，C_1 上的电压经 R_2 降压，再通过挡位选择开关送到数字电压表的 IC 输入端。

4. 电阻阻值的测量原理

电阻阻值的测量原理示意图如图 3-6 所示。

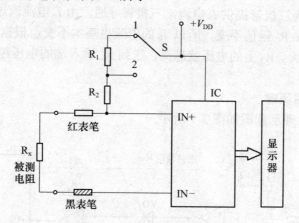

图 3-6 电阻阻值的测量原理

在测电阻时，万用表内部的电源 VDD 经 R_1、R_2 为被测电阻 R_x 提供电压，R_x 上的电压送到 IC 的 IN+和 IN-端，R_x 阻值越大，R_x 两端的电压越高，送到 IC 输入端的电压越高，最终在显示器上显示的数值越大。如果被测电阻 R_x 阻值很小，它两端的电压就会很低，IC 无法正常处理，这时可将挡位选择开关 S 置于"2"，这样的电源只经 R_2 降压为 R_x 提供电压，R_x 上的电压不会很低,IC 可以正常处理并驱动显示器显示正常的电阻值。

5. 二极管的测量原理

二极管的测量原理示意图如图 3-7 所示。

万用表内部的+2.8V 的电源经 VD_1、R 为被测二极管 VD_2 提供电压,如果二极管是正接(即二极管的正、负极分别接万用表的红表笔和黑表笔),二极管会正向导通,如果二极管反接则不会导通。对于硅管,它的正向导通电压 U_F 为 0.45V~0.7V;对于锗管,它的正向导通电压 U_F 为 0.15V~0.3V。在测量二极管时,如果二极管正接,送到 IC 的 IN+端和 IN-端的电压不会大于 0.7V,显示屏将该电压直接显示出来;如果二极管反接,二极管截止,送到 IC 输入端的电压将达到 2V,显示屏显示溢出符号"1"。

6. 三极管放大倍数的测量原理

三极管放大倍数的测量原理示意图如图 3-8 所示(以测量 NPN 型三极管为例)。

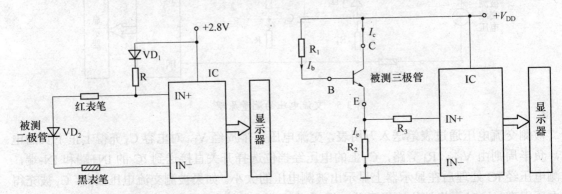

图 3-7 二极管的测量原理　　　　图 3-8 三极管放大倍数的测量原理

数字万用表面板上有 PNP 和 NPN 两类插孔,每类插孔都有"B"、"C"、"E"插孔,在测量三极管时,根据三极管的类型和各引脚的极性,将 3 个极插入相应的插孔中,万用表内部的电源 V_{DD} 经 R_1 为三极管提供 I_b 电流,三极管导通,由 I_e 电流流过 R_2,在 R_2 上得到电压($U_{R2}=I_eR_2$),由于 R_1、R_2 阻值不变,所以 I_b 的电流也基本不变,根据 $I_c=I_b\beta\approx I_e$ 可知,三极管的 β 值越大,I_e 也越大,R_2 上的电压就越高,送到 IC 输入端的电压越高,最终在显示器上显示的数值越大。

7. 电容容量的测量原理

电容容量的测量原理示意图如图 3-9 所示。

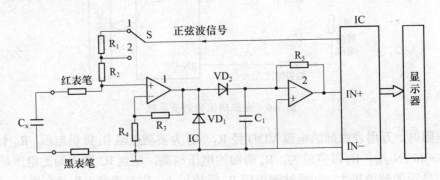

图 3-9 电容容量的测量原理

在测电容容量时，万用表内部的 IC 提供一个正弦交流信号电压。交流信号电压经挡位选择开关 S 的"1"端、R_1、R_2 送到被测电容 C_x，根据容抗 $X_c=1/(2\pi fC)$ 可知，在交流信号 f 不变的情况下，电容容量越大，其容抗越小，它两端的交流电压越低，该交流信号电压经运算放大器 1 放大后输出，再经 VD_2 整流后在 C_1 上充得上正下负的直流电压，该直流电压经运算放大器 2 反相放大后再送到 IC 的 IN+ 和 IN- 端。

如果 C_x 容量过大，它两端的交流信号电压就低，在电容 C_1 上充得的直流电压也低，该电压经反相放大后送到 IC 输入端的电压越高，显示器显示的容量越大。如果被测电容 C_x 容量很大，它两端的交流信号电压就会很低，经放大、整流和倒相放大后送到 IC 输入端的电压会很高，显示的数字会超过显示器显示范围。这时可将挡位选择开关置于"2"，这样仅经 R_2 为 C_x 提供的交流电压，经放大、整理和倒相放大后送到 IC 输入端的电压不会很高，IC 可以正常处理并显示出来。

3.3 信号发生器的使用

在进行电路调试时，经常会用到特定的输入信号，信号发生器是一种能产生正弦波、三角波、方波、矩形波和锯齿波等周期性时间函数波形信号的电子仪器。它产生信号的频率范围可从几个微赫到几十兆赫。信号发生器在电路实验和设备检测中应用十分广泛，除在通信、广播、电视系统和自动控制系统大量应用外，还广泛用于其他非电量测量领域。

3.3.1 工作原理

函数信号发生器产生多种信号的基本原理是先产生三角波信号，然后将三角波转换成方波、正弦波信号等其他信号。函数信号发生器的基本组成如图 3-10 所示。

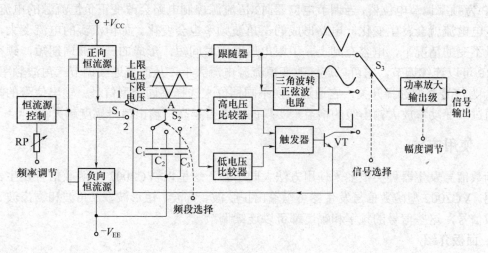

图 3-10 函数信号发生器的基本组成

工作原理说明如下。

1. 三角波的产生

在接通电源时，电容 C_1 两端电压为 0，正向恒流源产生的恒定电流经开关 S_1 的"1"和 S_2 对电容 C_1 充电，在 C_1 上充得上正下负电压，A 点电压呈线性上升，当电压上升到上限电压时，高电压比较器输出高电平，该高电平加到触发器的复位端(即置"0"端)，触发器复位，输出低电平，该低电平使三极管 VT 截止，VT 发射极为低电平，它使开关 S_1 由"1"切换至"2"，三角波上升阶段结束。

在 S_1 切换至"2"后，电容 C_1 开始通过 S_1 的"2"和负向恒流源恒流放电，C_1 上正下负电压线性下降，A 点电压随之线性下降，当 C_1 两端电压下降到 0 时，负向恒流源产生负向恒定电流由下往上对 C_1 充电，在 C_1 上充得上负下正的电压，A 点电压继续呈线性下降，当 A 点电压下降到下限电压时，低电压比较器输出高电平，该高电平加到触发器的置位端(即置"1"端)，触发器置位，输出高电平，该高电平使三极管 VT 导通，VT 发射极为高电平，它使开关 S_1 由"2"切换至"1"，三角波下降阶段结束。

在 S_1 切换到"1"后，正向恒流源产生的恒定电流对电容 C_1 充电，先逐渐中和 C_1 两端的上负下正电压，A 点电压呈线性上升，当 C_1 两端电压被完全中和后，C_1 两端电压为 0，从而在 A 点形成一个周期的三角波信号。此后，正向恒流源又开始在 C_1 上充上正下负电压，从而在 A 点得到连续的三角波信号。

2. 正弦波和方波的产生

在电路工作时，A 点会得到三角波信号，它经跟随器放大后分作两路：一路送往信号选择开关；另一路由三角波转正弦波电路平滑后转换成正弦波信号，再送往信号选择开关。在产生三角波的过程中，触发器会输出方波信号，它经三极管 VT 放大后输出，也送往信号选择开关。三种信号经信号选择开关选择一种后，在经功率放大输出级放大后送往仪器的信号输出端。

3. 信号的频段选择，频率调解，幅度调节和类型选择

S_2 为频段选择开关，通过 S_2 切换不同容量的电容可以改变三角波的频率。如 C_2 容量较 C_1 大，当 S_2 接通 C_2 时，C_2 充电上升到上限电压需要的时间长，产生的三角波周期长，频率低，即 S_2 切换的电容容量不连续，故 S_2 无法连续改变信号频率。

RP 为频率调节电位器，当调节电位器时，恒流源控制电路会改变正负恒流源的电流大小，电容充电电流就会发生变化，电路形成的三角波频率也会变化。如恒流源的电流变大，在电容容量不变的情况下，电容充到上、下限电压所需时间短，形成的三角波周期短，频率高。由于 RP 可以连续调节，它可以连续改变恒流源电流大小，从而可连续调节三角波频率。

S_3 为信号类型选择开关，它通过切换不同挡位来选择不同类型信号。输出信号的幅度调节是通过改变功率放大输出级的增益来实现的，增益越高，输出信号幅度越大。

3.3.2 使用方法

函数信号发生器种类很多，使用方法大同小异，这里以 VC2002 型函数信号发生器为例来说明。VC2002 型函数信号发生器可以输出正弦波、方波、矩形波、三角波和锯齿波 5 种基本函数信号，这些信号的频率和幅度都可以连续调节。

1. 面板介绍

VC2002 型函数信号发生器的前、后面板如图 3-11 所示。

面板各部分功能说明如下。

(1) 信号输出插孔。信号输出插孔用于输出仪器产生的信号。

(2) 占空比调节旋钮。占空比调节旋钮用来调节输出信号的占空比。本仪器的占空比调节范围为 20%~80%。占空比是指一个信号周期内高电平时间与整个周期时间的比值，占空比为 50%的矩形波为方波。

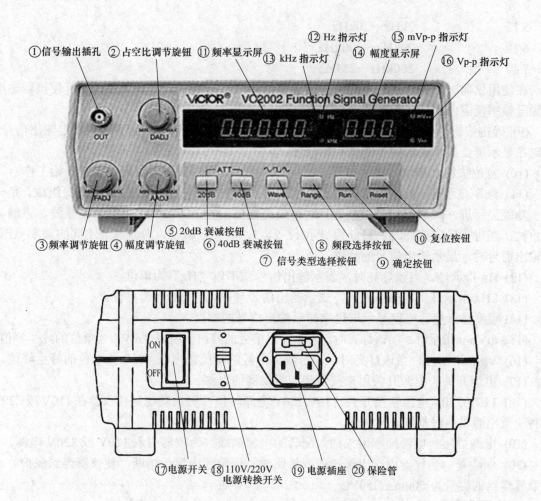

图 3-11 VC2002 型函数信号发生器的前、后面板

(3) 频率调节旋钮。频率调节旋钮用来调节输出信号的频率。

(4) 幅度调节旋钮。幅度调节旋钮用来调节输出信号的幅度。

(5) 20dB 衰减按钮。该键按下时,输出信号会被衰减 20dB(即信号幅度衰减 10 倍)再输出。

(6) 40dB 衰减按钮。该键按下时,输出信号会被衰减 40dB(即信号幅度衰减 100 倍)再输出。

(7) 信号类型选择按钮。信号类型选择按钮用来选择输出信号的类型。当反复按压该键时,5 位 LED 频率显示屏的最高位循环显示 1,2,3,显示"1"表示选择输出信号为正弦波,"2"表示方波,"3"表示三角波。

(8) 频段选择按钮。频段选择按钮用来选择输出信号的频段。当反复按压该键时,5 位 LED 频率显示屏的最低位会循环显示频段 1,2,3,4,5,6,7,各频段的频率范围如下:

1 挡	0.2Hz~2Hz
2 挡	2Hz~20Hz
3 挡	20Hz~200Hz
4 挡	200Hz~2kHz

5 挡   2kHz～20kHz
6 挡   20kHz～200kHz
7 挡   200kHz～2MHz

在使用仪器时，先操作频段选择按钮选择好频段，再调节频率调节旋钮就可使仪器输出本频段频率范围内的任一频率信号。

(9) 确定按钮。当仪器的各项调节好后，再按下此键，仪器开始运行，按设定输出信号，同时在显示屏上显示输出信号的频率和幅度。

(10) 复位按钮。当仪器显示错误或死机时，按下此键，仪器复位启动重新开始工作。

(11) 频率显示屏。频率显示屏用来显示输出信号频率。它由 5 位 LED 数码管组成，是一个多功能显示屏。在进行信号类型选择时，最高位显示 1，2，3，分别代表正弦波、方波、三角波；在进行频段选择时，最低为显示 1，2，3，4，5，6，7，分别代表不同的频率范围；在输出信号时，显示输出信号的频率。

(12) Hz 指示灯。当该灯亮时，表示输出信号频率以"Hz"为单位。

(13) kHz 指示灯。当该灯亮时，表示输出信号频率以"kHz"为单位。

(14) 幅度显示屏。幅度显示屏用来显示输出信号的幅度。

(15) mVp-p 指示灯。当该灯亮时，表示输出信号的峰值幅度以"mV"为单位的峰—峰值。

(16) Vp-p 指示灯。当该灯亮时，表示输出信号的峰值幅度以"V"为单位的峰—峰值。

(17) 电源开关。电源开关用来接通和切断仪器的电源。

(18) 110V/220V 电源转换开关。110V/220V 电源转换开关的功能是使仪器在 110V 或 220V 两种交流电源供电时都能正常使用。

(19) 电源插座。电源插座用来插入配套的电源插线，为仪器引入 110V 或 220V 电源。

(20) 保险管。当仪器内部出现过载或短路时，保险管内熔丝熔断，使仪器得到保护。该保险管熔丝的容量为 500mA/250V。

2. 使用说明

VC2002 型函数信号发生器的使用操作方法如下。

第一步：开机并接好输出测试线。将仪器后面板上的 110V/220V 电源转换开关拨至"220V"位置，然后给电源插座插入电源线并接通 220V 电源，再按下电源开关，仪器开始工作，接着在仪器的信号输出插孔上接好输出测试线。

第二步：设置输出信号的频段。反复按压频段选择按钮，同时观察频段显示屏最低位显示的频段号(1～7)，选择合适的输出信号频段。

第三步：设置输出信号的波形类型。反复按压信号类型选择按钮，同时观察频率显示屏最高位显示的波形类型代码(1：正弦波；2：方波；3：三角波)，选择好输出信号的类型。

第四步：按下"确认"按钮，仪器开始运行，在频率显示屏显示信号频率，在幅度显示屏显示信号的幅度。

第五步：调节频率调节按钮，同时观察频率显示屏，使信号频率满足要求；调节幅度调节旋钮并观察幅度显示屏，使信号幅度满足要求。

第六步：调节占空比调节旋钮使输出信号占空比满足要求。方波的占空比为 50%，大于或小于该值则为矩形波；三角波的占空比则为 50%，大于或小于该值则为锯齿波。

第七步：将仪器的信号输出测试线与其他待测电路连接，若连接后仪器的输出信号频率或幅度发生变化，可重新调节仪器，直至输出信号满足要求。

3. 技术指标
VC2002 型函数信号发生器的技术指标如下。
- (1) 频率范围：0.2Hz/2Hz/20Hz/200Hz/2kHz/20kHz/200kHz/2MHz。
- (2) 幅度：(2Vp.p～20Vp.p)±20%。
- (3) 阻抗：50Ω。
- (4) 衰减：20dB/40dB。
- (5) 占空比：20%～80%(±10%)。
- (6) 显示：5 位 LED 频率显示，同时 3 位 LED 幅度显示。
- (7) 正弦波:失真度＜2%。
- (8) 三角波：线性度＞99%。
- (9) 方波：上升沿/下降沿时间＜100ns。
- (10) 时基：标称频率:12MHz；频率稳定度：±5×10^{-5}。
- (11) 信号频率稳定度：＜0.1%/min。
- (12) 测量误差：≤0.5%。
- (13) 电源：220V/110V±10%，50Hz/60Hz±5%，功耗≤15W。

3.4 示波器的使用

示波器是一种用途十分广泛的电子测量仪器，能把肉眼看不见的电信号变换成看得见的图像，便于人们研究各种电现象的变化过程。示波器利用狭窄的、由高速电子组成的电子束，打在涂有荧光物质的屏面上，就可产生细小的光点。在被测信号的作用下，电子束就好像一支笔的笔尖，可以在屏面上描绘出被测信号的瞬时值的变化曲线。利用示波器能观察各种不同信号幅度随时间变化的波形曲线，可以用它测试各种不同的电量，如电压、电流、频率、相位差、调幅度等。本文以 TDS 200 系列数字示波器为例，对其性能和使用方法加以介绍。

TDS 200 系列数字示波器是一种小巧、轻型、便携式的可用来进行以接地电平为参考点测量的示波器。TDS 210 和 TDS 220 型示波器具有 2 路信道，TDS 224 型具有 4 路信道。

3.4.1 TDS 200 系列数字示波器准备

1. 功能检查
做一次快速功能检查，以核实本仪器运行正常。
(1) 接通仪器电源，仪器执行所有自检项目，并确认通过自检。按 SAVE/RECALL 按钮，从顶部菜单框中调出厂家设置菜单框选择设置。默认的探头衰减系数设定值为 10X。
(2) 将 P2100 探头上的开关设定为 10X，并将示波器探头与通道 1 连接，见图 3-12。将探头连接器上的插槽对准 CH1 同轴电缆插接件(BNC)上的插头并插入，然后向右旋转以拧紧探头。把探头端部和接地夹接到探头补偿器的连接器上。
(3) 按 AUTOSET(自动设置)钮。几秒种内，可见到方波显示(1kHz 时约 5V 峰—峰值)。
(4) 按 CH1 菜单按钮两次以关闭通道 1，按 CH2 菜单按钮以打开通道 2，重复步骤(2)和步骤(3)。

2. 探头补偿
在首次将探头与任一输入通道连接时，进行此项调节，使探头与输入通道相配。

(1) 将探头衰减系数设定为 10X，将 P2100 探头上的开关设定为 10X，并将示波器探头与通道 1 连接。如使用探头钩形头，应确保与探头接触紧密。将探头端部与探头补偿器的 5V 连接器相连，基准导线与探头补偿器的地线连接器相连，打开通道，然后按自动设置按钮，如图 3-12 所示。

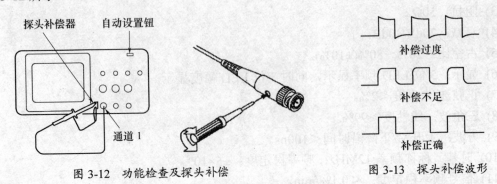

图 3-12　功能检查及探头补偿　　　　　　图 3-13　探头补偿波形

(2) 检查所显示波形的形状，探头补偿波形如图 3-13 所示。
(3) 如必要，可调节探头。必要时，重复步骤(1)~(2)。

3. 自校准

自校准程序可迅速地使示波器达到最佳状态，以取得最精确的测量值。可在任何时候执行这个程序，但如果环境温度变化范围达到或超过 5℃时，必须执行这个程序。若要进行自校准，应将所有探头或导线与输入连接器断开。然后，按 UTILITY(辅助功能)钮，选择 Do Self Cal(执行自校准)，以确认准备就绪。

3.4.2　基本操作常识

TDS 200 系列数字示波器的前面板分为若干功能区，使用和寻找都很方便。下面简要介绍各种控制钮以及屏幕上显示的信息。

1. 显示区

显示区除了显示波形以外，还包括许多有关波形和仪器控制设定的细节，如图 3-14 所示。

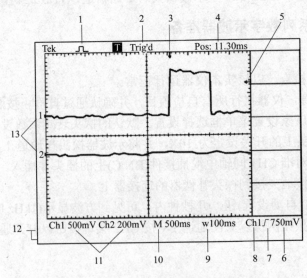

图 3-14　TDS 200 系列数字示波器的显示区

(1) 检测方式。不同的图形表示不同的获取方式，见表 3-1。

表 3-1　不同波形的检测方式

取样方式	峰值检测方式	平均值方式

(2) 触发状态见表 3-2。

表 3-2　触发状态

□ Armed.	示波器正采集预触发数据，此时所有触发将被忽略
® Ready.	所有预触发数据均已被获取，示波器已准备就绪接受触发
■ Trig'd.	示波器已检测到一个触发，正在采集触发后信息
® Auto.	示波器处于自动方式并正采集无触发下的波形
□ Scan.	示波器以扫描方式连续地采集并显示波形数据
● Stop	示波器已停止采集波形数据

(3) 指针表示触发水平位置，水平位置控制钮可调整其位置。
(4) 读数显示触发水平位置与屏幕中心线的时间偏差，屏幕中心处等于 0。
(5) 指针表示触发电平。
(6) 读数表示触发电平的数值。
(7) 图标表示的所选触发类型如下：

⌐ 上升沿触发， ⌐ 下降沿触发， ⌒ 行同步视频触发， ▨ 场同步视频触发

(8) 读数表示用以触发的信源。
(9) 读数表示视窗时基设定值。
(10) 读数表示主时基设定值。
(11) 读数显示了通道的垂直标尺因数。
(12) 显示区短暂地显示在线信息。
(13) 在屏指针表示所显示波形的接地基准点。如果没有表明通道的指针，就说明该通道没有被显示。

2. 使用菜单系统

TDS 200 系列示波器的用户界面可使用户通过菜单结构简便地实现各项专门功能。按前面板的某一菜单按钮，则与之相应的菜单标题将显示在屏幕的右上方，菜单标题下可有多达 5 个菜单项。使用每个菜单项右方的 BEZEL 按钮可改变菜单设置。有 4 种类型的菜单项可供改变设置时选择：环行表单，动作按钮，无线电按钮和页面选择，如图 3-15 所示。

1) 环形表单菜单框

环形表单菜单框的顶部为标题，其下为反相显示的选择表单。比如，可通过按菜单框按钮在 CH1 菜单中循环显示垂直耦合选择。

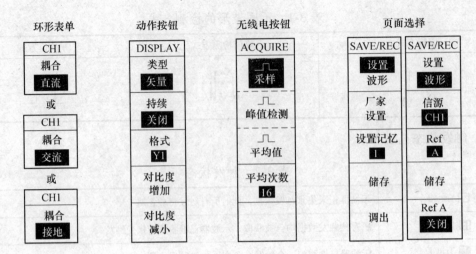

图 3-15 TDS 200 系列数字示波器的菜单

2) 动作按钮菜单框

动作按钮菜单框显示动作名称。如 DISPLAY 菜单中最下方的两个菜单框可用来增大和减小对比度。

3) 无线电按钮菜单框

无线电按钮菜单框以虚线分隔，被选中的菜单框以反向显示。如 ACQUIRE 菜单中的最上方三个菜单框用来选择获取方式。

4) 页面选择菜单框

页面选择菜单框为前面板上的每个按钮提供两个菜单项，选中的菜单项被反向显示。每当按下顶部菜单框按钮在这两个菜单项之间切换时，下面的菜单框也随之变化。

例如，当按 SAVE/RECALL 按钮时，顶部的页面选择菜单含有两个菜单项：设置和波形。当选中设置菜单项后，其余的菜单框可用来保存或调出设置。当选中波形菜单项后，其余的菜单框也可用来保存或调出波形。

按前面板上的 SAVE/RECALL，MEASURE 和 TRIGGER 按钮将显示页面选择菜单框。

3. 波形显示

波形显示的获得取决于仪器上的许多设定值。一旦获得波形，即可进行测量。同样，这些波形的不同形式的显示也提供了波形的重要信息。波形将依据其类型以三种不同的形式显示：黑线、灰线和虚线。

(1) 黑色实线波形表示显示的活动波形。获取停止以后，只要引起显示精确度不确定的控制值保持不变，波形将始终保持黑色。在获取停止以后，可以改变垂直和水平控制值。

(2) 参考波形和使用显示持续时间功能的波形以灰色线条显示。

(3) 虚线波形表示波形显示精确度不确定。产生虚线的原因是，停止获取后改变控制设定值，但仪器无法相应改变显示波形与其相配。例如，在获取停止情况下，改变触发控制值会导致虚线波形。

4. 垂直控制钮

垂直控制钮如图 3-16 所示。

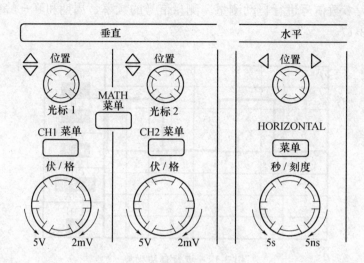

图 3-16 垂直控制钮和水平控制钮

(1) CH1,CH2 菜单：显示通道输入菜单，选择并打开或关闭通道显示。

(2) 光标 1，光标 2 位置：在垂直方向上定位波形。当光标被打开且光标菜单被显示时，这些旋钮用来定位。

(3) 伏/格(通道 1，通道 2)：选择已校准的标尺系数。

MATH 菜单，显示波形数学操作菜单，并可用来打开或关闭数学波形。

5. 水平控制钮

水平控制钮如图 3-16 所示。

(1) POSITION(位置)：调整所有通道的水平位置及数学波形。这个控制钮的解析度根据时基而变化。要对水平位置做一个大的调整，将秒/刻度钮转到 50ms 处，调整水平位置，然后将秒/刻度钮转回到先前的刻度。

(2) 水平菜单：显示水平菜单。

(3) 秒/刻度：为主时基或窗口时基选择水平标尺因数。当视窗扩展被允许时，将通过改变秒/刻度旋钮改变窗口时基而改变窗口宽度。

3.4.3 进行简单测量

观察电路中一幅值与频率未知的信号，迅速显示和测量信号的频率、周期和峰—峰幅值。

1. 使用自动设置

欲迅速显示信号，请按如下步骤操作：

(1) 将探头菜单衰减系数设定为 10X，并将 P2100 探头上的开关设定为 10X。

(2) 将通道 1 的探头连接到信号源。

(3) 按下自动设置按钮。示波器将自动设置垂直、水平和触发控制。手工调整这些控制使波形显示达到最佳。

在多个通道均被使用的情况下，自动设置功能为每个通道分别设定垂直功能，并用最小标号的活动通道设置水平和触发控制。

2. 进行自动测量

示波器可对大多数信号进行自动测量。测量信号的频率、周期和峰—峰幅值，请按如下步骤操作，见图 3-17。

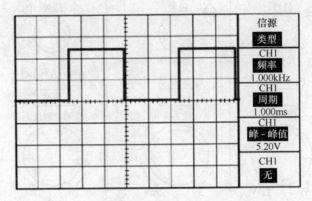

图 3-17 进行自动测量

(1) 按下 MEASURE 按钮以显示测量菜单。
(2) 按下顶部菜单按钮以选择信源。
(3) 选择 CH1 进行上述三种测量。
(4) 按下顶部菜单按钮选择类型。
(5) 按下第一个 CH1 菜单框按钮以选择频率。
(6) 按下第二个 CH1 菜单框按钮选择周期。
(7) 按下第三个 CH1 菜单框选择峰—峰值。

3. 测量两路信号

假设在对某种设备测试中需要测量音频放大器的增益，用户具有一个音频发生器用来产生测试信号作为放大器的输入，把示波器的两个通道按图示连接到放大器的输入与输出端，测量两路信号的电平，如图 3-18，利用测量结果即可计算增益。对两个通道进行测量，请按如下步骤操作：

(1) 选择信源通道。
① 按下 MEASURE 按钮以显示测量菜单。
② 按下顶部菜单框按钮以选择信源。
③ 按下第二个菜单框按钮以选择 CH1。
④ 按下第三个菜单框按钮以选择 CH2。
(2) 选择每个通道的测量类型。
① 按下顶部菜单按钮以选择类型。
② 按下 CH1 菜单按钮以选择峰—峰值。
③ 按下 CH2 菜单按钮以选择峰—峰值。
(3) 从显示菜单上读出通道 1 和通道 2 的峰—峰幅值。
(4) 利用以下公式计算放大器增益。

增益=输出/输入，增益(dB)=20×lg(增益)

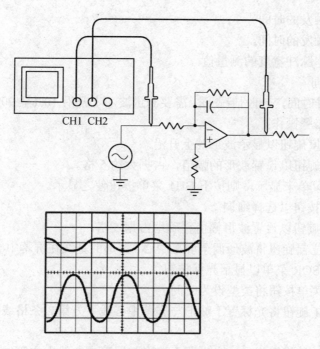

图 3-18 音频放大器的增益测量

4. 进行光标测量

使用光标可迅速地对波形进行时间和电压测量。

1) 测量脉冲宽度

使用时间光标测量脉冲宽度,请按如下步骤操作,如图 3-19 所示。

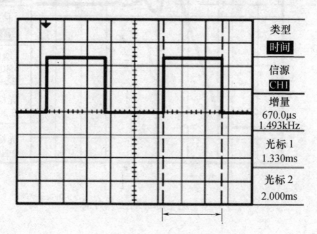

图 3-19 测量脉冲宽度

(1) 按下光标按钮以显示光标菜单。
(2) 按下顶部菜单框按钮以选择时间。
(3) 按下信源菜单框按钮选择通道 1。
(4) 旋转光标 1 旋钮置光标于脉冲的上升沿。
(5) 旋转光标 2 旋钮置另一光标于脉冲的下降沿。

光标菜单中将显示下列测量值:

- 光标 1 相对触发的时间。
- 光标 2 相对触发的时间。
- 增量时间，即脉冲宽度的测量值。

2) 测量上升时间

测量脉冲的上升时间，一般情况下，需要测量波形上升沿 10%至 90%之间的时间，如图 3-20 所示，按如下步骤操作：

(1) 调整秒/刻度旋钮以显示波形的上升沿。

(2) 调整伏/格旋钮以设置波形的幅值，占据大约 5 格。

(3) 若通道 1 菜单未显示，则按下 CH1 菜单按钮使之显示。

(4) 按下伏/格按钮以选择细调。

(5) 调整伏/格旋钮以设置波形幅值精确地占据 5 格。

(6) 使用垂直位置旋钮将波形调至屏幕中心，波形的基线在屏幕中心线下方的 2.5 格处。

(7) 按下 CURSOR 菜单以显示光标按钮。

(8) 按下顶部菜单按钮将类型设为时间。

(9) 旋转光标 1 旋钮将光标置于波形与屏幕中心线下方第二条格线的交叉点。该点为波形上升沿的 10%点。

(10) 旋转光标 2 旋钮将另一光标置于波形与屏幕中心线上方第二条格线的交叉点。该点是波形上升沿的 90%点。

(11) 光标菜单的增量读数即为波形的上升时间。

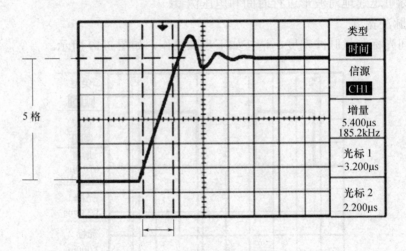

图 3-20 测量脉冲的上升时间

3) 测量 RING 频率

欲测量信号上升沿处的 RING 频率，如图 3-21 所示，请按如下步骤操作：

(1) 按下 CURSOR 按钮以显示光标菜单。

(2) 按下顶部菜单按钮以选择时间。

(3) 旋转光标 1 旋钮将光标置于 RING 的第一个峰值处。

(4) 旋转光标 2 旋钮将光标置于 RING 的第二个峰值处。

光标菜单中将显示出增量时间和频率(测得的 RING 频率)。

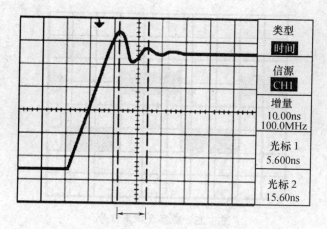

图 3-21 测量 RING 频率

4) 测量 RING 幅值

测量 RING 幅值，如图 3-22 所示，请按如下步骤操作：
(1) 按下 CURSOR 按钮以显示光标菜单。
(2) 按下顶部菜单框按钮以选择电压。
(3) 旋转光标 1 旋钮将光标置于 RING 的波峰。
(4) 旋转光标 2 旋钮将光标置于 RING 的波谷。

光标菜单中将显示下列测量值：
- 增量电压(RING 的峰—峰电压)。
- 光标 1 处的电压。
- 光标 2 处的电压。

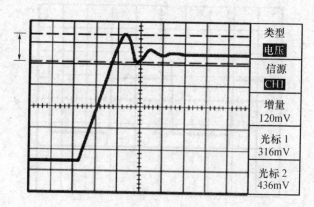

图 3-22 测量 RING 幅值

5. 分析信号的细节

1) 观察含噪声信号

信号受到了噪声的干扰，可能会使电路产生故障。欲仔细分析噪声，见图 3-23，请按如下步骤操作：
(1) 按下 ACQUIRE 按钮以显示采集菜单。
(2) 按下峰值检测按钮。
(3) 在必要的情况下，按下 DISPLAY 按钮以调出显示波形菜单。

67

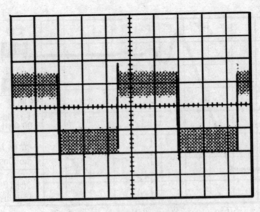

图 3-23 观察含噪声信号

使用对比度增加和对比度减小菜单框按钮以调整对比度,使噪声显示得更清晰。选用峰值检测,尤其在时基被设为慢速的情况下,能够着重刻画信号中包含的噪声尖峰和毛刺。

2) 分离信号和噪声

当分析信号波形时需去除噪声,欲减少示波器显示的随机噪声,见图 3-24。请按如下步骤操作:

(1) 按下 ACQUIRE 按钮以显示采集菜单。
(2) 按下平均值菜单框按钮。
(3) 按下平均次数菜单框按钮以观察不同个数的波形取平均值后的显示效果。取平均值后随机噪声被减小而信号的细节更易观察。在下面的例子中,当噪声被去除之后在信号的上升沿和下降沿上的 RING 显露出来。

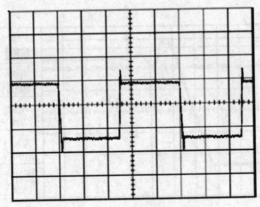

图 3-24 去除噪声的信号波形

3.5 逻辑分析仪的使用

逻辑分析仪是利用时钟脉冲从测试设备上采集和显示数字信号的工具。一台逻辑分析仪就好像一台数字示波器,不过逻辑分析仪只显示两个电压等级(逻辑状态 1 和逻辑状态 0),而不像示波器的许多电压等级。而且,逻辑分析仪比示波器有更多的 Channel 用来分析波形。由于逻辑分析仪只获取 1 和 0 信号,所以它的采样频率可以比需要获取许多电压等级的示波器慢，一台逻辑分析仪能够在整个测试过程中获取更多的信号。

逻辑分析仪首先保存使用者设置的触发条件，然后就利用设置的触发条件在测试的设备上进行采样信号值，并且把采集到的信号值保存到它自己的内存中。最后逻辑分析仪的软件再从内存中把采集到的值读出来，处理成波形或者状态量，显示出来供使用者分析。采样模式分为同步模式和异步模式。

异步模式(Timing Mode)采样的Clock是与被测物没有直接关系且不受被测物控制，所以采样的Clock与被测物的信号不会同步进行。异步模式就是在相同的时间间隔内，进行一次对测试设备的数据采样，例如每隔10ns，就从测试设备进行数据采样。内部时钟(逻辑分析仪自己内部所确定的时钟)常被用于异步模式下采样。逻辑波形经常用在异步模式。

同步模式(State Mode)采样的Clock与被测物可以有直接关系且可受被测物控制，所以采样的Clock与被测物的信号可同步进行，同步模式时的采样Clock由被测物提供。同步模式就是逻辑分析仪同步地从测试设备采集样品数据，换言之，当测试设备出现一个信号或信号集时，就是获取信号的时刻。例如：当从测试设备发出一个上升沿的任何时候，逻辑分析仪可以开始采集一次信号。

孕龙公司(Zeroplus Technology Co., Ltd)逻辑分析仪是目前应用较多的分析仪之一，它的产品有 LAP-A、LAP-B、LAP-C 三个系列，拥有最新的技术，进行快速的分析与快速的侦测，是电子研发人员、测试人员、学生、个人研究工作室必备的工具。C 系列机型外观如图 3-25 所示。

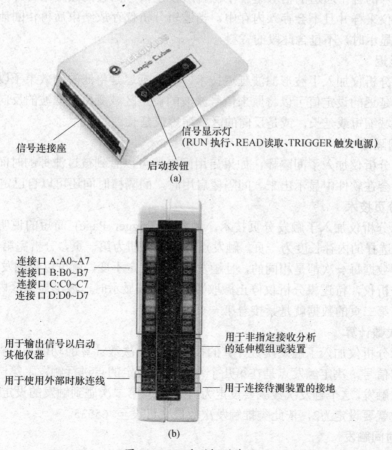

图 3-25　C 系列机型外观

3.5.1 LAP-C 型逻辑分析仪功能介绍

1. 外部按钮

在逻辑分析仪的硬件上，有一个START按钮，当逻辑分析仪软件在开启状态时，可利用此按钮来启动逻辑分析仪执行采样动作，从而更快速地操作逻辑分析仪取得被测物的资料。

2. 压缩技术

孕龙逻辑分析仪加入了波形压缩的技术，将被测物的信号做实时且不损失数据的压缩，压缩的目的是将有限的记忆空间通过压缩技术得到比实际硬件内存容量更大的数据，压缩技术的加入可以获得更多的采样数据，使数据的分辨率更高且不失宝贵的记忆空间。孕龙逻辑分析仪的压缩率达255倍，也就是当内存容量选择在128kB时，最大可撷取的资料量达128K*255=32MBits(Per Channel)，当然，压缩率会随着被分析的数据内容而定。

3. 信号滤波

孕龙逻辑分析仪加入了波形滤波的技术，信号滤波的功能是将输入的被测信号，利用一个可以设定的通道信号的判断电路，来过滤掉不需要的信号，可达到充分利用内存存放有用的被测信号的目的。当输入的各个通道的信号组合符合所设定信号滤波的数据组合时，此段的数据可以让逻辑分析仪采样并存入内存中，待存放结束后传回计算机中的逻辑分析仪软件显示，而当输入的各个通道的信号组合不符合所设定信号滤波的数据组合时，该段的数据不会让逻辑分析仪采样并且不会存入内存中，当逻辑分析仪存放结束后再传回计算机中的逻辑分析仪软件作显示时，不包含此段的资料。

4. 滤波延迟

孕龙逻辑分析仪加入了波形滤波延迟技术，滤波延迟是将滤波的效果予以延长或缩短时间，利用滤波延迟的设定值可以将原来信号滤波的设定区域变换为滤波的反向区域，或是将信号滤波的区域缩短或延长，或是反向的区域缩短或延长。

5. 滤波间隔棒

孕龙逻辑分析仪加入了间隔棒，如果启用间隔棒可以看到被过滤掉的时间；如果间隔棒不启用，则不会在软件中显示出来。间隔棒启用时，间隔棒时间还可以自己定义。

6. 触发分页技术

孕龙逻辑分析仪加入了触发分页技术，触发页(Trigger Page) 简短的说明就是将数据分页。以目前所选择的内存长度为一页，触发点的所在页即为第一页，分析完第一页的数据后，只要被测物的数据每一次都是相同的，且触发状态的设定不变，就可以将触发页设为2，再重新启动逻辑分析仪，待逻辑分析仪停止撷取数据且完成显示时，波形显示区内的内容即为第二页的数据，第二页的数据就是紧接着第一页后的数据。

7. 触发次数计算

孕龙逻辑分析仪加入了触发次数计算的技术，触发次数计算的功能是对有一个以上符合触发值的被测信号，决定触发点是在第几个符合触发设定的点进行触发，第一次碰到触发的设定状态时就触发，这个触发次数就要设定为 1(预设)，第二次碰到触发的设定状态时才触发，这个触发次数就要设定为2，依此类推触发次数最大可设至 65535。

8. 真实时间触发

孕龙逻辑分析仪的触发判断使用 1个 Clock 就可判断出以下情况：

上升沿(Rising Edge):前一个Clock是低电平，当前Clock是高电平。

下降沿(Falling Edge):前一个Clock是高电平，当前Clock是低电平。

任一边沿(Either Edge)：前一个Clock是低电平，当前 Clock 是高电平(上升沿)，或前一个Clock是高电平，当前Clock 是低电平(下降沿)，这两种状态的其中一种都符合本触发条件(Trigger)。

高电平(High Level)：当其他的测量通道的触发条件有设定上升沿、下降沿或是任一边沿时，必须要维持两个Clock的采样都是高电平才符合高电平条件，而其他测量通道的触发条件没有设定上升沿、下降沿或任一边沿时，只要一个Clock采样为High时，这个通道的信号就符合本触发条件。

低电平(Low Level)：当其他测量通道的触发条件有设定上升沿、下降沿或是任一边沿时，必须要维持两个Clock的采样都是低电平才符合低电平触发条件，而其他测量通道的触发条件没有设定上升沿、下降沿或任一边沿时，只要一个Clock采样为 Low时，这个通道的信号就符合本触发条件。

高电平或低电平做法让触发器能够找到瞬间出现的波形信号，这个波形可能是系统上的问题，通过孕龙逻辑分析仪可分析问题的所在。

9．显示波形时间

当逻辑分析仪显示画面为波形显示窗口时，可让使用者自行决定是否需要显示波形宽度的时间(在两个上升沿或两个下降沿之间的波形宽度)，表示方式可依使用者选择的波形显示模式而不同，分为采样点模式、时间模式、频率模式、不显示波形时间模式。

10．导出文件格式

孕龙逻辑分析仪针对特定范围导出txt文件及csv文件，让使用者在分析数据时更方便。

11．总线协议扩充功能

孕龙逻辑分析仪目前已经具备总线协议I^2C、UART、SPI、1-WIRE、HDQ、CAN2.0B等，并将持续增加总线协议的数目。在推出新的总线协议时，用户不必更新主程序，只需安装需要的总线协议即可。

3.5.2　安装及运行逻辑分析仪程序

C系列逻辑分析仪电源保持开启状态，将逻辑分析仪所附的USB连接线B型接口连接至逻辑分析仪的USB B型插座，而USB A型接头连接至计算机的USB A型插座。先关闭所有目前正在执行的程序，将ZEROPLUS Logic Analyzer 安装光盘置入光驱，如果光盘的自动播放功能被启动，请从出现的选项清单中先选择 Application Setup 安装，再安装 Driver Setup，以确保逻辑分析仪能正常使用。

如果光盘没有自动执行，请按下 Windows【开始】按钮，然后按【运行】。在【运行】字段中输入"D:\setup.exe"(假设光驱为"D:\")，然后按下【下一步(Next)】按钮。建议屏幕最佳显示分辨率为1024×768。安装完成后，重新启动计算机。

在Windows【开始】按钮下的"程序"内有ZEROPLUS的选项，将鼠标光标移到此选项后可看到LAP-C选择项，再将鼠标指针移到此选项后，可看到Standard选择项，再将鼠标指针移到此选项后即可开启Logic Analyzer的主程序。

运行逻辑分析仪程序，开始前会有一个讯息提示对话框，询问使用者是否要开启最后一次使用的档案，此时若按下确定键则会开启最后一次使用的档案，若按下取消键，则会开启一个新的分析档案。

当设定好所需要的采样频率、内存长度、触发位置或是其他的设定后，就可以启动逻辑分析仪来进行数据采样与数据显示的动作，要开始启动逻辑分析仪，可以在菜单【摄取/停止(S)】的选项内找到摄取的选择项，用鼠标左键单击此项就可启动逻辑分析仪进行采样，或者在工具列中找到▶这个按钮，鼠标左键单击此按钮就也可启动逻辑分析仪进行采样。

利用逻辑分析仪上的【START】按钮也可启动逻辑分析仪进行采样，操作方式与鼠标点选 ▶ 这个按钮一样。

如果需要像示波器一样一直重复地撷取最新的波形，可选择在菜单【摄取/停止(S)】的选项内找到重复摄取的选择项，或是工具列上的 ▶▶ 按钮，波形显示区的数据就会自动地启动逻辑分析仪撷取信号，撷取完成后立即显示所撷取的波形，显示完成后又再一次自动启动逻辑分析仪进行采样，重复以上的步骤直到人为停止。

停止逻辑分析仪可以在菜单【摄取/停止(S)】的选项内找到停止的选择项，鼠标左键单击此项就可停止逻辑分析仪，或是在工具列中找到■这个按钮，鼠标左键单击此按钮就停止逻辑分析仪。

3.5.3 操作窗口

操作窗口主要分为以图形显示的波形窗口，以数值显示的状态窗口。如图3-26所示，点选菜单上的【窗口(W)】后出现选单，选择【波形显示窗口】时为图形显示的波形窗口，而点选"状态显示窗口"即为数值显示的状态窗口。

图 3-26　操作窗口选择

1. 波形显示窗口(Waveform Mode)

波形显示窗口直接反映逻辑分析仪采样的数字逻辑信号，逻辑0信号在波形显示为▬▬▬▬，逻辑1信号在波形显示为▔▔▔▔，未知信号线以预设为深灰的中间线表示，显示为▭▭▭▭，显示界面如图3-27所示。

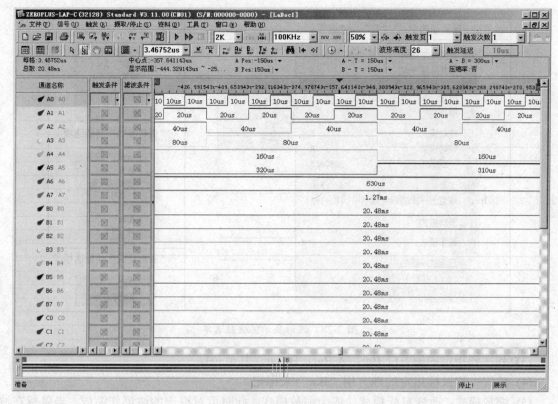

图 3-27 逻辑分析仪的波形显示界面

波形显示窗口界面可分为以下几个区域：
1) 功能选单区
进行逻辑分析仪功能设定，包含更改设定、执行、停止、变更名称颜色等选择项，所有的设定都能在功能选单区内找到。
2) 工具列
较常使用的设定项目放在此列，让使用者方便更改设定值与操作逻辑分析仪。
3) 状态显示列
显示的信息为逻辑分析仪目前的状态，以及辅助显示选择项的功能简介。
4) 波形显示区
为逻辑分析仪显示采集到的数据，以逻辑状态的波形显示。波形图由上方的标尺，主要的定位条A、B、T三个定位线轴，以及与信号线对应的信号波形表示区构成，设有多少信号探测针，就相应有多少信号波形表示。LAP-16032U，LAP-16064U，LAP-16128U，LAP-C(16032)，LAP-C(16064)，LAP-C(16128)，LAP-C(162000)系统预设为16个，LAP-32128U-A，LAP-321000U-A，LAP-322000U-A，LAP-C(32128)，LAP-C(321000)系统预设为32个。右边为滚动条，三个视图同步。底部滚动条负责波形的左右滚动。当采样成功后，将把采集的数据以波形方式显示。当对波形进行放大缩小时，波形会进行相对应的放大缩小。

在波形区域单击鼠标右键，则出现波形显示区快显选单，如图3-28所示。
(1) 查找特定资料：根据输入的值来查询相应的地址。
(2) 查找脉波宽度：对单一通道和总线内的单个通道，进行脉冲宽度查找。

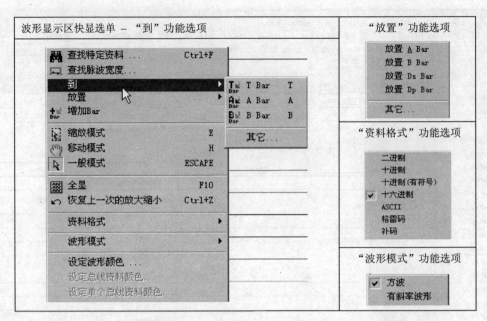

图 3-28 波形显示区快显选单

(3) 到：到指定的地方(T Bar，A Bar，B Bar，其他…)。

(4) 放置：把鼠标指定的地方用"Bar"来标记。

(5) 缩放模式：改变鼠标模式，成为缩放模式，此时可对框选的波形作缩放。当鼠标在波形显示区内，配合左键，由左向右框选一个范围的波形后，会平行放大所框选的波形范围，由右向左框选则会平行缩小所框选的波形范围，缩放后的范围置于波形显示区的中央位置。拖放时同时显示波形宽度资讯。

(6) 移动模式：在波形窗口及状态窗口中操作，先在功能列上按下此功能选项后，便可在数据区，随使用者操作上下或左右移动。

(7) 全显：将全部的波形显示在波形显示区上。

(8) 恢复上一次的放大缩小：撤消最近一次放大缩小操作。

(9) 资料格式：总线数据显示的方式，可选择二进制，十进制，十进制(有符号)，十六进制，ASCII，格雷码及补码。当总线协议启用了自定义进制显示时，数据格式显示以该总线协议选择的进制为准。

(10) 波形模式：设定波形的显示方式，可选择波形在高低交换时是垂直的线条还是有斜率的线条作显示。

(11) 设定波形颜色：设定总线外框的颜色。

(12) 设定总线资料颜色：设定 Data 数据的颜色。

(13) 设定单个总线资料颜色：设定鼠标目前的Bus Data的颜色。

5) 测量通道名称显示区

测量通道可以针对使用的需求加以命名，让您更清楚地知道哪一个测量通道连接至被测物上的某个信号点，且搭配颜色的显示，让您更清楚此测量通道的连接线是使用何种颜色，在连接测试线后查找信号更容易，降低接错信号的机率。在这个区中可以对通道名称用鼠标进行拖动、移动、隐藏，把不同的信号线(Signal)归为不同的总线(Bus)组等操作。通道名称的信号线，在这里可以单独使用鼠标或者与键盘配合使用，对它进行各种移除、增加和为信号线归为一个任意名称的总线(Bus)组。在通道名称区可以用来对信号线(Signal) / 总线(Bus)进行拖动、选择操作，除了鼠标操作与键盘配合操作外，还可以用右键对菜单(Pop-up Menu)操作，包括启动"采样模式设定"对话框、"信号通道设定"对话框，归纳信号线为总线(Bus)，解开总线(Bus)为信号线，信号线的移位(上下移动、隐藏、显示所有信号线、设定颜色属性)，重命名操作等。

(1) 将信号线(Signal)变成总线(Bus)。做法一，选择某一信号通道线，按鼠标右键出现辅助选单时，点选【信号通道设定】选项时，则会出现【信号通道设定】对话框，在对话框内可自行增加总线(Bus)并设定总线(Bus)名称与信号线(Signal)数量；做法二，可用鼠标左键与键盘 Shift+ Ctrl键互相配合，在测量通道名称显示区针对某一个信号线(Signal)或多个信号线(Signal)作点选并按右键出现辅助选单时，再点选归纳信号线为总线，即可将信号线(Signal)归纳为总线(Bus)。可在总线(Bus)里作信号线(Signal)的位置顺序的调整，若选择总线(Bus)作移动时，则不能移动到另一个总线(Bus)中，而在鼠标图标上出现禁止符号，并且会回复原来位置。

(2) 对信号线(Signal)进行拖移操作的图解与说明。先点选A1后让A1呈现被选择的状态，移动光标至 A1 上按住鼠标左键不放，拉动A1到总线(Bus)的后端时再放开鼠标按钮，如此即完成将A1加入Bus1的动作。

使用键盘Ctrl键与Shift键配合按鼠标左键，作连续点选多个信号线(Signal)，按住鼠标左键并拉动鼠标进行移动，在拖移到总线(Bus)的后端或前端时放开鼠标左键，即完成将多个信号线加入到总线(Bus)的动作。

如需要将整个总线(Bus)变成非总线(Bus)的形式，可以在总线(Bus)的名称上按下鼠标右键出现辅助选单后点选【解开总线信号线】，就可以将整个总线(Bus)分离。

① 增加信号通道。在通道中按右键，选择【增加信号通道】，软件显示增加信号通道对话框，选择所需的通道并按【确定】，通道名称区域中会新增所选的通道。

② 复制信号通道。在通道中选取所需复制的通道，并按下右键，选择【复制信号通道】，会弹出复制信号通道的窗口，按下【确定】后，通道名称区域中会新增所选取的通道。

③ 删除信号通道。在通道中选取所需删除的通道，并按下右键，选择【删除信号通道】，会跳出删除信号通道的窗口，按下【确定】后，通道名称区域中不会显示刚选取的通道。

④ 删除所有信号通道。在通道名称区域中按右键，选择【删除所有信号通道】，会跳出提示窗口，按下【确定】后，所有的通道都会被删除。

⑤ 信号通道恢复默认值。恢复所有的通道。在通道名称区域中按右键，选择【信号通道恢复默认值】，会跳出提示窗口，按下【确定】后，信号通道恢复到默认值。

6) 触发状态设定显示区

触发状态关系着所分析的信号的起点与结束点，是分析数据的重要利器，触发状态在此区域显示出目前的设定状态，可由此区域来变更触发的设定值。

对触发条件的设置，每一个信号线(Signal)对应有一触发设定条件按钮(Trigger Button)，每个信号线(Signal)有6种触发状态。如图3-29所示。

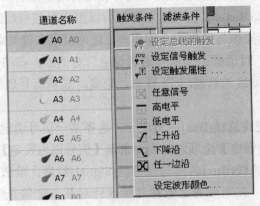

图 3-29 触发状态设定

7) 信息显示区

展现目前波形显示区的格数所代表的模式(采样点模式、时间模式、频率模式),其中定位条 A(A Bar)、定位条 B(B Bar)与其他定位条线,在目前预设的时间模式下,可以自由设定所要测量波形的时间宽度。T,A和B都是一些标记。 T 是作为触发器的标记,在显示波形或状态时是不能被使用者移动的,这个标记标示着触发的点。A 和B 是一些在获取数据中,能让你随便放置在任何地方的标记。使用这些标记的命令,能够让你迅速返回到感兴趣的数据的地方,并可作为测量点,可测量A与B,或A与T,或者是B与T两点间的时间间隔。讯息显示区内,在有向下箭头的选项下,按下左键时,会跳出相对应功能的对话选单。

2. 状态显示窗口(Listing Mode)

以显示逻辑状态为主的界面直接反映逻辑分析仪采样的数字逻辑信号,逻辑0信号在波形显示为"0",逻辑1信号在波形显示为"1",未知信号显示为"U",如图3-30所示。

图 3-30 逻辑分析仪的状态显示窗口

图中界面分为以下几个区域:

(1) 功能选单区。为逻辑分析仪功能设定、更改设定、执行、停止、变更名称、颜色等的选择项,所有的设定都能在功能选单区内找到。

(2) 工具列。较常使用的设定项目,放在此列让使用者方便更改设定值与操作逻辑分析仪。

(3) 信息显示区。显示"状态列表显示区"内所在的模式(采样点模式、时间模式、频率模式),与触发点(T Bar)、定位条A(A Bar)、定位条B (B Bar)位置以及个别定位条之间的差别等信息。

(4) 测量通道名称显示区。测量通道可以针对使用的需求进行移位,让使用者清楚地知道哪一个测量通道连接至被测物上的某个信号,且搭配颜色的显示,让您更清楚此测量通道的连接线是使用何种颜色,在连接测试线后查找信号更容易,更能降低接错信号的机率。

(5) 状态列表显示区。逻辑分析仪撷取到的数据以逻辑状态显示出来,显示每个测量通道采样的结果,用数值来表示,1表示高电位,0 表示低电位。

(6) 状态显示列。显示的信息为逻辑分析仪目前的状态及辅助显示选择项的功能简介。

3. 触发状态设定显示区菜单

触发状态设定显示区菜单如图 3-29 所示。

(1) 设定总线的触发:打开设定总线的触发属性对话框,进行触发条件设定。

(2) 设定信号触发:打开信号触发对话框,进行触发条件设定。

(3) 设定触发属性:打开触发属性对话框,包括触发电平、触发次数、触发内容、触发属性、触发范围页,进行触发页、触发位置、触发延迟、触发范围等相关设定。

(4) 任意信号:整个周期内采集信号,不作任何信号的触发判定。

(5) 高电平:选择的测量信道设定逻辑高电位为触发条件。

(6) 低电平:选择的测量信道设定逻辑低电位为触发条件。

(7) 上升沿:选择的测量通道设定上升沿为触发条件。

(8) 下降沿:选择的测量通道设定下降沿为触发条件。

(9) 任一边沿:选择的测量通道设定上升沿或下降沿两种为触发条件。

(10) 设定波形颜色:当前选择的通道设定颜色。

4. 采样设定(Sampling)对话框

采样设定对话框如图 3-31 所示。

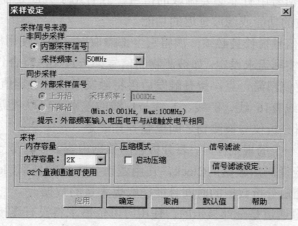

图 3-31 采样设定(Sampling)对话框

(1) 非同步采样—内部采样信号。使用内部时钟，即逻辑分析仪自己内部设定的固定频率进行采样。供选择的频率有100Hz、500Hz、1kHz、5kHz、25kHz、50kHz、100kHz、200kHz、400kHz、800kHz、1MHz、10MHz、25MHz、50MHz、80MHz、100MHz、150MHz、200MHz可供选择，默认值100kHz。

(2) 同步采样—外部采样信号。使用外部电路提供的Clock信号进行采样，使用者可输入外部频率的值至软件，软件便可依据输入的值，计算出信息模式为时间或频率时的相关数值，如信息显示区数值、时间标尺刻度及缩放率为时间模式时的值。

(3) 上升沿。只有在选择外部时钟模式时可用，上升沿到来时采样。

(4) 下降沿。只有在选择外部时钟模式时可用，下降沿到来时采样。

(5) 采样频率。使用者可在0.001Hz～100MHz之间的范围自行输入，设定范围依产品型号而有所不同。

(6) 内存容量。每个通道的储存深度，在列表框中有2KB、16KB、32KB、64KB、128KB、256KB可供选择，默认值为2KB，不同机型最大内存也不同。

(7) 启动压缩。启动压缩，即启动压缩数据储存模式，选择后变成压缩模式。

(8) 信号滤波。开启信号滤波设定对话框，详见过滤功能的使用说明。此对话框主要实现对信号滤波功能中各项参数的设置并支持显示滤波间隔时间，以及滤波条件的设定，利用鼠标左键单击，选择结果顺序依次为任意信号(Don't Care)、高电平(High)、低电平(Low)；或者单击鼠标右键，在下拉菜单中选择滤波条件。滤波条件延长或缩短项目中，首先设定启动滤波延迟功能，如果启动，需再设定选择滤波的条件，以及延迟的起点，同时输入延迟时间。使用间隔棒的方式显示在波形中，放置的位置为两个滤波数据的中间，可以选择提示原始数据长度，也可以设定宽度，但固定最小宽度为2个Address。

3.5.4 测量建议

(1) 逻辑分析仪的采样频率大于被测物的信号频率的4倍以上。

(2) 接地线有两条，两条都连接到被测物的地端，可降低逻辑分析仪与被测物间的阻抗。

(3) 与被测物之间的距离越短越好。

(4) 被测物的信号如果都是一致的，且必须撷取长时间的数据，则可使用Trigger Page功能。

(5) 如果被测物的信号中有非必要撷取的信号，且有用于判断是需要或不需要的基准信号，建议使用信号滤波的功能或滤波延迟的功能。

(6) 如果被测物的信号很长且必须一次将它全部撷取时，建议使用压缩的功能。

(7) 触发的状态依实际需求设定，如被测物的信号都一直无法符合 Trigger 的信号时，建议先将触发条件的设定值精简一点，待有触发后再将触发条件的设定值一次增加一个条件。

(8) 测量通道连接线有16 线、8 线、2 线与1 线的差别，可以依需求搭配使用，尽量减少连接线的数量让逻辑分析仪与被测物之间更整齐且清楚。

(9) 当被测信号有一定的规则性时，要分析它的数据内容，可制作一个电路做信号的译码转换，并产生一个对应译码后数据的Clock，使用逻辑分析仪的外部Clock模式来撷取译码转换后的数据，如此可缩短分析数据的时间且能撷取更大量的数据。

(10) 系统预设测量通道是全部显示的，使用时可依需求将没有连接被测物的测量通道在信号通道设定对话框中按【删除信号线】将它删除。

参考文献：

[1] 林玉池，毕玉玲，马凤鸣.测控技术与仪器实践能力训练教程.北京：机械工业出版社，2005.
[2] 李崇维，朱英华. 电子测量技术. 成都：西南交通大学出版社，2005.
[3] 张大彪. 电子测量技术与仪器. 北京：电子工业出版社，2008.
[4] 刘建清. 从零开始学电子测量技术. 北京：国防工业出版社，2006.
[5] 林占江. 电子测量技术. 北京：电子工业出版社，2003.
[6] 韩建国，等. 现代电子测量技术基础. 北京：中国计量出版社，2000.
[7] 美国泰克公司. TDS 200 系列数字示波器使用手册.
[8] 台湾孕龙公司. LAP-C 型逻辑分析仪.
[9] 林占江，等. 电子测量实验教程. 北京：电子工业出版社，2010.
[10] 蔡杏山. 零起步轻松学电子测量仪器. 北京：人民邮电出版社，2010.

第四章 测控系统仿真技术

【学习目的】

通过本章的学习，掌握测控系统仿真的基本思想，能够熟练应用常用软件进行测控系统的仿真，从而提高测控系统设计的正确性。

1. 熟悉 Multisim10.0 软件的功能及操作，能够运用其进行模拟电路和数字电路的仿真。
2. 熟悉 Proteuse7.5 软件的功能及操作，能够运用其进行单片机应用系统的仿真。
3. 熟悉 Matlab 的功能及编程语言，能够熟练应用 Simulink 进行控制系统仿真。

4.1 Multisim 仿真技术

4.1.1 Multisim 10 软件简介

Multisim 10 是美国国家仪器公司(National Instruments，NI)新推出的 Multisim 版本，是应用广泛的电子线路设计、电路功能测试的虚拟仿真软件之一，由电路仿真设计模块 Multisim、PCB 设计模块 Ultiboard、布线引擎 Ultiroute 及通信电路分析与设计模块 Commsim 4 个部分组成，能完成从电路的仿真设计到电路板图生成的全过程。Multisim、Ultiboard、Ultiroute 及 Commsim 4 个部分相互独立，可以分别使用。

Multisim 10 的元器件库提供数千种电路元器件供仿真实验选用，支持用户新建或扩充已有的元器件库，同时仿真平台的虚拟测试仪器仪表种类齐全，有一般实验用的通用仪器，如万用表、函数信号发生器、双踪示波器、直流电源、波特图仪、逻辑分析仪、逻辑转换器、失真仪、频谱分析仪和网络分析仪等。Multisim 10 具有较为详细的电路分析功能，可以设计、测试和演示各种电子电路，包括电工学、模拟电路、数字电路、射频电路及微控制器和接口电路，可以完成电路的瞬态分析、稳态分析、时域和频域分析、器件的线性和非线性分析、电路的噪声分析和失真分析、离散傅里叶分析、电路零极点分析、交直流灵敏度分析等电路分析，以帮助设计人员了解电路的性能。在进行仿真的同时，软件还可以存储测试点的所有数据，列出被仿真电路的所有元器件清单，以及存储测试仪器的工作状态、显示波形和具体数据等。

Multisim 仿真平台跟传统的电子电路设计与实验方法相比，具有如下特点：
(1) 设计与实验可以同步进行，边设计边实验，修改调试方便。
(2) 设计和实验用的元器件及测试仪器仪表齐全，可以完成各种类型的电路设计与实验。
(3) 可方便地对电路参数进行测试和分析。
(4) 可直接打印输出实验数据、测试参数、曲线和电路原理图。
(5) 实验中不消耗实际的元器件，实验成本低，实验速度快，效率高。

1. Multisim 10 软件安装

Multisim 安装完成后，点击【开始】→【程序】→【National Instruments】→【Circuit Design

Suite 10.0】→【multisim】，启动 multisim10，可以看到图 4-1 所示的 multisim 的主窗口。multisim 的主窗口如同一个实际的电子实验台，屏幕中央区域最大的窗口就是电路工作区，在电路工作区上可将各种电子元器件和测试仪器仪表连接成实验电路。电路工作窗口上方是菜单栏、工具栏。从菜单栏可以选择电路连接、实验所需的各种命令。工具栏包含了常用的操作命令按钮，通过鼠标操作即可方便地使用各种命令和实验设备。电路工作窗口两边分别是元器件栏和仪器仪表栏。元器件栏存放着各种电子元器件，仪器仪表栏存放着各种测试仪器仪表，用鼠标操作可以很方便地从元器件和仪器库中，提取实验所需的各种元器件及仪器、仪表到电路工作窗口并连接成实验电路。按下电路工作窗口上方的【启动/停止】开关和【暂停/恢复】按钮可以方便地控制仿真实验的进程。

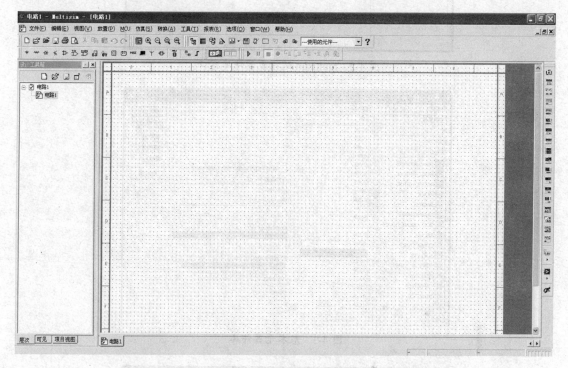

图 4-1 multisim 的主窗口

2. Multisim10 的元件库

Multisim10 提供了丰富的元器件库，单击元件库栏的图标即可进入元件库，也可以选择在菜单栏的【放置】选项的下拉菜单中的 Component 命令进入元件库，还可以在电路工作区右键单击 Place Component 进入元件库，元件库选择如图 4-2 所示，通过数据库组下拉列表可以打开基本元器件库(图 4-3)、晶体管库(图 4-4)、模拟集成电路库(图 4-5)等，用户可以根据需要选择电子元件。

3. Multisim10 的仪器仪表库

Multisim 软件主界面窗口右侧为仪器仪表库的图标，如图 4-6 所示为数字万用表和函数信号发生器虚拟仪表参数设置窗口，可以通过鼠标双击虚拟仪器图标打开，实验时可以根据需要进行调节。数字万用表可以自动调整量程，用来测量交、直流电压，交、直流电流，电阻及电路中两点之间的分贝损耗等。函数信号发生器能提供正弦波、三角波、方波三种电压信号源。

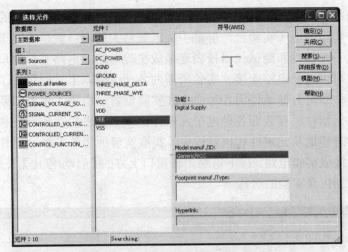

图 4-2 multisim 选择元器件库窗口

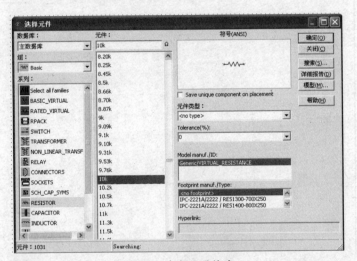

图 4-3 基本元器件库

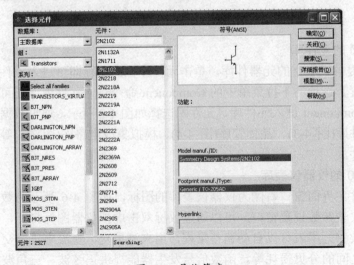

图 4-4 晶体管库

图 4-5　模拟集成电路库

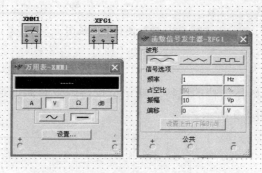

图 4-6　数字万用表和函数信号发生器

示波器用来显示电信号的波形形状、幅值、频率等参数,其面板如图 4-7 所示,可显示 A、B 两个通道的波形图,其中,时间轴、A 通道、B 通道的波形比例和位置均可以数字调节。

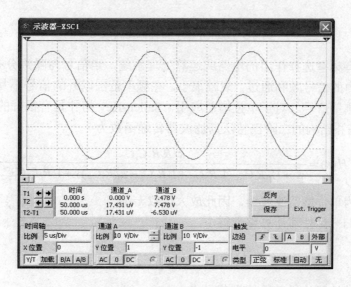

图 4-7　示波器的面板

波特图仪可以用来测量和显示电路的幅频特性与相频特性,类似于扫频仪。波特图仪的面板如图 4-8 所示,可选择显示幅频特性(Magnitude)或者相频特性(Phase),波特图仪图标有 In 和 Out 两对端口,其中 In 端口的"+"和"-"分别接电路输入端的正端和负端;Out 端口的"+"和"-"分别接电路输出端的正端和负端。使用波特图仪时,必须在电路的输入端接入 AC(交流)信号源。设置按键用来调整扫描的分辨率,鼠标点击时,出现分辨率设置对话框,数值越大分辨率越高。

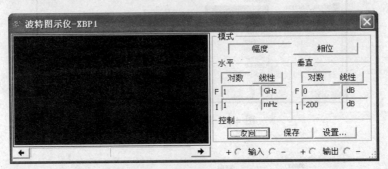

图 4-8 波特图仪的面板图

4.1.2 仿真实例

仿真设计 Sallen-Key 拓扑结构的巴特沃斯单位增益四阶有源低通滤波器电路,截止频率为 300kHz,基本结构如图 4-9 所示。

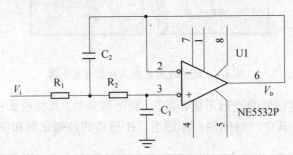

图 4-9 Sallen-Key 拓扑低通滤波电路

滤波器是具有频率选择作用的电路或运算处理系统,当信号与噪声分布在不同频带时,使一定频率范围内的信号顺利通过,衰减很小,在频率范围以外的信号不易通过,衰减很大,从而提取所需的测量信号。对于单位增益应用,Sallen-Key 拓扑具有很好的增益准确性。

Sallen-Key 拓扑结构的二阶巴特沃斯滤波器传递函数为

$$H(s) = \frac{k/R_1R_2C_1C_2}{s^2 + (1/R_1C_1 + 1/R_2C_2 + 1/R_2C_1 - k/R_2C_2)s + 1/R_1R_2C_1C_2}$$

由于本设计为单位增益滤波器,因此放大倍数 $k=1$。

对电阻进行归一化处理计算整理得

$$H(s) = \frac{1}{C_1C_2s^2 + (C_1+C_2)s + 1}$$

与标准二阶低通滤波器传递函数的规范形式

$$H(s) = \frac{k\omega_c^2}{s^2 + \alpha\omega_c s + \omega_c^2}$$

比较得出电容的计算式，经查巴特沃斯 LPF 的归一化表，计算得出四阶巴特沃斯低通滤波器传递函数(归一化设计方法可参阅相关设计书籍)。

$$H(s) = \frac{1}{(s^2 + 1.8478s + 1)(s^2 + 0.7654s + 1)}$$

在实际电路中，由于以上电容数值不符合标准电容值，设计选用 E24 系列标准值。C_1 采用 470pF 与 100pF 的电容并联，C_2 采用 470pF 近似，C_3 采用 3 个 470pF 的电容并联，C_4 采用 200pF 近似。

有源器件 NE5532 具备低噪声输入和单位增益补偿，适合滤波器场合。依据图 4-10 所示绘制电子线路图，在有源器件电源端加入 0.1μF 的去耦电容，防止高频信号干扰及自激振荡，增加稳定性。在有源四阶 Sallen-Key 拓扑的巴特沃斯低通滤波电路仿真图中增加了函数发生器、示波器、波特图仪，方便观测仿真电路的特性。

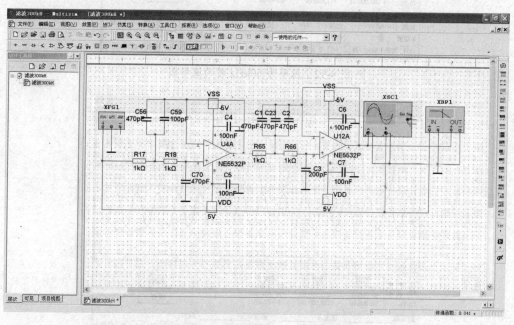

图 4-10　低通滤波器 Multisim10 仿真电路图

图 4-11 为波特图仪输出，用来观察系统的幅频特性和相位特性，可以看出滤波器的-3dB 频率为 305kHz，满足滤波器设计要求的 300kHz。

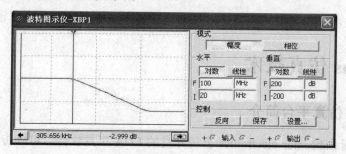

图 4-11　低通滤波器的波特图

图 4-12 所示为函数发生器输出频率为 60kHz 正弦信号时的波形图(通道 A 为输出信号，通道 B 为输入信号)，信号可以正常通过，几乎没有衰减；图 4-13 所示的是频率为 300kHz 时的波形图，滤波器输出信号略有衰减。

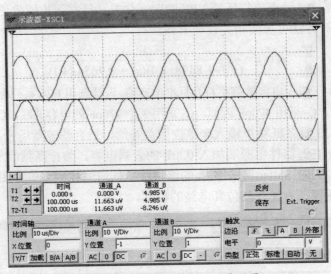

图 4-12　频率为 60kHz 时的波形图

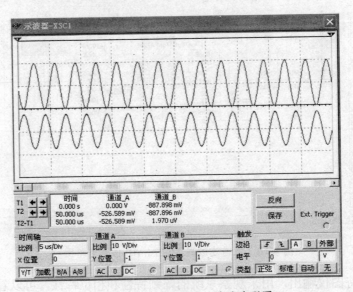

图 4-13　频率为 300kHz 时的波形图

依据上述方法可以在虚拟的环境下，帮助设计者实现电子线路的仿真设计。

4.2　Proteus 仿真技术

4.2.1　Proteus 仿真平台简介

Proteus 是英国 Labcenter electronics 公司开发的 EDA 工具软件，可以仿真、分析各种模拟电路与集成电路，是目前最好的单片机及外围扩展电路仿真工具之一，是目前世界上唯一将电路仿真软件、PCB 设计软件和虚拟模型仿真软件三合一的设计平台,备受设计者青睐。软件提供了大量模拟与数字元器件及外围设备、各种虚拟仪器(如电压表、电流表、示波器、逻辑分析仪、信号发生器等),对于单片机以及外围电路组成的综合应用系统具备交互仿真功能。

目前 Proteus 仿真系统支持的主流单片机有 ARM7(LPC21xx)、8051/52 系列、AVR、PIC10/12/16/18/24 系列、HC11 系列等,支持第三方软件开发、编译和调试环境,如 AVR Studio、Keil uVision 和 MPLAB 等。

Proteus 主要由 ISIS 和 ARES 两部分组成,ISIS 主要完成原理图设计、交互仿真,其提供的 Proteus VSM 实现了混合式的 SPICE 电路仿真,它将虚拟仪器、高级图表应用、单片机仿真、第三方程序开发与调试环境有机结合,在搭建硬件模型之前即可在 PC 上完成原理图设计、电路分析与仿真以及单片机程序实时仿真、测试及验证。ARES 主要用于印制电路板设计。

图 4-14 为 Proteus ISIS7.5 操作界面,包括标题栏、主菜单、标准工具栏、绘图工具栏、状态栏、对象选择按钮、预览对象方位控制按钮、仿真进程控制按钮、预览窗口、对象选择器窗口、图形编辑窗口。下面简单介绍其中几个窗口。

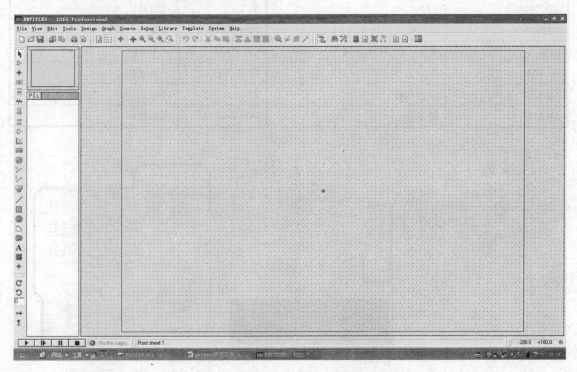

图 4-14 Proteus ISIS7.5 操作界面

(1) 预览窗口。该窗口通常显示整个电路图的缩略图。在预览窗口上点击鼠标左键,将会有一个矩形蓝绿框标示出在编辑窗口中显示的区域。其他情况下,预览窗口显示将要放置的对象。这种特性在下列情况下被激活:当一个对象在选择器中被选中;当使用旋转或镜像按钮时;当为一个可以设定朝向的对象选择类型图标时(例如:Component icon, Device Pin icon 等)。当放置对象或者执行其他非以上操作时,place preview 会自动消除。

(2) 对象选择器窗口。对象选择器(Object Selector)根据由图标决定的当前状态显示不同的内容。显示对象类型包括设备、终端、管脚、图形符号、标注和图形;在某些状态下,对象选择器有一个 Pick 切换按钮,点击该按钮可以弹出库元件选取窗体,通过该窗体可以选择元件并置入对象选择器,在今后绘图时使用。

(3) 图形编辑窗口。在图形编辑窗口内完成电路原理图的编辑和绘制。

4.2.2 Proteus 仿真实例

基于 AT89C51 单片机的温度仪进行了硬件电路设计及仿真,电路设计如图 4-15 所示,其中温度信号的 AD 转换采用 ADC0809,前端利用电位器仿真温度输入;接口扩展芯片采用 8279 扩展了 4×4 键盘及 LED 显示电路,电路主要涉及的集成芯片还包括 38 译码器、373 锁存器等。该仿真电路实现了温度实时监测和显示及温度设置功能,可以实现简单的温度监控。主要设计元件如表 4-1 所示。

表 4-1 温度监控系统的主要元件

元件名称	元件说明	元件名称	元件说明
7SEG-COM-CAT-BLUE	蓝色6位7段共阴数码管	CAP	电容器
ADC0809	8位ADC	RES	电阻器
AT89C51	单片机	BUTTON	按键
8279	键盘、显示扩展电路	CLOCK	虚拟时钟
74LS04	非门	CAP-ELEC	电解电容
74LS138	38译码器	RESPACK-8	排阻
74LS373	锁存器	POT-HG	电位器

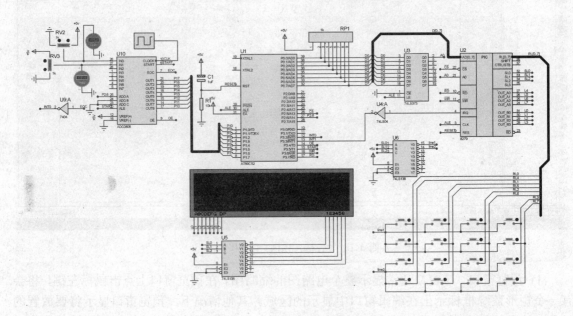

图 4-15 温度监控的仿真电路

1. 电路图的绘制

1) 将所需元器件加入到对象选择器窗口

单击对象选择器按钮 P,如图 4-16 所示。

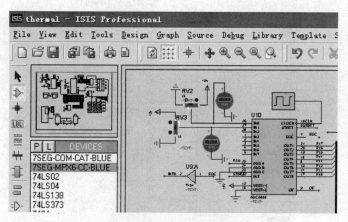

图 4-16 对象选择器界面

弹出【Pick Devices】页面，在【Keywords】中输入 AT89C51，系统在对象库中进行搜索查找，并将搜索结果显示在【Results】中，如图 4-17 所示。

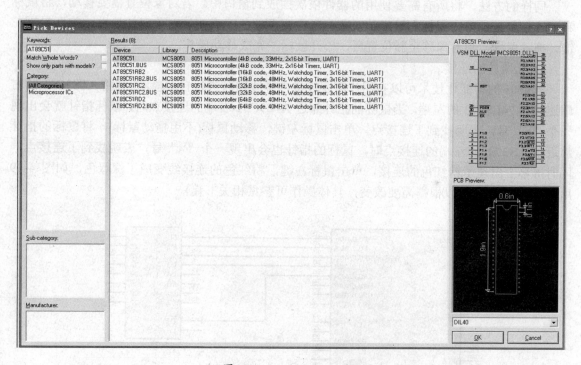

图 4-17 Pick Devices 页面

在"Results"栏中的列表项中，双击"AT89C51"，即将"AT89C51"添加至对象选择器窗口。表 4-1 中其他元器件步骤同上，故不再重复介绍。

2) 放置元器件至图形编辑窗口

在列表中选中所需放置的器件，然后将鼠标移动到图形编辑窗口，在空白处单击，器件出现在鼠标光标处，再单击即可放置，如图 4-18 所示。

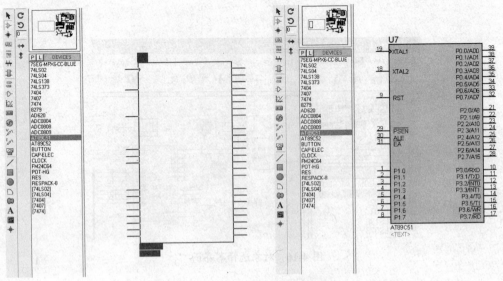

图 4-18 放置元器件至图形编辑窗口

同样的方法,将所有需要使用的器件依次摆放到窗口中。若对象位置需要移动,将鼠标移到该对象上,单击鼠标右键,该对象的颜色变至红色,表明该对象已被选中,按下鼠标左键,拖动鼠标,将对象移至新位置后,松开鼠标,完成移动操作。

3) 元器件的连接

Proteus 的智能化技术可以在用户需要连接电子线路时进行自动检测。如将 AT89C51 的右端连接到 74LS373 的左端,当鼠标的指针靠近 AT89C51 右端的连接点时,鼠标指针就会出现一个"×"号,表明找到了连接点,单击鼠标左键,移动鼠标(不用拖动鼠标),将鼠标的指针靠近 74LS373 的左端的连接点时,鼠标的指针也会出现一个"×"号,表明找到了连接点,同时屏幕上出现了粉红色的连接,单击鼠标左键,粉红色的连接线变成了深绿色,如图 4-19 所示(线型的颜色可以根据需要改变,具体操作可参见相关书籍)。

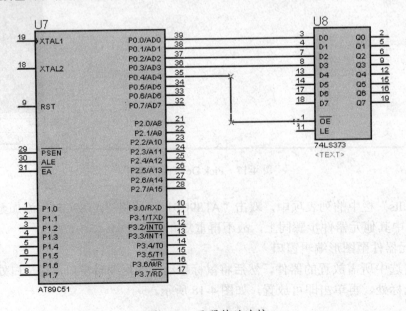

图 4-19 元器件的连接

Proteus 具有线路自动路径功能(简称 WAR)，当选中两个连接点后，WAR 将选择一个合适的路径连线。WAR 可通过使用标准工具栏里的【WAR】命令按钮 来关闭或打开，也可以在菜单栏的【Tools】下找到这个图标。在此过程的任何时刻，都可以按 Esc 键或者单击鼠标的右键来放弃画线。

4) 元器件与总线的连线

单击绘图工具栏中的总线按钮 ，使之处于选中状态。将鼠标置于图形编辑窗口，单击鼠标左键，确定总线的起始位置；移动鼠标，屏幕出现粉红色细直线，找到总线的终了位置，单击鼠标左键，再单击鼠标右键，以表示确认并结束画总线操作。此后，粉红色细直线被蓝色的粗直线所替代，如图 4-20 所示。

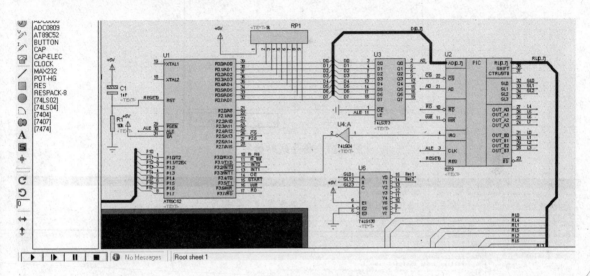

图 4-20　元器件与总线的连线

画总线时为了和一般的导线区分，一般喜欢画斜线来表示分支线。此时只需在想要拐点处按住 Ctrl 键再单击鼠标左键即可。

5) 给导线贴网络标号

单击绘图工具栏中的导线标签按钮 ，使之处于选中状态。将鼠标置于图形编辑窗口的欲标标签的导线上，鼠标的指针会出现一个"×"号，如图 4-21 所示，表明找到了可以标注的导线，单击鼠标左键，弹出编辑导线标签窗口，如图 4-21 所示，在【String】栏中，输入标签名称(如 a)，单击【OK】按钮，结束对该导线的标签标定。同理，可以标注其他导线的标签。注意，在标定导线标签的过程中，相互接通的导线必须标注相同的标签名。当两点相连，线路特别不好连时，也可以通过标注来完成，从而省略掉连线。

至此，整个电路图绘制完成。

2. Protues 的仿真

Porteus 仿真平台支持联合仿真，仿真实例的单片机程序采用 C51 设计开发，Keil C51 软件是众多单片机应用开发的优秀软件之一，它集编辑、编译、仿真于一体，支持汇编、PLM 语言和 C 语言的程序设计，界面友好，易学易用，软件设计界面如图 4-22 所示，相关软件的使用参阅 Keil C51 软件说明。

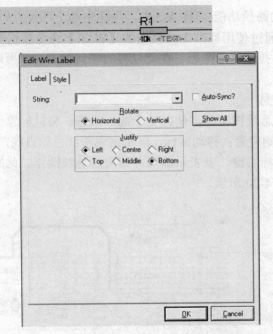

图 4-21 给导线贴标签

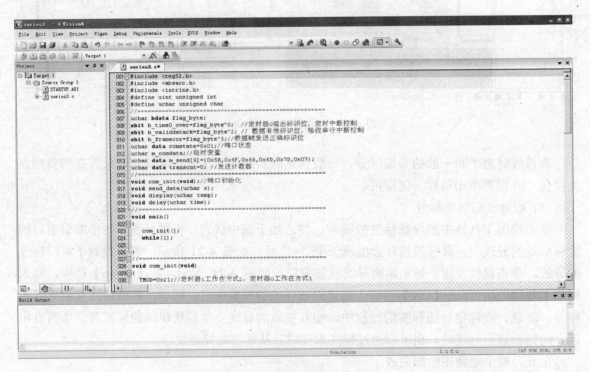

图 4-22 Keil C51 设计界面

进行软件仿真之前，需要使用 Keil C51 来生成仿真所需的文件 hex。在 C51 的界面中需要选中生成 hex 选项，在工程文件中右击【Targe1】，选中【Options for Target'Target 1'】，弹出如图 4-23 的窗口。

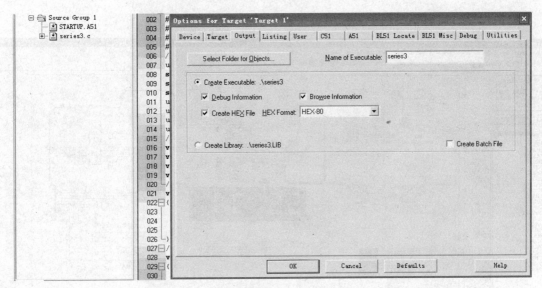

图 4-23 Keil C51 设置界面

将【Create HEX File】这一项勾上，然后编译运行，当程序没有错误时，将在工程保存的位置文件夹中生成 hex 文件。

现在可以开始在 Porteus 平台上进行仿真了。在电路图中，双击需要烧入程序的芯片。弹出窗口【Edit Component】，在【Program File】中填入事先编译好的程序，该程序应该是 hex 文件，然后单击【OK】。在 Protues 的左下脚有一栏工具专门用于仿真，如图 4-24 所示。

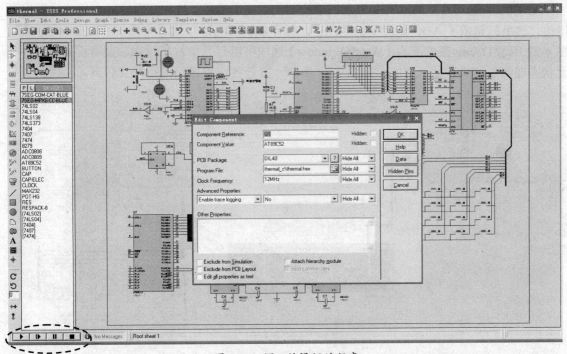

图 4-24 调入编译好的程序

该系统上电默认显示 GOOD 字样，表示系统正常，等待键盘按键中断开始温度设置。图 4-25 所示为通过键盘设置温度监控值。

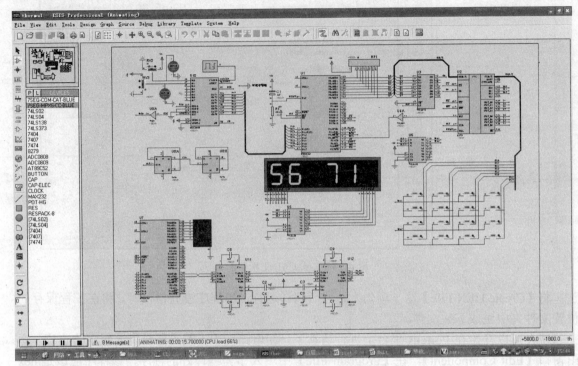

图 4-25　键盘设置温度监控值界面

ADC0809 输入端使用滑动变阻来模拟检测到的温度信号，检测变阻器的电压来计算出温度值，这里只显示了 ADC 监测到的电压值，如图 4-26 所示，1 通道电压信号为 2.14V。通过图 4-27 所示 Debug 菜单下的【Watch Window】选项可以打开单片机特殊功能寄存器、内存单元状态观测系统状态显示功能。如图 4-28 所示，打开各监控窗口进行联合仿真。

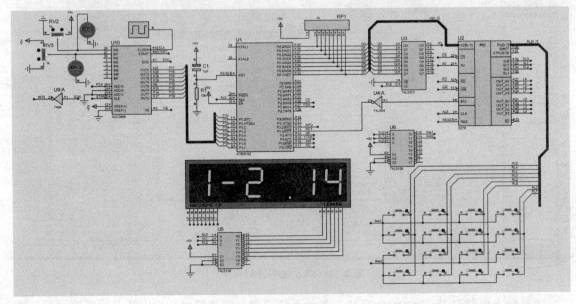

图 4-26　显示监测到的电压值

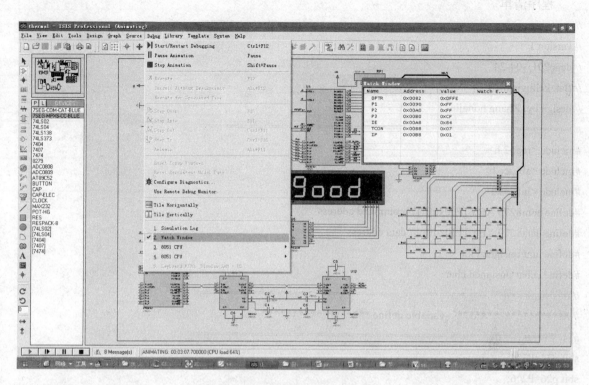

图 4-27 观测系统状态

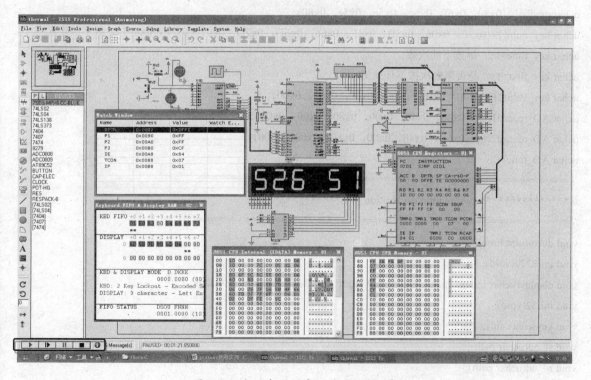

图 4-28 打开各监控窗口进行联合仿真

程序清单

```c
//================================================
// version 1
// data:2011-04-24
// flat: keiluvision 4
// design by: Zhang hongjie
//================================================
#include <reg52.h>
#include <absacc.h>
#include <intrins.h>
#define com8279 XBYTE[0xdfff] // command address
#define data8279 XBYTE[0xdffe]// data address
#define uint unsigned int
#define uchar unsigned char
//================================================
// ******************  variable define  ******************
//================================================
sbit p34=P3^4;
sbit p26=P2^6;
sbit p35=P3^5;
uchar predis[]={0x80, 0x6f, 0x5c, 0x5c, 0x5e, 0x80};
uchar key_num[]={0x3F, 0x06, 0x5B, 0x4F, 0x66, 0x6D, 0x7D, 0x07, 0x7F, 0x6F};// 数字键定义
uchar key_time=0;// 键按下的次数
uchar key_first=1;// 是否第一次按下任意键
uchar key_value[]={0x00, 0x00, 0x00, 0x00, 0x00, 0x00};
uchar AD_record1[6]={0x06, 0x40, 0x00, 0x80, 0x00, 0x00};
uchar AD_record2[6]={0x5B, 0x40, 0x00, 0x80, 0x00, 0x00};
uchar AD_time=0;
//================================================
// ***************  subfunction declaration  ***************
//================================================
void delay(uint time);
void init8279(void);
void display(uchar index, uchar dis_add);// index:显示内容 dis_add:显示地址
void init52(void);
void keyscan(void);
void st_ad(uchar path);
void rd_ad(uchar path);
//================================================
// ******************  main function  ******************
```

```
// ================================================================
void main()
{ init8279();
  init52();
  while(1);}
// ================================================================
// ******************* delay function *******************
// ================================================================
void delay(uint time)
{ int i, j;
  for(i=0;i<time;i++)
    for(j=0;j<124;j++);}
// ================================================================
// **************** initial display ********************
// ================================================================
void init8279(void)
{   int i;
    com8279=0xd1;      // clear ram and fifo of 8279
    while(com8279&0xff);// wait until clear task finish
    //delay(100);
    com8279=0x00;// send method of keyboard and display
    com8279=0x34;// send time clock
    com8279=0x90;// write display ram
    for(i=0;i<6;i++)
        data8279=predis[i]; }
// ================================================================
// **************** initial AT89S52 ********************
// ================================================================
void init52(void)
{   EA=1;// open interrupt
    EX1=1;// allow interrupt ext1
    IT1=1;//
    IP=0x01;
    EX0=0;
    IT0=1;
    p34=0;
    p35=0; }
// ================================================================
// ******************** dispaly **********************
// ================================================================
```

```c
void display(uchar index, uchar dis_add)
{   uchar temp;
    temp=index;
    com8279=(0x90+dis_add);
    data8279=index;}
```
// ═══════════════════════════════════════
// ********************* write AD *********************
// ═══════════════════════════════════════
```c
void st_ad(uchar path)
{   uchar temp;
    temp=path;
    if (temp==0)
        p26=0;// a=P2.6=0;start=P2.7=0;cs=P2.5=1;oe=p2.4=0
    else
        p26=1;// a=P2.6=1;start=P2.7=0;cs=P2.5=1;oe=p2.4=0
    EX0=1;}
```
// ═══════════════════════════════════════
// ********************* rd_ad *************************
// ═══════════════════════════════════════
```c
void rd_ad(uchar path)
{   uchar temp=0;
    uchar i;
    i=path;
    p34=1;
    temp=P1;
    p35=0;
    p34=0;p35=1;
    _nop_();
    p35=0;
    if(i==1)
    {   AD_record1[2]=key_num[temp/100];
        AD_record1[4]=key_num[temp%100/10];
        AD_record1[5]=key_num[temp%10];  }
    else
    {   AD_record2[2]=key_num[temp/100];
        AD_record2[4]=key_num[temp%100/10];
        AD_record2[5]=key_num[temp%10];  }
}
```
// ═══════════════════════════════════════
// **************** keyscan funtion *********************

```c
//===========================================================
void int0svr(void) interrupt 0 using 2
{    uchar i;
    EX0=0;
    com8279=0xd1;    // clear ram and fifo of 8279
    while(com8279&0xff);// wait until clear task finish
    if(AD_time==0)
    {    rd_ad(2);
        for(i=0;i<6;i++)
        display(AD_record2[i], i);    }
    else
    {    rd_ad(1);
        for(i=0;i<6;i++)
        display(AD_record1[i], i);    }
}
//===========================================================
// ******************  variable define ******************
//===========================================================

void int1svr(void) interrupt 2 using 1
{        uchar key;uchar i;
    if (key_first==1)
    {
      com8279=0xd1;
      key_first=0;
    }
    else
    {
      com8279=0x40;                    //设置将要读取的地址
      key=data8279;                    //读取按键键值
      if (key<=9)
      {
        if(key_time<6)
        {
            key_value[key_time]=key_num[key];
            display(key_value[key_time], key_time);
            key_time++;
        }
      }
      else
```

```c
    {
    switch (key)
     {
       case 0x0a:
          key_value[key_time]=0x80;
          display(key_value[key_time], key_time);
          key_time++;
          break;
       case 0x0b:
          if(key_time==0)
              key_time=0;
          else
              key_time--;
          key_value[key_time]=0x00;
          display(key_value[key_time], key_time);
          break;
       case 0x0c:
          if (AD_time==0)
           {
              st_ad(0);
              AD_time++;
           }
          else
           {   st_ad(1);
              AD_time--;    }
          break;
       case 0x0d:
          break;
       case 0x0e:
          break;
       case 0x0f:
          key_time=0;
          for(i=0;i<6;i++)
             key_value[i]=0x00;
          key_first=1;
          init8279();
          init52();
          break;
       default:
          break;
```

```
        }
        delay(100);
    }
}
```

4.3 Matlab 控制系统仿真

Matlab(matrix laboratory)是美国 Math Works 公司在 1994 年推出的优秀的科技应用软件,广泛应用于数值分析、信号与图像处理、自动控制、计算机技术、财务分析、航天工业、汽车工业、生物医药工程、语音处理、雷达工程等领域,是国内外高校和研究部门进行科学研究的重要工具。Matlab 由基本部分和功能各异的工具箱组成,包括控制系统工具箱、系统辨识工具箱、信号处理工具箱、神经网络工具箱、模糊逻辑控制工具箱、图像处理工具箱、统计分析工具箱等。

Matlab 软件平台主窗口如图 4-29 所示。目前,介绍 Matlab 的书籍非常丰富,因此本书对于 Matlab 编程语言及基本操作不做详细介绍,只根据几个实例介绍一下 Matlab 控制系统工具箱及 Simulink 的一些工具函数在控制系统仿真设计分析中的一些应用。

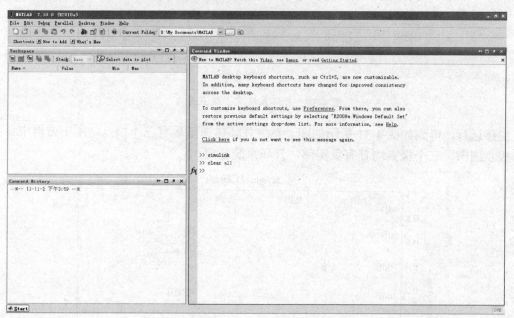

图 4-29　Matlab 软件平台主窗口

实例 1:开环系统的传递函数 $G=5/(s+2)(s^2+2s+5)$,判断闭环系统的稳定性。新建 m 文件键入如下程序。

```
num=5;                          %开环传递函数分子多项式系数
den=conv([1 2], [1 2 5]);       %开环传递函数分母多项式系数
g=tf(num, den);                 %构造开环传递函数
figure(1)
pzmap(g);grid;                  %零极点分布图如图 4-30 所示
```

```
figure(2)
nyquist(g); grid;              %绘制 Nyquist(奈奎斯特)图
sys=feedback(g, 1, -1);        %构造单位反馈闭环传递函数
figure(3)
step(sys); grid;               %绘制系统的单位阶跃响应
```

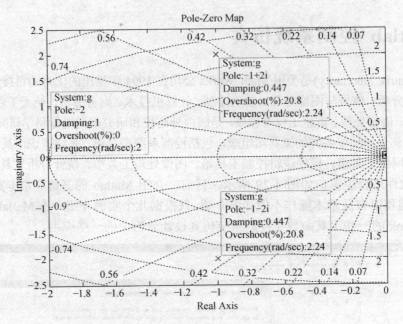

图 4-30 开环系统零、极点分布

编译运行,得到如图 4-31 所示的图。系统开环传递函数有三个极点,图中方框中显示了零、极点细节,三个极点均具有负实部,开环系统稳定。

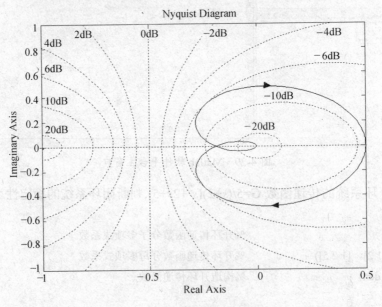

图 4-31 开环系统 Nyquist 图线

Nyquist 图不包围(-1，j0)点，所以闭环系统是稳定的。图 4-32 所示为闭环系统阶跃响应曲线。图中圆点标示了系统的超调量、调整时间等动态特性，方便设计者了解系统特性。

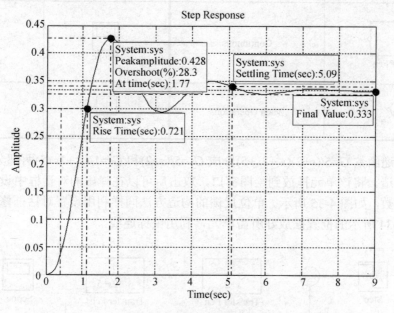

图 4-32 系统阶跃响应

Matlab 平台下的 Simulink 平台提供了利用方块图了解系统特性的方法，在 Matlab 主窗口下的【Command Window】窗口中键入 Simulink 命令回车，进入 Simulink 环境，如图 4-33 所示，左侧为 Simulink 模块库树形列表，点选库名右侧窗口可以显示库所包含的功能单元。菜单 File 下选择新建模块，针对上例开环传递函数，选取合适的功能单元绘制系统方框图，所需功能单元符号及所在库如表 4-2 所示。

图 4-33 Simulink 设计环境

表 4-2 涉及功能单元符号

涉及功能单元符号	所在库	涉及功能单元符号	所在库
Transfer Fcn ($\frac{1}{s+1}$)	Continuous	Scope	Sinks
(加法器)	Math Operations	Step	Sources

将开环传递函数 $G=5/(s+2)(s^2+2s+5)$ 分成 $G_1=5/(s+2)$ 和 $G_2=1/(s^2+2s+5)$ 两部分,利用鼠标点选功能单元构造。将该单元拖放到绘图窗口,双击后可以在弹出的对话框中设置环节分子、分母多项式系数,如图 4-35 所示。单位反馈的构造方法同样利用设置对话框修改,如图 4-36 所示。按图 4-34 所示的位置摆放好所需单元,利用鼠标连线。

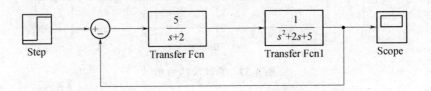

图 4-34 系统方框图

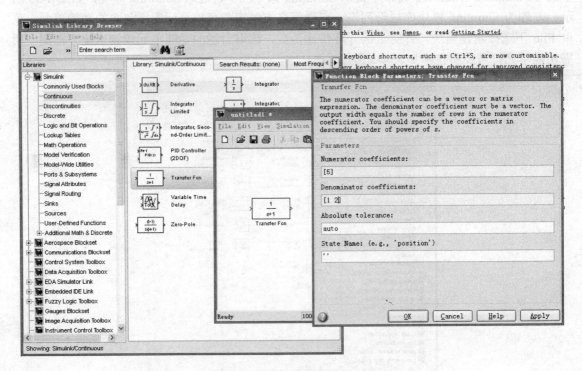

图 4-35 传递环节传递函数设计

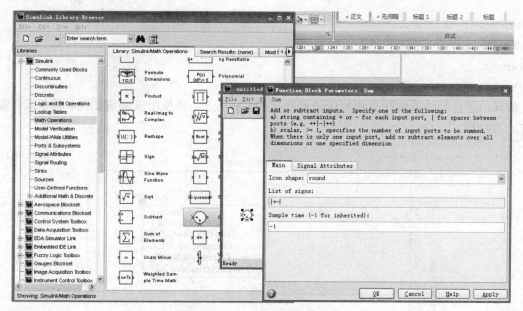

图 4-36　单位负反馈环节设计

方块图设计完成后,在图 4-37 右上方输入框内输入仿真时间,点击仿真快捷后,双击 Scope 示波器,显示阶跃响应图像,见图 4-38。

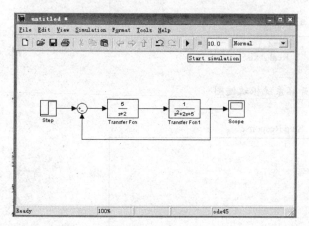

图 4-37　仿真环境

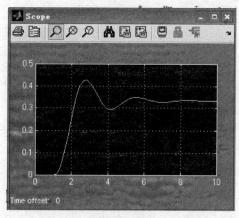

图 4-38　示波器中的阶跃响应图线

实例 2：绘制系统传递开环函数 $G=1/(s+1)^2(s+2)$ 根轨迹图,观察比例控制的效果。

新建 m 文件,键入如下程序：

```
num=[1 2 12];                    //比例增益
den=conv([1 2 1]，[1 2]);
rlocus(1，den);                  %绘制开环传递函数根轨迹
for i=1:3
    g=tf(num(i)，den);
    step(feedback(g，1，-1)) ;   //绘制单位闭环系统单位阶跃响应
    hold on;
end
```

hold off;
gtext('kp=1');
gtext('kp=2');
gtext('kp=12');

编译、运行后绘制开环系统根轨迹曲线如图4-39所示，系统阶跃响应如图4-40所示，观测系统动态指标。

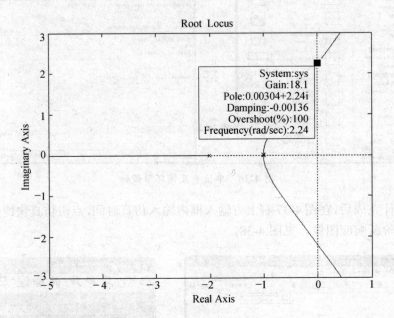

图 4-39　开环系统根轨迹图

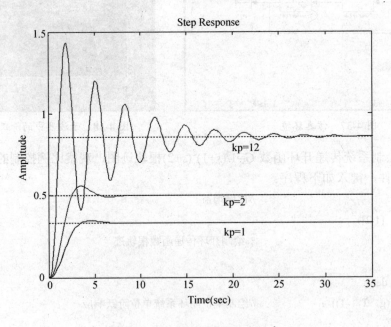

图 4-40　比例控制阶跃响应曲线

观察根轨迹图，可以看出，当开环增益大于 18 时，系统的极点开始出现正实部，系统出现不稳定，但是通过增大开环增益系数，即对系统实施比例控制，可以减小系统的静态误差，改善系统的稳态性能。同时过分增大开环增益系数，系统的相对稳定性也变差，所以一般不单独使用比例控制。

实例 3：对于受控系统 $G=1/(s^2+8s+25)$ 分别用比例控制、比例微分控制、比例积分控制及 PID 控制对受控对象进行仿真控制。

新建 m 文件后，键入如下程序，然后编译、运行，绘制图 4-41。

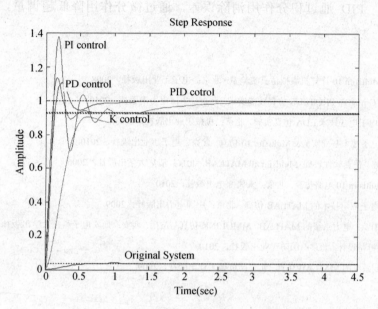

图 4-41　P、PI、PD、PID 控制阶跃响应曲线

```
t=0:0.01:2
num=1;den=[1 8 25];
step(feedback(tf(num，den)，1));        %构造单位反馈闭环传递函数
gtext('Original System');hold on;
kp=300;                                 %比例增益选择300
g=tf(num，den);
step(feedback(kp*g，1));                %绘制单位阶跃响应
gtext('k control');hold on;
kp=300;tao=0.03;                        %PD控制，微分时间常数0.03，比例增益300
num1=kp*[tao 1];
den1=[1 8 23];
step(feedback(tf(num1，den1)，1));      %绘制单位阶跃响应
gtext('PD control'); hold on;
kp=30;ki=60;                            %比例增益30，积分时间常数60
num2=[kp ki];
den2=[1 8 25 0];
```

```
step(feedback(tf(num2, den2), 1));        %绘制单位阶跃响应
gtext('PI control');hold on;
kd=8;z1=2;z2=20;
num3=8*conv([1 2], [1 20]);
den3=[1 8 25 0];
step(feedback(tf(num3, den3), 1));
gtext('PID cotrol');hold off;
```

可以发现，PID 通过积分作用消除误差，通过微分作用降低超调量，加快系统的响应速度。

参考文献

[1] 黄培根, 任清褒. Multisim 10 计算机虚拟仿真实验室. 北京：电子工业出版社, 2008.

[2] 刘娟, 等. 单片机 C 语言与 PROTEUS 仿真技能实训. 北京：中国电力出版社, 2010.

[3] 王廷才, 赵德申. 电工电子技术 EDA 仿真实验. 北京：机械工业出版社, 2003.

[4] 蒋黎红, 黄培根. 电子技术基础实验& Multisim 10 仿真. 北京：电子工业出版社, 2010.

[5] 常华, 袁刚, 常敏嘉. 仿真软件教程 Multisim 和 MATLAB. 北京：清华大学出版社, 2006.

[6] 程勇. 实例讲解 Multisim 10 电路仿真. 北京：人民邮电出版社, 2010.

[7] 林飞, 杜欣. 电力电子应用技术的 MATLAB 仿真. 北京：中国电力出版社, 2009.

[8] 王晶, 翁国庆, 张有兵. 电力系统的 MATLAB / SIMULINK 仿真与应用. 西安：西安电子科技大学出版社, 2008.

[9] 张毅. 仿真系统分析与设计. 北京：国防工业出版社, 2010.

[10] 刘文定. 过程控制系统的 MATLAB 仿真. 北京：机械工业出版社, 2009.

下篇 测控综合实践

第五章 基于 AT89S52 的室内便携式智能空气品质监测仪

【学习目的】

通过对本章的学习，使学生对 AT89S52 单片机在测控系统设计中的应用有一个更加深入的理解。在硬件设计方面，掌握信号的采集运算放大电路、按键扩展、液晶显示电路、声光报警电路以及这些外围模块与 AT89S52 的接口电路设计。在软件设计方面，了解基于高级编程语言进行单片机程序开发的基本思路、方法及步骤，掌握 C51 模块化编程技术。在系统调试方面，掌握利用 Keil uVision4 和 Proteus 平台进行联合仿真的调试技术。

5.1 空气品质监测仪功能描述

5.1.1 总体概述

随着我国经济的发展及人民生活水平的提高，人们对环境问题及健康问题日益重视，室内空气品质(IAQ)状况受到越来越多的关注。人的一生中有三分之二的时间是在居室内度过的。室内便携式智能空气品质监测仪是以室内空气中有毒有害气体的检测为背景，以 ATMEL 公司的一款 8 位超低功耗单片机 AT89S52 为控制核心，能够实现对室内温度、湿度、甲醛、苯和氨的实时采集处理、显示、报警等功能。仪器采用锂电池供电，具有良好的便携性和通用性，并且使用 LCD1602 点阵式液晶屏显示菜单，有良好的人机对话界面。同时设计了声光报警系统，实现在参数超标时的报警控制。室内智能空气品质监测仪体积小，功耗低，操作简单，适用于家庭和社区的医疗健康保健。

5.1.2 室内空气品质测试指标的选定

室内污染物种类繁多，不可能逐一测量，研究的思路是用一个典型的污染物来代表一类污染物，称为评价指标。此外，室内空气品质是一个综合性的指标，要考虑多方面的因素。借鉴目前国内外常用的 IAQ 监测指标，本设计的监测指标包括温度、湿度、甲醛、苯、氨气 5 个参量。各指标标准见表 5-1。

表 5-1 室内空气监测指标限度

检测指标	单 位	浓 度	备 注
温度	℃	18～28	平均
相对湿度	100%	30%～70%	
甲醛(HCHO)	mg/m³	0.08	
苯(C_6H_6)	mg/m³	0.09	
氨气(NH_3)	mg/m³	0.2	

5.2 总体方案

5.2.1 总体方案设计

室内空气中有害气体甲醛、苯、氨分别通过传感器组中的传感器 1、传感器 2、传感器 3 输出一个与甲醛、苯、氨浓度相对应的电流信号，该信号经过放大滤波后通过多路转换器分时间段进行采样保持，最后经过 A/D 转换电路按一定的采样频率将模拟信号转换为数字信号再送入单片机进行数据处理及显示，温湿传感器直接与单片机相连。单片机对采样值进行数字处理后，驱动液晶显示器分别显示出被测室内空气中的甲醛、苯、氨的浓度值及温度、湿度。若被测室内空气中甲醛、苯、氨的浓度某种有超过国家标准或设定的危险值时，报警电路对应地发出声光报警信号。

监测仪的总体结构如图 5-1 所示。

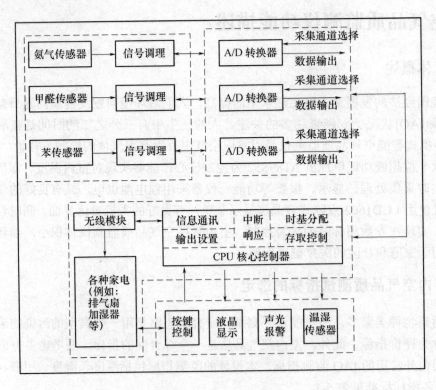

图 5-1 监测仪总体结构

5.2.2 主控芯片的选择

单片机型号的选择主要从以下两点考虑：一是要有较强的抗干扰能力，二是要有较高的性价比。AT89S52 单片机是 AT89S 系列单片机中的一种，现已成为广泛应用于工业控制等各领域的 AT89C52 系列单片机的换代产品，它具有 89C52 的全部功能，兼容 MCS51 微控制器，支持 ISP 在线编程；芯片具有 8KB FLASH 存储器，256B 片内 RAM；工作电压 4.0V～5.5V；全静态时钟 0Hz～33MHz；32 个可编程 I/O 口；3 个 16 位定时/计数器和一个看门狗定时器；芯片支持 8 个中断源和全双工 UART 串行口，支持 Idle 和 Power-down 低功耗模式。

设计中 AT89S52 单片机作为智能检测仪系统核心部件，利用 8255A 扩展 I/O 接口，硬件连接图如图 5-2 所示，其中 89S52 的 P0 口做扩展用，P1 口控制通道选择，P2 口作为 LCD1602 的数据口和指令口。8255A 的 PA 口作为输出口控制指示灯的亮灭，A/D 转换得到的数字量由 PB 口输入，PC 为按键扩展功能输入口线。

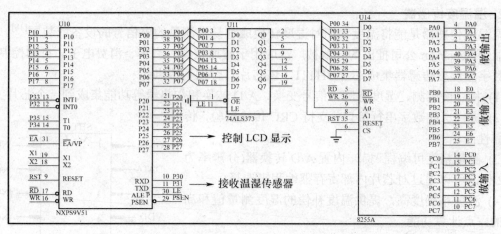

图 5-2　8255A 与 AT89S52 的硬件连接图

5.3 硬件系统工作原理与设计

5.3.1 传感器的选用

1. 定电位电解式气体传感器

传感器元件是准确监测甲醛、苯、氨气浓度的关键。定电位电解传感器在有毒、有害气体监测方面具有准确快速、简洁直观的特点，因而得到广泛应用。图 5-3 所示为定电位传感器的结构示意图，通过测定气体在某个确定电位电解时所产生的电流来测量气体浓度。传感器共有三个电极(对电极、参比电极、工作电极)，浸在液体电解液中，整体密封在一个防化学腐蚀的塑料壳体中，目标气体通过工作电极邻近的一个气体可渗透薄膜向传感器内部扩散。当被测气体由进气孔扩散到工作电极表面时，在工作电极、电解液、对电极之间进行氧化或还原反应。其反应的性质依据工作电极的热力学电位和被分析气体的电化学性质而定，传感器在氧化反应中，参加反应的电子流出工作电极；在还原反应中，参加反应的电子流向工作电极。流出和流向工作电极的电流与被分析气体的浓度值成正比。本次设计毒害气体传感器选用德国 Drger 公司生产的 miniPac 系列定电位电解式传感器，具体数据资料可参阅公司网站。

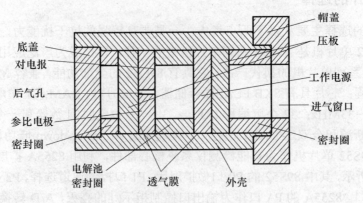

图 5-3　定电位电解式气体传感器结构

2. 温湿度传感器

温湿度传感器是能将温度和相对湿度转换成容易被测量的电信号的设备或装置[18]。涉及选用瑞士 Sensirion 公司推出的一款被广泛应用于暖通空调、汽车、消费电子、自动控制等领域的数字温湿度传感器集成芯片 SHT11，该芯片具有以下特点：

(1) 将温度感测、湿度感测、信号变换、A/D 转换和加热器等功能集成到一个芯片上。

(2) 提供二线数字串行接口，支持 CRC 传输校验，传输可靠性高。

(3) 测量精度可编程调节，内置 A/D 转换器(分辨率为 8～12 位，可以通过对芯片内部寄存器编程来选择)。

(4) 测量精确度高，提供温度补偿的湿度测量值和高质量的露点计算功能。

(5) 高可靠性，测量时可将感测头完全浸于水中。

图 5-4 为该集成芯片引脚图，pin1 和 pin4 分别为信号地和工作电源，其范围为 2.4V～5.5V，pin2 和 pin3 为两线串行数字接口。图 5-5 为该芯片的内部结构示意图。

图 5-4　SHT11 管脚图

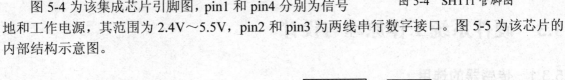

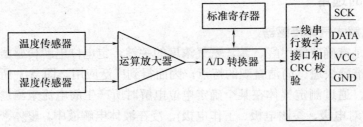

图 5-5　SHT11 内部结构图

微处理器是通过二线串行数字接口与 SHT11 进行通信的。通信协议与通用的 I^2C 总线协议是不兼容的，因此需要用通用微处理器 I/O 口模拟该通信时序。微处理器对 SHT11 的控制是通过 5 个 5 位命令代码来实现的，命令代码的含义如表 5-2，关于该芯片的其他详细资料请参阅相关芯片的 datasheet。

表 5-2 SHT 控制命令代码

命令代码	含　　义
00011	测量温度
00101	测量湿度
00111	读内部状态寄存器
11110	复位命令，使内部状态寄存器恢复默认值，下一次命令前至少等 11ms
其他	保留

SHT11 通过二线数字串行接口来访问，所以硬件接口电路非常简单。需要注意的是：DATA 数据线需要外接上拉电阻，时钟线 SCK 用于微处理器和 SHT11 之间通信同步，由于接口包含了完全静态逻辑，所以对 SCK 最低频率没有要求；当工作电压高于 4.5V 时，SCK 频率最高为 10 MHz，而当工作电压低于 4.5 V 时，SCK 最高频率则为 1 MHz。硬件连接如图 5-6 所示。

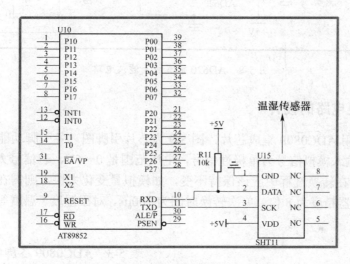

图 5-6 单片机与 SHT11 的硬件连接图

5.3.2 前置放大电路的设计

考虑到毒害气体传感器输出信号属于微弱电信号，需要设计调理电路对弱信号进行运放。设计选用美国 ADI 生产的仪表放大器 AD620 集成芯片，该芯片具有如下特点：

(1) 只需一个外接电阻控制增益，最高增益可以达到 1000。

(2) 有优良的直流特性，增益精度 0.1%，增益漂移 25ppm，输入失调电压最大 100μV，输入失调电压漂移 1μV/℃，输入偏置电流最大 25nA。

(3) 具有优良的 CMRR，共模抑制比范围很宽，且随增益增加而增加，可以放大比地电位低 150mV 的共模电压。

(4) 单位增益带宽 800kHz。

其他技术资料请参阅该芯片的 datasheet。图 5-7 所示为 AD620 引脚排列图。

AD620 的放大增益可以通过接在 pin1 和 pin8 脚间的一个精

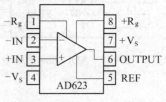

图 5-7 AD620 引脚排列图

密电阻 R_g 设置，单位增益时 R_g 不必连接。电阻选择计算公式如下：

$$R_g = \frac{49.4\text{k}\Omega}{G-1} \tag{5-1}$$

图 5-8 为定电位电解式传感器信号调理电路。在 AD620 的正向输入端加了一个高质量的滤波电容，增益电阻选用了一个 1kΩ 的高精度电阻，则放大倍数约为 100。

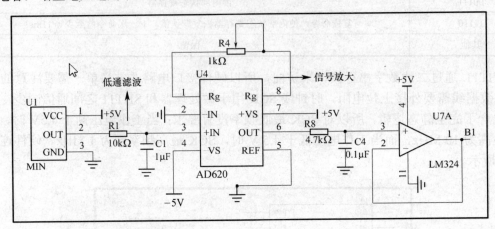

图 5-8 AD620 前置放大滤波电路

5.3.3 模数转换电路的设计

AD 转换器选用 ADC0809 集成芯片，图 5-9 为芯片引脚图。各引脚功能见表 5-3。

ADC0809 的输入模拟信号为单极性信号，电压范围是 0~5V，若信号太小，必须进行放大；输入的模拟量在转换过程中应该保持不变，如模拟量变化太快，则需在输入前增加采样保持电路。该转换器精度为 8 位，单次转换时间为 100μs，对于湿度、温度等缓慢变化信号也可以满足使用。

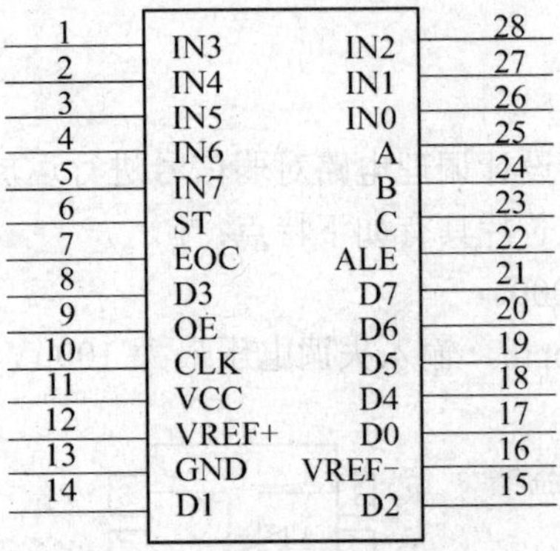

表 5-3 ADC0809 各脚功能

引脚	功能介绍
D7~D0	8 位数字量输出引脚
IN0~IN7	8 位模拟量输入引脚
VCC	+5V 工作电压
REF(+)	参考电压正端
REF(−)	参考电压负端
START	A/D 转换启动信号输入端
ALE	地址锁存允许信号输入端
EOC	转换结束信号输出引脚，开始转换时为低电平，当转换结束时为高电平
OE	输出允许控制端，用以打开三态数据输出锁存器
CLK	时钟信号输入端(一般为 500kHz)
A、B、C	地址输入线

图 5-9 ADC0809 管脚示意图

5.3.4 声光报警电路设计

设计采用了由 6 个发光二极管和一个蜂鸣器构成的声光报警电路。每一种有毒气体都有一红一绿两个发光二极管与其对应,正常情况下点亮绿色的发光二极管,当气体的浓度超标时,红色的发光二极管亮,并启动蜂鸣器报警。图 5-10 为声光报警硬件接线图,其中 D1、D3、D5 是绿色发光二极管,而 D2、D4、D6 是红色发光二极管,分别对应 3 种有毒气体。

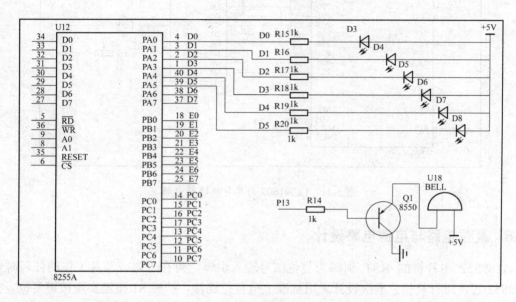

图 5-10 声光报警电路

5.3.5 液晶显示电路设计

人机接口是仪表系统不可或缺的重要组成之一,本次设计的智能空气质量监测仪同样扩展了显示接口,共显示 5 种数据,分别是 3 种有毒气体的浓度和室内的温度、湿度信息。显示器件选用 2 行 16 个字符的 LCD1602,该液晶显示模块具有体积小、功耗低、显示内容丰富等特点,是单片机应用设计中最常用的信息显示器件之一。

LCD1602 采用标准的 16 脚接口,有 8 位数据总线 D0~D7 和 RS、R/W、EN 三个控制端口,工作电压为 5V,并且带有字符对比度调节和背光,主要技术参数如表 5-4 所示。具体连接线路图如图 5-11 所示。

表 5-4 主要技术参数

显示容量	16×2 字符
芯片工作电压	4.5V~5.5V
工作电流	2.0mA(5V)
最佳工作电压	5V
字符尺寸	2.95×4.35 mm(W×H)

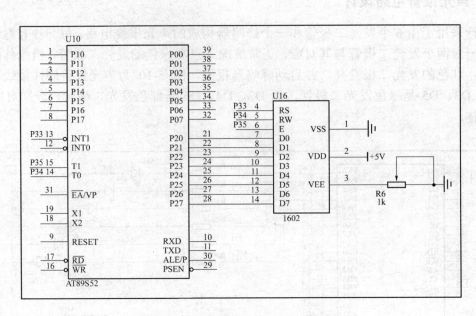

图 5-11 LCD1602 与单片机连接电路

5.3.6 复位电路与电源电路设计

AT89S52 单片机的 RST 引脚为复位信号输入引脚，可在上电或芯片工作的任何时候对 AT89S52 芯片进行复位。本次设计采用标准上电复位连接，扩展 S1 按键实现按键复位。实验调试电源电路采用 7805 三端稳压器提供系统所需 5V 电源，ADC0908 的参考电源利用 TL431 稳压后提供(电路图中没有给出，该稳压电路的设计可参见 TL431 的芯片资料)，具体电路设计见图 5-12。

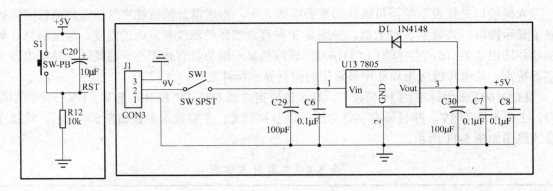

图 5-12 系统复位电路与电源电路

以上内容详细介绍了该仪表硬件系统核心芯片、硬件线路、信号调理等电路的设计方案及具体实现，图 5-13 为检测仪表的电子线路总图。

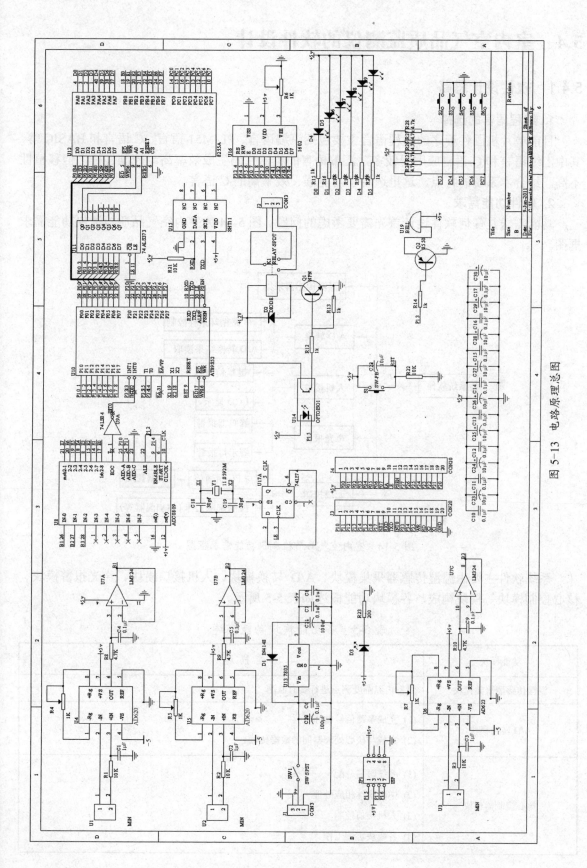

图 5-13 电路原理总图

5.4 室内空气品质监测仪的软件设计

5.4.1 软件设计思路

1. 编程语言的选择

目前单片机固件程序的编程语言主要包括汇编语言、PL/M51 语言、C 语言和 BASIC 等，其中汇编语言和 C 语言应用得较多，汇编语言的机器代码生成效率高，控制性好，但移植性不高。结合本系统的特点，这里选用了功能强、效率高的 C 语言。

2. 软件功能需求

功能需求是任何软件设计首先需要考虑的问题。图 5-14 为室内空气品质检测仪功能需求框图。

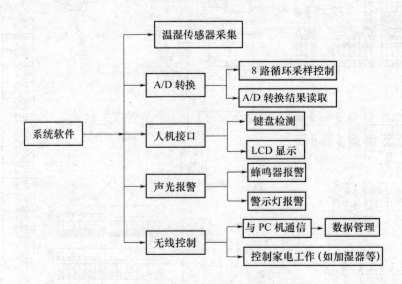

图 5-14 室内空气品质检测仪功能需求框图

系统软件主要由温湿传感器采集模块、A/D 转换模块、人机接口模块、声光报警模块、核心控制模块等模块构成，各模块功能概述如表 5-5 所示。

表 5-5 各功能模块功能描述

功能模块	功能 描述
温湿传感器采集模块	对室内温湿度测点进行实时监测
A/D 转换模块	(1) 完成多路信号循环采样 (2) 完成与核心处理器间的数据传输
核心控制器模块	(1) 系统时基分配 (2) 中断事件相应处理 (3) 人机接口控制 (4) 各模块协调工作

(续)

功能模块	功能描述
人机接口模块	(1) 按键控制 (2) 动态信息显示
无线通信模块	(1) 温度、湿度测点数据传输 (2) 空气质量测点数据传输 (3) PC 机无线通信
上位机管理模块	(1) 数据分析 (2) 优化数据 (3) 数据存储

5.4.2 软件设计

主程序运行流程如图 5-15 所示,软件主要实现对传感器输出信号的数据采集,数据的计算、分析、按键响应、液晶显示等。程序开始时,先对系统进行初始化,包括单片机的 RAM、定时器、中断寄存器等的初始化,完成初始化后,单片机进入等待状态监测按键动作以决定

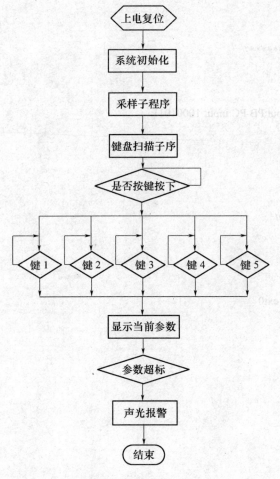

图 5-15　主程序流程

相应的动作，包括 ADC 转换结果的读取、数据显示、声光报警状态。此外本次设计的单片机未使用的 I/O 口还可以用来扩展无线传输口，实现一些经过改造的小型家电的无线控制，这些内容在硬件和软件上都较容易实现。主要的程序清单在下文中给出。

程序清单

```c
void main()
{
    init52();
    init8255();
    lcd_init();// 初始化 LCD
    initad();
    predisplay();
while(1)
 {
 Tmeasure();
 Hmeasure();
 keyscan();
    }
}
// ********initial 8255 *********//
void init8255(void)
{
    add8255=0x8b;//PA    output PB PC:input 10001011
    PA8255=0x15;//00010101
    P13=0;
    delay(10);
}
//****initial AT89S52*****//
void init52(void)
 {
    EA=1;// open interrupt
    EX0=1;// allow interrupt ext0
    IT0=1;
    IP=0x01;

 }
void initad()
{
    P10=0;
    ST=0;
    ST=1;
```

```c
    _nop_();
    ST=0;
}
// *******LCD  dispaly *******// /*********LCD 初始化子程序*****/
void lcd_init()
{
lcd_wcmd(0x38);
delay(1);
lcd_wcmd(0x0c);
delay(1);
lcd_wcmd(0x06);
delay(1);
lcd_wcmd(0x01);
delay(1);
}
/*********LCD 延时子程序*********/
void delay(uint time)
{
   int i, j;
   for(i=0;i<time;i++)
      for(j=0;j<255;j++);
}
/**********测试 LCD 忙碌状态*****/
bit lcd_bz()
{
bit result;
rs = 0;
rw = 1;
ep = 1;
_nop_();
_nop_();
result = (bit)(P2 & 0x80);          //1 禁止；0 允许
ep = 0;
return result;
}
/****写指令数据到 LCD 子程序*****/
void lcd_wcmd(uchar cmd)
{
while(lcd_bz());                    //判断 LCD 是否忙碌
rs = 0;
```

```c
rw = 0;
ep = 0;
_nop_();
_nop_();
P2 = cmd;
_nop_();
_nop_();
ep = 1;
_nop_();
_nop_();
ep = 0;
}
/****设定显示位置子程序*******/
void lcd_pos(uchar pos)
{
lcd_wcmd(pos | 0x80);
}
/***写入显示数据到 LCD 子程序*****/
void lcd_wdat(uchar dat)
{
while(lcd_bz());                        //判断 LCD 是否忙碌
rs = 1;
rw = 0;
ep = 0;
P2 = dat;
_nop_();
_nop_();
ep = 1;
_nop_();
_nop_();
ep = 0;
}
/************预显示************/
void predisplay()
{
uchar i;
lcd_pos(0x04);                          //设置显示位置
i = 0;
while(dis1[i] != '\0')
{
```

```c
    lcd_wdat(dis1[i]);              //显示字符
    i++;
    }
    lcd_pos(0x42);                  //设置显示位置
    i = 0;
    while(dis2[i] != '\0')
    {
    lcd_wdat(dis2[i]);              //显示字符
    i++;
    }
}
/*********显示*********/
void display_char(uchar x, uchar p)
{
    lcd_pos(x);                     //设置显示位置
    lcd_wdat(p);
}
/*******浓度显示************/
void display_ad()
{
    uchar i=0;
    lcd_pos(0x0b);                  //设置显示位置
    while(dis8[i] != '\0')
    {
    lcd_wdat(dis8[i]);              //显示字符
    i++;
    }
}
void display_ad1()
{
    uchar i=0;
    for(i=0;i<=3;i++)
    {
    if(i==1)
       {lcd_pos(7);
        lcd_wdat('.');              //显示字符
        }
     else
       {lcd_pos(6+i);
        lcd_wdat(0x30+x[3-i]);      //显示字符
```

```c
        }
    }
}
void display_ad2()
{
uchar i=0;
for(i=0;i<=3;i++)
{
if(i==1)
   {lcd_pos(7);
    lcd_wdat('.');              //显示字符
   }
  else
   {lcd_pos(6+i);
    lcd_wdat(0x30+y[3-i]);      //显示字符
   }
}
}
// ********* 按键模块  ******//
void keyscan()
{
uchar i;
i=PC8255;                       //读 PC
i=i&0xf8;                       //屏蔽低 3 位
switch(i)                       //键值查询
  {
   case 0xf0:FuncHCHO();break;
   case 0xe8:FuncC6H6();break;
   case 0xd8:FuncNH3();break;
   case 0xb8:FuncTEM();break;
   case 0x78:FuncHUM();break;
  }
}

// ******** 按键子程序 *******/
void FuncHCHO()
{
uchar i;
lcd_wcmd(0x01);                 //清屏
delay(1);
```

```c
    lcd_pos(0x01);                    //设置显示位置
    i = 0;
    while(dis3[i] != '\0')
    {
    lcd_wdat(dis3[i]);                //显示字符
    i++;
    }
    display_ad();
    display_ad1();
    bell_judgeHCHO();
    }

    void FuncC6H6()
    {
    uchar i;
    PA8255=0x15;                      //00010101
       P13=0;
        P15=1;
    lcd_wcmd(0x01);                   //清屏
    delay(1);
    lcd_pos(0x01);                    //设置显示位置
    i = 0;
    while(dis4[i] != '\0')
    {
    lcd_wdat(dis4[i]);                //显示字符
    i++;
    }
    display_ad();
    display_ad2();
    }
    void FuncNH3()
    {
    uchar i;
    PA8255=0x15;                      //00010101
       P13=0;
        P15=1;
    lcd_wcmd(0x01);                   //清屏
    delay(1);
    lcd_pos(0x01);                    //设置显示位置
    i = 0;
```

```c
    while(dis5[i] != '\0')
    {
    lcd_wdat(dis5[i]);                    //显示字符
    i++;
    }
    display_ad();
    display_ad2();
}
void FuncTEM()
{
    uchar i;
    PA8255=0x15;//00010101
        P13=0;
         P15=1;
    lcd_wcmd(0x01);                       //清屏
    delay(1);
    lcd_pos(0x01);                        //设置显示位置
    i = 0;
    while(dis6[i] != '\0')
    {
    lcd_wdat(dis6[i]);                    //显示字符
    i++;
    }
    lcd_pos(0x0b);                        //设置显示位置
    i = 0;
    while(dis10[i] != '\0')
    {
    lcd_wdat(dis10[i]);                   //显示字符
    i++;
    }
    TH_convert_display(tem2);
    bell_judgeTEM();
}
void FuncHUM()
{
    uchar i;
    lcd_wcmd(0x01);                       //清屏
    delay(1);
    lcd_pos(0x01);                        //设置显示位置
    i = 0;
```

```c
while(dis7[i] != '\0')
{
lcd_wdat(dis7[i]);                    //显示字符
i++;
}
lcd_pos(0x0b);                        //设置显示位置
i = 0;
while(dis9[i] != '\0')
{
lcd_wdat(dis9[i]);                    //显示字符
i++;
}
TH_convert_display(hum2);
bell_judgeHUM();
}
// ******** 报警判断子程序 ****//
void bell_judgeHCHO()
{
if(den1>30) bell2();
}
void bell_judgeC6H6()
{
if(den2>0.09) bell();
}
void bell_judgeNH3()
{
if(den2>0.2) bell();
}
void bell_judgeTEM()
{
if(28<tem2||tem2<18) bell2();
}
void bell_judgeHUM()
{
if(70<hum2||hum2<30) bell();
}
// ******* 报警子程序 **********/
void bell()
{
PA8255=0x6a;//01101010;
```

```c
P13=1;
while(1);
}
void bell2()
{
P15=0;
PA8255=0x6a;//01101010;
P13=1;
}
// ******* 温湿度模块 ******// /**********SHT11 内部延时******/
void Delay()
{   ;
    ;
}
/******SHT11 检测等待延时*****/
void Delay_Ms(uint ms)
{
    uint i, j;
    for(i=ms;i>0;i--)
        for(j=112;j>0;j--);
}
/*******SHT11 启动时序*******/
void SHT11_Start()
{
    SHT11_SCK=1;
    SHT11_DATA=1;
    Delay();
    SHT11_DATA=0;
    Delay();
    SHT11_SCK=0;
    Delay();
    SHT11_SCK=1;
    Delay();
    SHT11_DATA=1;
}
/*****向 SHT11 发送 8 位数据*****/
void SHT11_Sendbyte(uchar dat)
{
    uchar i;
    SHT11_SCK=0;
```

```c
        Delay();
        for(i=0;i<8;i++)
        {
            if(dat&0x80)
            {
                SHT11_DATA=1;
                Delay();
            }
            else
            {
                SHT11_DATA=0;
                Delay();
            }
            dat=dat<<1;
            SHT11_SCK=1;
            Delay();
            SHT11_SCK=0;
        }
}
/*****检测 SHT11 的响应信号******/
void SHT11_Answer()
{
    SHT11_SCK=1;
    Delay();
    while(SHT11_DATA==1);
    SHT11_SCK=0;
    SHT11_DATA=1;
}
/****检测温湿度检测是否完毕*****/
void SHT11_Test_Finish()
{
    while(SHT11_DATA==1);
}
/****从 SHT11 接收 8bite 数据*****/
uchar SHT11_Receivebyte()
{
    uchar i;
    uchar dat;
    SHT11_SCK=0;
    Delay();
```

```c
        for(i=0;i<8;i++)
        {
            SHT11_SCK=1;
            Delay();
            dat=dat<<1;
            if(SHT11_DATA)
            {
                dat=dat|0x01;
                Delay();
            }
            else
            {
                dat=dat&0xfe;
                Delay();
            }
            SHT11_SCK=0;
            Delay();
        }
        SHT11_DATA=1; //释放数据总线
        return(dat);
}
/****单片机向SHT11发送应答信号***/
void MCU_Answer()
{
     SHT11_SCK=0;
    Delay();
    SHT11_DATA=0;
    Delay();
    SHT11_SCK=1;
    Delay();
    SHT11_SCK=0;
    Delay();
    SHT11_DATA=1; //释放数据总线  }
/*****当接收两个8字节数据后接收CRC校验码************/
void SHT11_End()
{
    SHT11_DATA=1;
    SHT11_SCK=1;
    Delay();
    SHT11_SCK=0;
```

```
        Delay();
}
/*******向 SHT11 的状态寄存器设置******/
Void SHT11_Write_Register(uchar command ,  uchar dat)
{
        SHT11_Start();
        SHT11_Sendbyte(command);
        SHT11_Answer();
        SHT11_Sendbyte(dat);
        SHT11_Answer();
}
/*****************************设置 SHT11 检测功能，并返回检测结果
*****************************/
uint SHT11_Measure(uchar command，uchar time)
{
        uint dat=0;
        uchar data_high，data_low;
        SHT11_Start();
        SHT11_Sendbyte(command);
        SHT11_Answer();
        Delay_Ms(time);
        SHT11_Test_Finish();
        data_high=SHT11_Receivebyte();
        MCU_Answer();
        data_low=SHT11_Receivebyte();
        SHT11_End();
        dat=(dat|data_high);
        dat=(dat<<8)|data_low;
        return(dat);

}
/******************************
函数功能:将检测到的数据转化为相应的温度数据
温度转换公式--T=d1+d2*SOt 公式中的参数 d1=-40，d2=0.04
******************************/
float SHT11_Convert_Tempeture12bit(uint dat)
{
        float tempeture1;
        tempeture1=-40+0.04*dat;
        if(tempeture1>100.0)
```

```c
            {
                flag_tempeture=1;
            }
            else
            {
                flag_tempeture=0;
            }
            return(tempeture1);
}
/*******************************
函数功能:将检测到的数据转化为相应的湿度数据
RHline=C1+C2*SOrh+C3*SOrh*SOrh(检测数据的线性化  SOrh 为单片机接收到的数据)
-----RHtrue=(tempeture-25)*(t1+t2*SOrh)+RHline  公式中的参数:C1=-4，C2=0，648，C3=-0.00072
   t1=0.01，t2=0.00128    适用于 8 位测量精度
***********************/
float SHT11_Convert_Humidity8bit(uint dat，float temp)
{
    float RHline，RHtrue;
    RHline=-4+0.648*dat-0.00072*dat*dat;
    RHtrue=(temp-25)*(0.01+0.00128*dat)+RHline-3;
    if(RHtrue<10.0)
    {
        flag_humidity=1;
    }
    else
    {
        flag_humidity=0;
    }
    return(RHtrue);
}

void Tmeasure()                      //温度测量
{ SHT11_Write_Register(REG_WRITE，FUNCTION_SET);
tem1=SHT11_Measure(TEM_TEST，0x0c); tem2=SHT11_Convert_Tempeture12bit(tem1); }
void Hmeasure()                      //湿度测量
{
SHT11_Write_Register(REG_WRITE，FUNCTION_SET);
hum1=SHT11_Measure(HUM_TEST，0x08); hum2=SHT11_Convert_Humidity8bit(hum1，tem2);
}
/***温湿度转换显示子程序 ******/
void TH_convert_display(float shuju)          //显示一个数字
```

```c
{
unsigned int shuju1;
uchar TEM[5]={0};
uchar biaozhi=0, i;
shuju1=shuju*100;
if(shuju1 < 10) biaozhi = 1;
else if(shuju1 < 100) biaozhi = 2;
else if(shuju1 < 1000) biaozhi = 3;
else if(shuju1 < 10000) biaozhi = 4;
switch(biaozhi)
    {
    case 4: TEM[4]=shuju1%10000/1000;
    case 3: TEM[3]=shuju1%1000/100;
    case 2: TEM[1]=shuju1%100/10;
    case 1: TEM[0]=shuju1%10;
break;
    default:break;
}
for(i=5;i>0;i--)

  {if(i==3)display_char(0x08, '.');
    else display_char(11-i, 0x30+TEM[i-1]);
    }
}
// *********AD 转换 *********//
// ********  rd_ad  *************
void rd_ad(void)
{
uint den3;                                  //存放浓度
  OE=1;                                     //转换结束，设置读允许
  den1=PB8255;                              //读取转换结果
  delay(100);
  OE=0;                                     //关闭读允许
  delay(100);
den1=31;
den1= den1/5;
den2=den1*0.013;
den3=den2*1000;
x[3]=den3/1000;
x[1]=den3/100;
```

```
    x[0]=den3/10%10;
}
// *********中断子程序 ********/
void int0adc(void) interrupt 0 using 1
{
    EX0=0;
    rd_ad();
    EX0=1;
}
```

5.5 调试

5.5.1 Proteus 软件仿真调试

软件调试利用 Keil uvision 和 Proteus 软件平台进行，调试过程中观察存储单元数据的变化，以验证程序是否正确。

1. 显示电路仿真

系统上电初始化结束后，LCD 显示"Hello IAQ Monitor"字样，表示系统初始化及 LCD 显示控制程序准确，如图 5-16 所示，若系统不能正常显示该字样，则表示系统初始化或 LOD 显示控制程序错误。

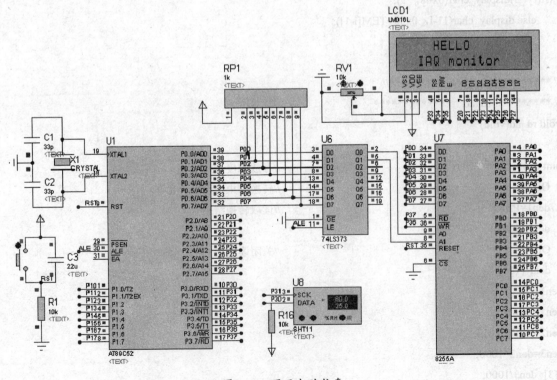

图 5-16 显示电路仿真

2. 键盘电路仿真及温度、湿度和气体测量电路仿真

Proteus 平台进行单片机测控系统仿真时受到软件平台所提供的仿真元件库的限制，这种情况下通过等效代换或自建元件库的方法解决。这里 Proteus 无法仿真毒害气体传感器，故在实际设计中利用 AD0809 采集来自变位器的电压信号，模拟传感器检测到的有毒气体时输出的电压信号，查看程序是否可以实现该仿真信号的正确处理。

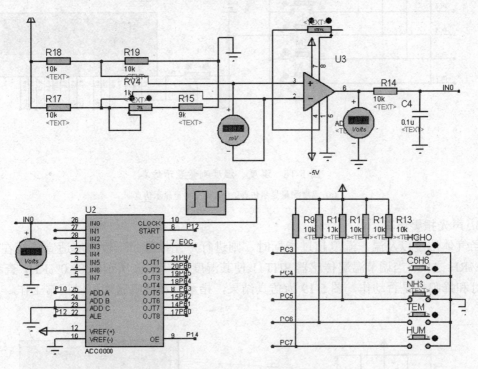

图 5-17 键盘电路以及气体测量电路仿真

图 5-18 为温度按键响应处理程序仿真结果，当前室内温度为 24.96℃，同时毒害气体检测正常，湿度为 59.90%。

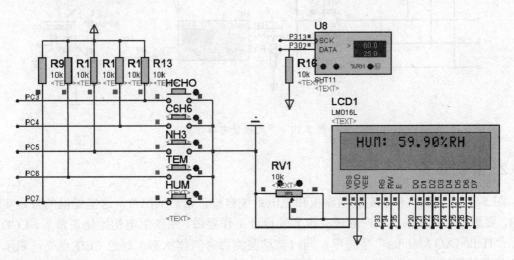

(a)

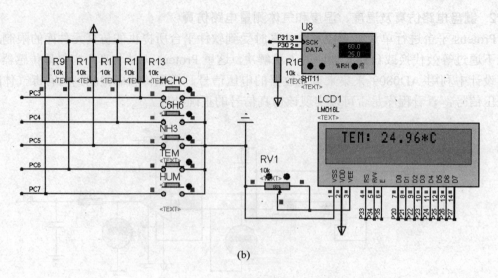

(b)

图 5-18 温度、湿度测量显示仿真

(a) 温度测量显示仿真；(b) 湿度测量显示仿真。

3. 声光报警仿真

当气体浓度以及温、湿度超过指标时，则进行声光报警。一般湿度适宜指标在 28%RH 至 78%RH 之间，当调节温湿传感器 SHT11 使其湿度为图 5-28 所示的 82.0%RH，查看相应的报警灯和蜂鸣器是否动作，图 5-19 为仿真结果，指示灯和蜂鸣器均可以正常工作。

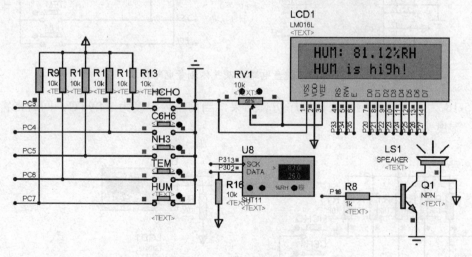

图 5-19 声光报警电路仿真

5.5.2 样机调试

图 5-20 为测试仪样机实验电路板和上电系统自检正常后的照片，这里提供的只是实验用 PCB，要想实现真正的仪表产品还有很多的设计工作要做。系统上电初始化正常后，LCD1602 显示"Hello IAQ Monitor"字符串，同时自动监测毒害气体状态，绿色 LED 点亮，表示室内毒害气体检测正常，当然亦可以通过按键动作开启相应的毒害气体监测或温湿度监测、显示和声光报警工作，这只是程序设计上的差别。图 5-21 为温度、湿度和实验室甲醛含量监测情

况，此时实验室室温 29℃，相对湿度 50%；甲醛浓度监测情况表明实验室空气中不含甲醛气体，样机可以正常工作。

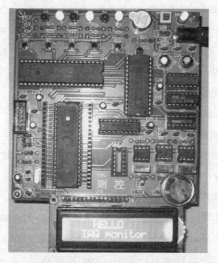

图 5-20　空气品质监测仪试验 PCB

 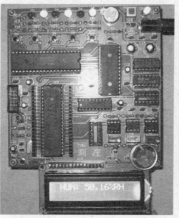 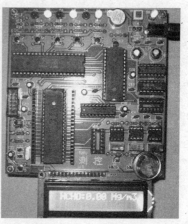

图 5-21　实验室温度、湿度、甲醛含量监测结果

参考文献：

[1] 沈晋明.室内空气品质的新定义与新风直接入室的实验测试[J].暖通空调，1995(6)，16-18.

[2] 国家环境保护局.空气和废气监测分析方法[M].北京：中国环境科学出版社，1990：11-16.

[3] 陈尚芹.环境污染物监测[M].北京：冶金工业出版社，1999：23-28.

[4] 马学童.室内空气品质监控系统的开发与研制[D].西安：西北工业大学，2002：20-34.

[5] 王化祥.传感器原理与应用[M].天津：天津大学出版社，1998：18-27.

[6] 邬宽明.单片机外围器件实用手册—数据传输接口器件分册[M].北京：北京航空航天大学出版社，1998：35-38.

[7] 李群芳.单片微型计算机与接口技术[M].北京：电子工业出版社，2001：42-46.

[8] 王幸之，钟爱琴，王雷，等.AT89系列单片机原理与接口技术[M].北京：北京航空航天大学出版社，2004：15-19.

[9] 石金宝，魏复盛.定电位电解传感器的特点和应用[J].中国环境监测，1998，14(2)：17-20.

[10] 彭军.传感器与监测技术[M].西安：西安电子科技大学出版社，2003：74-95.

[11] 张齐，杜群贵.单片机应用系统设计技术——基于 C 语言编程[M].北京：电子工业出版社，2004：117-128.

[12] 马忠梅，等.单片机的 C 语言应用程序设计[M].北京：北京航天航空大学出版社，2007：317-350.

[13] 张天凡，等.完全手册——51 单片机 C 语言开发详解[M].北京：电子工业出版社，2008：259-278.

[14] 戴仙金.51 单片机及其 C 语言程序开发实例[M].北京：清华大学出版社，2008：379-403.

[15] 汤竞南，沈国琴.51 单片机 C 语言开发与实例[M].北京：人民邮电出版社，2008：248-267.

[16] 张毅刚.新编 MCS-51 单片机应用设计[M].哈尔滨：哈尔滨工业大学出版社，2006：140-167.

[17] 华成英，童诗白.模拟电子技术基础[M].北京：高等教育出版社，2006：56-78.

[18] 阎石.数字电子技术基础[M].北京：高等教育出版社，2006：302-331.

[19] 张道德.单片机接口技术(C51 版)[M].北京：中国水利水电出版社，2007：230-247.

[20] 郑伟民.传感器与单片机接口及实例[M].北京：中央广播电视大学出版社，2005：127-152.

[21] 钱显毅.传感器原理与应用[M].南京：东南大学出版社，2008：280-295.

[22] 刘少强，张靖.传感器设计与应用实例[M].北京：中国电力出版社，2008：147-163.

[23] 张洪润.传感器应用设计 300 例[M].北京：北京航空航天大学出版社，2008：121-149.

[24] A.E.B，Ruono P.J.Fleming P.Jones Connectionist approach PID autotiming，IEEE54PROCEEDI NGS VOL MAY.2002.6.Ⅱ.

[25] ATMEL.8-bit Microcontrouer with 2Kbytes Flash AT89C2051，2004.O6.38-48.

第六章 基于 LabVIEW 的直流电机远程控制系统

【学习目的】

通过本章的学习，熟悉 LabVIEW 程序设计、远程通信程序以及数据采集的原理和数据采集卡的使用；掌握用 LabVIEW 进行测控系统设计的基本技能；对网络化测控系统有一个深入认识；同时掌握直流电机的结构、原理及控制方法。

6.1 总体方案设计

6.1.1 总体概述

本项目利用 LabVIEW 8.5 软件进行远程直流电机的测控系统设计。直流电机测控系统由速度传感器、直流电机驱动模块、数据采集卡、计算机等组成，其总体流程如图 6-1 所示。首先由光电传感器采集直流电机的速度和加速度信号，经必要的放大、滤波等信号调理后，转化为标准电压信号送入数据采集卡，采集卡完成采样保持和 A/D 转化后送入计算机中的 LabVIEW 控制程序，并通过 LabVIEW 网络服务器将处理过的速度和加速度信号及时发布到网络中；同时，在网络中的客户端也可以通过 LabVIEW 服务器将需要的速度值发送到 LabVIEW 电机控制程序，LabVIEW 控制程序将速度值转化为电压信号经驱动模块控制电机调速。

图 6-1 中各部分功能简述如下：

(1) 传感器。传感器的作用是按一定规律将被检测物理量转换为数据采集系统能够测量的电信号，它所产生的电信号与它所检测的物理量成比例地变化。本实验主要采集电机的转速、加速度以及声音和视频信号。

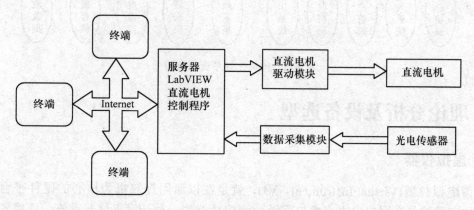

图 6-1 直流电机速度控制系统总体流程图

(2) 网络通信。将数据发布到以太网或 Internet 网上，实现多机通信和远程测控。
(3) 数据采集模块。主要由多路模拟开关选通电路、高精度放大电路、模数转换电路、先进先出(FIFO)缓冲存储器电路、数模转换电路、供电电路、调理电路等部分组成,实现信号的转换及调理。

(4) 计算机操作平台。在计算机强大的数据处理能力基础上利用虚拟仪器软件代替以往需要硬件电路来实现的功能。

(5) 参数设定。包括速度和加速度两个值,是人为设定来指导电机运行的参数。

(6) 数据存储。是指数据流在加工过程中产生的临时文件或加工过程中需要查找的信息、数据以某种格式记录在计算机内部或外部存储介质上。

(7) 实时数据显示。用于当前电机运行状态的系统显示。

(8) 外扩功能。包括图像和声音信息的采集和显示两部分,是供远程用户用来观察现场情况的。

6.1.2 模块化软件设计

模块化结构是所有设计良好的软件系统的基本特点,任何一个大的程序系统,总是由若干功能相对独立的模块组成。

本系统软件设计主要完成直流电机测控系统登录、现场监控及历史数据处理功能。具体模块结构如图 6-2 所示。

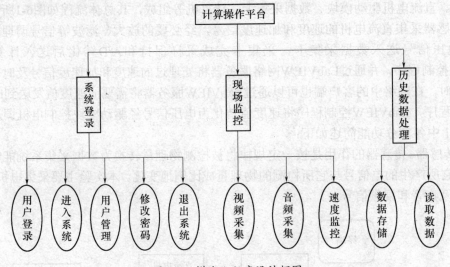

图 6-2 模块化程序设计框图

6.2 理论分析及设备选型

6.2.1 虚拟仪器

所谓虚拟仪器(Virtual Instrument,VI),就是在以通用计算机为核心的硬件平台上,由测控软件实现的具有用户自定义虚拟面板和测控功能的一种计算机仪器系统。使用者用鼠标点击虚拟面板,即可操作这台计算机的系统硬件平台,就如同使用一台专用电子测量仪器。

LabVIEW 是目前虚拟仪器技术中最常用、最直观、最主要的开发平台,是计算机技术与仪器技术相结合的产物,其基础是计算机系统,核心是软件技术。与传统程序语言不同,

LabVIEW 采用强大的图形化设计语言(G 语言)编程。人机交互界面直观友好，具有强大的数据可视化分析和仪器控制功能等特点。通过它的编程环境和操作界面，能够轻松地完成对待测对象的信号调理、过程控制，数据采集、分析、显示和存储，故障诊断，仪器网络通信等功能。通过使用 LabVIEW 在计算机屏幕上创建一个图形化用户界面，即可设计出完全符合自己要求的虚拟仪器，避免传统开发环境所带来的复杂编程工作。

6.2.2 虚拟仪器的特点

虚拟仪器最核心的思想是利用计算机的强大资源使本来需要硬件实现的技术软件化，最大限度地降低系统成本，增强系统功能与灵活性。因此，虚拟仪器是受益和依赖于计算机技术的。与传统仪器相比其特点如表 6-1 所示。

表 6-1 虚拟仪器与传统仪器的比较

虚拟仪器	传统仪器
软件使得开发与维护费用降至最低	开发与维护开销高
技术新周期短(1 年～2 年)	技术更新周期长(5 年～10 年)
关键是软件	关键是硬件
价格低、可复用、可重配置性强	价格昂贵
用户自定义仪器功能	厂商定义仪器功能
开放、灵活，可与计算机技术保持同步发展	封闭、固定
与网络及其他周边设备方便互连	功能单一、互连有限的独立仪器系统

6.2.3 硬件平台

构成虚拟仪器的硬件平台有两部分：
(1) 计算机：一般为一台 PC 机或者工作站，它是硬件平台的核心。
(2) I/O 接口设备。主要完成被测输入信号的采集、放大、模/数转换。可根据实际情况采用不同的 I/O 接口硬件设备，如数据采集卡/板(DAQ)、GPIB 总线仪器、VXI 总线仪器模块、串口仪器等。

虚拟仪器的硬件构成方式主要有 5 种类型，如图 6-3 所示。

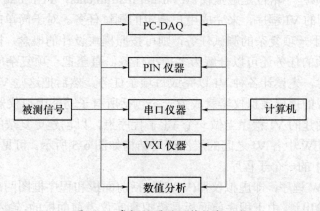

图 6-3 虚拟仪器的硬件构成方式

(1) PC-DAQ 系统。即以数据采集板、信号调理电路和计算机为仪器硬件平台组成的插卡式虚拟仪器系统。采用计算机本身的总线 PCI 或 ISA，故将数据采集卡(DAQ)插入计算机主板的扩展槽中即可。

(2) GPIB 系统。即以 GPIB 标准总线仪器与计算机为仪器硬件平台组成的虚拟仪器测试系统。

(3) VXI 系统。即以 VXI 标准总线仪器模块与计算机为仪器硬件平台组成的虚拟仪器测试系统。

(4) PXI 系统。即以 PXI 标准总线仪器模块与计算机为仪器硬件平台组成的虚拟仪器测试系统。

(5) 串口系统。即以 Serial 标准总线仪器与计算机为仪器硬件平台组成的虚拟仪器测试系统。

无论上述哪种 VI 系统，都是通过应用软件仪器硬件与通用计算机相结合。其中，PC-DAQ 测量系统是构成 VI 的最基本的方式，也是最廉价的方式。

6.2.4 虚拟仪器的软件结构

虚拟仪器的软件由两大部分构成，如图 6-4 所示。

(1) 应用程序。它包含两个方面的程序：实现虚拟面板功能的前面板软件程序，以及定义仪器测试功能的流程图软件程序。

(2) I/O 接口仪器驱动程序。这类程序用来完成特定外部硬件设备的扩展、驱动与通信。

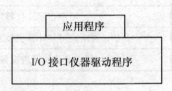

图 6-4 虚拟仪器软件结构

开发虚拟仪器，必须有合适的软件工具。目前已经有多种虚拟仪器的软件开发工具，大体可分为两类：文本编程语言，如 C，VisualC++，Visual Basic，Labwindows/CVI 等；图形化编程语言，如 LabVIEW，HPVEE 等。

这些软件开发工具为用户设计虚拟仪器应用软件提供了最大限度的方便条件与良好的开发环境。本项目采用的是 NI 公司的图形化虚拟仪器开发平台 LabVIEW。

6.2.5 LabVIEW 简介

LabVIEW 的基本程序单位是虚拟仪器(Virtual Instruments，VI)，LabVIEW 通过图形编程的方法，建立一系列的 VI 程序，来完成用户指定的测试任务。对于简单的测试任务，可以由一个 VI 来完成。对于一项复杂的测试任务，则可按照模块设计的概念，把测试任务分解为一系列的任务，每一项的任务还可以分解为多项小任务，直至把一项复杂的测试任务变成一系列的子任务。设计时，先设计各种 VI 以完成每项子任务，然后把这些 VI 组合起来以完成更大的任务，最后建成的顶层虚拟仪器就成为一个包括所有子功能虚拟仪器的集合。LabVIEW 可以让用户把自己创建的 VI 程序当做一个 VI 子程序点，以创建更复杂的程序，且这种调用是无限制的。LabVIEW 中各 VI 之间的层次调用结构如图 6-5 所示。可见 LabVIEW 中每一个 VI 相当于常规程序中的一个子程序。

所有的 LabVIEW 程序，即虚拟仪器(VI)都包括前面板和程序框图两部分。前面板用于设置输入数据和观察输出量。由于程序前面板是模拟真实仪表前面板的，输入量被称为 Controls，输出量被称为 Indicators，因此，用户可以使用许多图标，如旋钮、开关、按钮、图表、图形

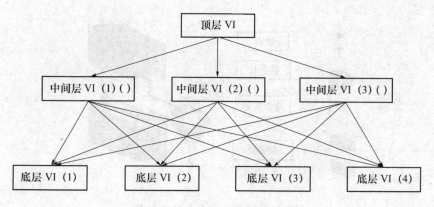

图 6-5 LabVIEW 层次调用结构

等使得前面板简洁适用。每一个前面板都伴有一个流程序框图(也叫流程图)。程序框图用图形编程语言编写,可以把它理解成传统程序的源代码。框图中的部件可以看成程序节点(Node),如循环控制、事件控制和算术功能等。这些部件都用连线连接,以定义框图内的数据流方向。图标/接口部件可以让用户把 VI 程序变成一个对象(VI 子程序),然后在其他 VI 程序中像子程序一样地调用。图标表示在其他程序中被调用的子程序,而接线端口表示图标的输入输出口。就像子程序的参数端口一样,它们对应着 VI 程序前面板的控制量和指示量的数值。

  LabVIEW 采用图形化编程语言——G 语言,该编程语言易学易用,功能强大灵活,既可以和采集设备、控制设备等硬件进行通信,也可以和 GPIB、PXI、RS-232、VXI 仪器通信,简化了虚拟仪器的开发过程,缩短了系统开发和调试时间,广泛应用于工业自动化、试验测量、数据采集及处理等各个领域。LabVIEW 提供了完成数据采集、分析,存储数据显示,仪器控制应用所需要的工具。现在推出的 LabVIEW 8.5 具有比以往版本都丰富的工程技术,它的主要创新包括增强的开发环境、交互式测量、更广泛的嵌入对象等。

6.3 直流电机及其驱动

6.3.1 直流电机的结构

  直流电机由定子和转子组成,定子中主要有主磁极和电刷,转子由环形铁心和绕在环形铁心上的绕组和换向器组成(其中 2 个小圆圈是为了方便地表示该位置上的导体电势或电流的方向而设置的)。

  图 6-6 表示一台最简单的两极直流电机模型,它的固定部分(定子)上,装设了一对直流励磁的静止的主磁极 N 和 S,在旋转部分(转子)上装设电枢铁心。定子与转子之间有一气隙。在电枢铁心上放置了由 A 和 X 两根导体连成的电枢线圈,线圈的首端和末端分别连到两个圆弧形的铜片上,此铜片称为换向片。换向片之间互相绝缘,由换向片构成的整体称为换向器。换向器固定在转轴上,换向片与转轴之间亦互相绝缘。在换向片上放置着一对固定不动的电刷 B1 和 B2,当电枢旋转时,电枢线圈通过换向片和电刷与外电路接通。

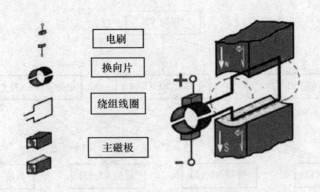

图 6-6 直流电机的物理模型图

6.3.2 直流电机的基本工作原理

对图 6-6 所示的直流电机，如果去掉原动机，并给两个电刷加上直流电源，如图 6-7(a) 所示，则有直流电流从电刷 A 流入，经过线圈 abcd，从电刷 B 流出，根据电磁力定律，载流导体 ab 和 cd 受到电磁力的作用，其方向可由左手定则判定，两段导体受到的力形成了一个转矩，使得转子逆时针转动。如果转子转到如图 6-7(b) 所示的位置，电刷 A 和换向片 2 接触，电刷 B 和换向片 1 接触，直流电流从电刷 A 流入，在线圈中的流动方向是 dcba，从电刷 B 流出。

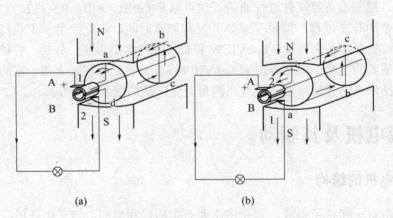

图 6-7 直流电机的基本工作原理
(a) 导体 ab 处于 N 极下；(b) 导体 ab 处于 S 极下。

此时载流导体 ab 和 cd 受到电磁力的作用方向同样可由左手定则判定，它们产生的转矩仍然使得转子逆时针转动。这就是直流电动机的工作原理。外加的电源是直流的，但由于电刷和换向片的作用，在线圈中流过的电流是交流的，其产生的转矩的方向却是不变的。

实际应用中的直流电动机转子上的绕组也不是由一个线圈构成，同样是由多个线圈连接而成，以减少电动机电磁转矩的波动，绕组形式同发电机。

6.3.3 直流电机的调速原理

直流电机转速 n 的表达式为：

$$n = \frac{U - IR}{K\Phi}$$

式中：U——电枢端电压；

I——电枢电流；

R——电枢电路总电阻；

Φ——每极磁通量；

K——与电机结构有关的常数。

由式可知，直流电机转速 n 的控制方法有三种：

(1) 调节电枢电压 U。改变电枢电压从而改变转速，属恒转矩调速方法，动态响应快，适用于要求大范围无级平滑调速的系统。

(2) 改变电机主磁通只能减弱磁通，使电动机从额定转速向上变速，属恒功率调速方法，动态响应较慢，虽能无级平滑调速，但调速范围小。

(3) 改变电枢电路电阻 R，在电动机电枢外串电阻进行调速，只能有级调速，平滑性差，机械特性软，效率低。

改变电枢电路电阻的方法缺点很多，目前很少采用。弱磁调速范围不大，往往与调压调速配合使用。因此，自动调速系统以调压调速为主，这也是本文中设计系统所采用的方法。改变电枢电压主要有三种方式：旋转变流机组、静止变流装置、脉宽调制(PWM)变换器(或称直流斩波器)。

旋转变流机组用交流电动机和直流发电机组成机组以获得可调直流电压，简称 G-M 系统，国际上统称 Ward-Leonard 系统，这是最早的调压调速系统。G-M 系统具有很好的调速性能，但系统复杂、体积大、效率低、运行有噪声、维护不方便。

20 世纪 50 年代，开始用汞弧整流器和闸流管组成的静止变流装置取代旋转变流机组，但到 50 年代后期又很快让位于更为经济可靠的晶闸管变流装置。采用晶闸管变流装置供电的直流调速系统简称 V-M 系统，又称静止的 Ward-Leonard 系统，通过控制电压的改变来改变晶闸管触发控制角 α。进而改变整流电压 U_d 的大小，达到调节直流电动机转速的目的。V-M 在调速性能、可靠性、经济性上都具有优越性，成为直流调速系统的主要形式。

脉宽调制(PWM)变换器又称直流斩波器，是利用功率开关器件通断实现控制，调节通断时间比例，将固定的直流电源电压变成平均值可调的直流电压，亦称 DC-DC 变换器。

绝大多数直流电动机采用开关驱动方式。开关驱动方式是使半导体功率器件工作在开关状态，通过脉宽调制 PWM 来控制电动机电枢电压，实现调速。

6.3.4 直流电机驱动

运用智能控制与驱动模块即可完成对直流电机的控制，其简介如下：

(1) 产品型号。TS-ICD-5A。

(2) 产品名称。智能控制与驱动模块。

(3) 主要技术指标。如表 6-2 所示。

表 6-2 直流电机驱动主要技术指标

名 称	说 明
控制模式	位置、速度、转矩
运动模式	梯形/S 行曲线、PVT/PT 插补、电子齿轮、凸轮等
I/O	通用数字 I/O 16 路
输入	两路模拟量输入，两路数字编码器输入
输出	1 路模拟量输出
通信	RS232/485 串行通信、CAN 总线通信
内存	32Kx16 零等待状态 SRAM、4Kx16 EEPROM
电源	12V~36V 直流电源

(4) 产品简介。智能控制与数字伺服驱动模块是基于 DSP 控制技术，集控制、驱动、PLC 功能于一体的符合工业标准的嵌入式驱动控制器，可控制步进电机、直流伺服电机、交流伺服电机，有独立运行和在线运行两种控制运行模式，内嵌运动语言指令器，可以实现单轴、多轴控制和独立运行等操作模式。智能控制与数字伺服驱动模块拥有基于图形化编程的专用运动控制软件，通过软件可以配置、自动检测各类电机参数，自动验证、设置编码器、霍尔元件、旋转变压器等参数，人工调整电流环、速度环、位置环等参数，自动检测电机与负载总惯量，自动调整各控制环参数。配备的 VC、LabVIEW 运动控制库函数使用简单方便。多个智能控制与数字伺服驱动模块通过 CAN 或 RS485 通信接口可以组建网络以多轴分布式结构操作。

(5) 配置说明。智能控制与数字伺服驱动模块主要作用是配合多功能转子实验模块完成电机的驱动及闭环控制功能。

6.4 数据采集模块

6.4.1 数据采集理论

在计算机广泛应用的今天，数据采集的重要性是十分显著的。它是计算机与外部物理世界连接的桥梁。各种类型信号采集的难易程度差别很大。实际采集时，噪声也可能带来一些麻烦。数据采集时，有一些基本原理要注意，还有更多的实际问题要解决。

假设现在对一个模拟信号 $x(t)$ 每隔 Δt 时间采样一次。时间间隔 Δt 被称为采样间隔或者采样周期。它的倒数 $1/\Delta t$ 被称为采样频率，单位是采样数/秒。$t=0$，Δt，$2\Delta t$，$3\Delta t\cdots$，$x(t)$ 的数值就被称为采样值。例如 $x(0)$，$x(\Delta t)$，$x(2\Delta t)$ 都是采样值。这样信号 $x(t)$ 可以用一组分散的采样值来表示：

$$\{x(0),\ x(\Delta t),\ x(2\Delta t),\ x(3\Delta t),\ \cdots,\ x(k\Delta t),\ \cdots\}$$

图 6-8 显示了一个模拟信号和它采样后的采样值。采样间隔是 Δt，注意，采样点在时域上是离散的。

如果对信号 $x(t)$ 采集 N 个采样点，那么 $x(t)$ 就可以用下面这个数列表示：

$$X=\{x[0],\ x[1],\ x[2],\ x[3],\ \cdots,\ x[N-1]\}$$

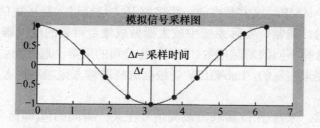

图 6-8 模拟信号采样图

这个数列被称为信号 $x(t)$ 的数字化显示或者采样显示。这个数列中仅仅用下标变量编制索引，而不含有任何关于采样率(或 Δt)的信息。所以如果只知道该信号的采样值，并不能知道它的采样率，缺少了时间尺度，也不可能知道信号 $x(t)$ 的频率。

根据采样定理，最低采样频率必须是信号频率的两倍。反过来说，如果给定了采样频率，那么能够正确显示信号而不发生畸变的最大频率叫做 Nyquist 频率，它是采样频率的一半。如果信号中包含频率高于 Nyquist 频率的成分，信号将在直流和 Nyquist 频率之间畸变。图 6-9(a) 和(b)显示了一个信号分别用合适的采样率和过低的采样率进行采样的结果。

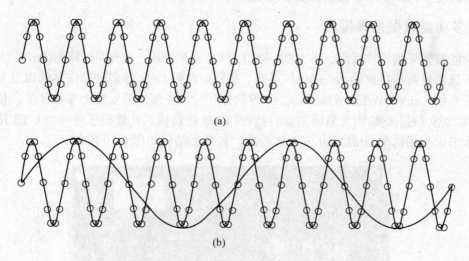

图 6-9 不同采样率下的采样波形
(a) 合适采样率采样波形；(b)采样率过低采样波形。

采样率过低的结果是还原的信号的频率看上去与原始信号不同。这种信号畸变叫做混叠。出现的混频偏差是输入信号的频率和最靠近的采样率整数倍的差的绝对值。为了避免这种情况的发生，通常在信号被采集(A/D)之前，经过一个低通滤波器，将信号中高于 Nyquist 频率的信号成分滤去。理论上设置采样频率为被采集信号最高频率成分的 2 倍就够了，但实际上工程中选用 5 倍~10 倍，有时为了较好地还原波形，甚至更高一些。

6.4.2 数据采集卡

虚拟仪器的数据采集卡 DAQ(Data Acquisition)由以下几个部分组成：

(1) 多路开关 MUX。多路开关将各路被测信号轮流切换到放大器的输入端，实现参数多路信号的分时采集。

(2) 测量放大器 AMP。放大器将前一级多路开关切换进入待采集信号放大(或衰减)至采样环节的量程范围内。通常,实际系统中放大器做成增益可调的放大器,设计者可根据输入信号幅值的不同,选择不同的增益倍数。对于 NI 公司的采集卡选择增益是在 LabVIEW 中通过设置信号输入限制来实现的,LabVIEW 会根据选择的输入限制和输入电压范围的大小来自动选择增益的大小。

(3) 采样/保持器。采样/保持器取出被测信号在某一瞬间的值(即信号的时间离散化)使在 A/D 转化过程中保持信号不变。如果被测信号变化很慢,可以不用采样/保持器。

(4) A/D 转换器。A/D 转换器将输入的模拟量转换为数字量输出,并完成信号幅值的量化。随着电子技术的发展,通常将采样/保持器同 A/D 转换器集成在一块芯片上。

以上四部分都处在计算机的前向通道,是组成数字采集卡的主要环节。它们与其他有关电路,如定时/计数器、总线接口电路等做在一块印制电路板上,即构成数据采集卡,完成对被测信号的采集、放大及模/数转换任务。

在很多采集卡的印制电路板上,还装有数/模转换器(D/A),它处在计算机的后向输出通道,用于将计算机输出的数字量转化为模拟量,从而实现控制功能。不同的数据采集卡可完成功能的复杂程度不同,使用时根据需要合理选择。

6.4.3 多功能数据采集模块

多功能数据采集模块适用于带 USB 接口的 PC 系列微机,具有即插即用(PnP)功能。其操作系统可选用目前最普遍的 Windows 系列、高稳定性的 Unix 等多种操作系统以及专业数据采集分析系统 LabVIEW/LabWindowsCVI 等软件环境。在硬件的安装上非常简单,使用时只需将 USB2089 数据采集卡(北京阿尔泰科技)的 USB 接口插入计算机任何一个 USB 接口插座中。在本书中采用这个 USB2089 来采集数据,其外形结构如图 6-10 所示。

图 6-10 北京阿尔泰科技 USB2089 数据采集卡

1. 工作原理

多功能数据采集模块主要由多路模拟开关选通电路、高精度放大电路、A/D 转换电路、开关量输入、输出、先进先出(FIFO)缓冲存储器电路、供电电路等部分组成。

1) 模入部分

(1) 高速多路模拟开关选通电路。本电路由 6 片 CD4501(或同类产品)及跨接选择器组成。

(2) 高速高精度、差分、可编程增益放大器电路。该电路由片高速高精度放大器 lf347、lm351 组成，用以对通道开关选中的模拟信号进行变换处理，以提供 A/D 转换电路所需要的信号。

(3) 高速模数转换电路。本模块选用 B-B 公司的 A／D 器件 ADS7822(12 bit)、ADS7818(12 bit)或 ADS8325(16 bit)作为本卡的 A/D 转换器件。采用外部精密基准电源。

(4) 先进先出(FIFO)缓冲存储器电路。本电路用于将 A/D 转换的数据结果及通道代码进行缓冲存储，并相应地给出"空"，"半满"和"全满"标志信号。用户在使用过程中可以随时根据这些标志信号的状态以单次或批量的方式读出 A/D 转换的结果。

2) 开关量输入输出电路

本模块提供了 2 路非隔离/隔离的开关量输入、2 路非隔离/隔离的开关量输出信号通道。使用中需注意针对这些信号的电平要求，选择合适的驱动。

3) 接口控制逻辑电路

接口控制逻辑电路用来将 USB 总线控制逻辑转换成与各种操作相关的控制信号。

4) 供电电路

供电电路由 DC/DC 芯片 LM340 及其外围电路组成外供电电路，以满足 USB 总线自供电功率的不足。外供电需输入 8V～15V 的直流电源，插座中心为正极。

2. 模入码制以及数据与模拟量的对应关系

本接口卡在双极性方式工作时，转换后的 12 位数码为二进制偏移码。此时 12 位数码的最高位(DB11)为符号位，"0"表示负，"1"表示正。偏移码与补码仅在符号位上定义不同，此时数码与模拟电压值的对应关系为：

输入信号为-5～+5V 时，模拟电压值=数码×10(V)／4096-5(V)，即 1LSB=2.44mV

6.5 双路信号传感器

1. 产品特性

(1) 无触点传感器，性能稳定，使用寿命长。

(2) 输出方式为 NPN 型、PNP 型，双路信号输出，相位差 90°，用于判断旋转件物体的转动方向。

(3) 对齿轮、链盘等导磁物体都能感应。

(4) 宽电压输入，9VDC～30VDC，输出数字信号，可直接与单片机或 PLC 接口。

(5) 内部核芯 GMR 技术，无方向性，高频、低频特性都很好，比普通的霍尔磁电式传感器距离更远。

(6) EMC 性能高，有短路保护和极性保护，防止意外接错线造成的损坏。

(7) 能在高温、高湿环境下工作，防水，防尘，防油污等。

2. GM26-AVS147 图片

GM26-AVS147 传感器见图 6-11。

3. GM26-AVS147 测速原理图

测速原理图见图 6-12。

图 6-11 GM26-AVS147 传感器

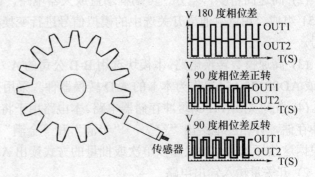

图 6-12 测速原理图

4. GM26-AVS147 参数

具体参数见表 6-3 和表 6-4。

表 6-3 工业控制行业用传感器

工作电压	5VDC～24VDC	空载电流	<40mA
输出方式	NPN型、PNP型(可选)	负载电流	<60mA
感应距离	0～2.5mm	上升沿时间	<10μs
输出信号	脉冲方波	下降沿时间	<10μs
使用温度	-40℃～80℃	响应频率	0～15kHz

表 6-4 车辆行业用传感器

工作电压	10VDC～30VDC	空载电流	<20mA
输出方式	NPN型、PNP型(可选)	负载电流	<40mA
感应距离	0～2.5mm	上升沿时间	<5μs
输出信号	脉冲方波	下降沿时间	<5μs
使用温度	-40℃～150℃	响应频率	0～15kHz

6.6 图像采集模块

6.6.1 图像采集概述

图像与人们的生产生活息息相关，是人类获取和交换信息的主要来源。随着计算机软件、硬件技术的日新月异的发展和普及，人类已经进入一个高速发展的信息化时代，科学研究、技术应用中图像处理技术成为越来越不可缺少的手段。图像显示系统包括图像采集、图像传输、图像存储、图像处理和图像分析等。其中图像显示是图像采集技术的基础和前提，图像显示是指把采集到的图像数据以完整的模式显示出来,传统显示方法是应用 VC++进行开发,在这种环境下要求编程人员有很高的编程能力并且对 VC 具有很高的认识。为了使复杂的编程简单化,利用 LabVIEW 开发能够很好地解决这一问题,它利用图形编程语言,使程序简单易懂。

6.6.2 图像采集过程简述

图像采集的过程也就是图像采集板卡对来自 CCD 的标准视频信号(PLA 制式)进行 A/D 转换的过程,将量化后的数据通过 PCI 总线传入计算机内存,然后通过编制的运用程序读取。

如图 6-13 所示,模块实现的功能是把由摄像头输入的模拟视频转换成 BT.656 标准的视频数据流。在本系统中,摄像头输出的 PAL 制的模拟视频,通过 CVBS 接口输入到 ADV7181B 中。与视频解码器的接口分为数据接收部分和控制部分。数据接收部分的数据宽度为 8 位,D0~D7;控制部分即 I^2C 模块,接口为 SCLK 和 SDA。视频信号采集模块(FPGA+SRAM),其功能为:BT.656 数据传输到 FPGA 以后,FPGA 要对输入的数据进行预处理,再传送给 DSP 进行处理。预处理的目的是把 BT.656 数据流中的 Y、Cb、Cr 信号分别提取出来,用 SRAM 作缓存,再传送给 DSP 进行处理。FPGA 中主要有三个接口:与视频解码器的接口,与 DSP 的接口以及与 SRAM 的接口。

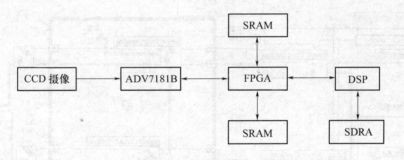

图 6-13 图像采集模块

对采集的数据,可以采用下面的图像缓存方案:FPGA 把获得的一帧图像的数据保存在 SRAM 中,同时 DSP 从另外一块 SRAM 中读取数据。这样,在第一次采样时,FPGA 将把从 ADV7181B 中获得的数据保存到 SRAM 中,此时 DSP 处于等待状态。第一次采样结束后,DSP 与 FPGA 进行总线切换,分别连接到与上次不同的 SRAM 上,此时 DSP 开始读数据,FPGA 开始采数据。每当 DSP 与 FPGA 完成各自任务时,DSP 与 FPGA 进行总线切换,交换连接的 SRAM,从而实现帧的连续采集。

6.7 声音模块

LabVIEW 提供了许多用 Windows 底层函数编写的声音操作函数。这些函数在编程—图形与声音—声音中,如图 6-14 所示。

用这些函数可以直接编写出声音采集及播放程序,如图 6-15 所示。

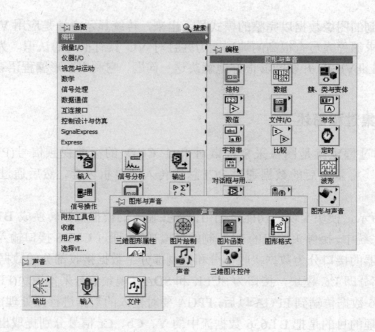

图 6-14 声音函数

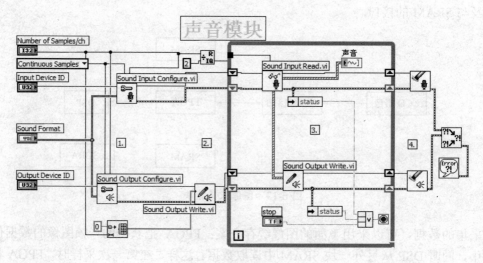

图 6-15 声音采集模块

6.8 网络通信

  实现远程实验室的基础构架由服务器和客户端两部分组成。一般来说,作为发布 VI 的网络服务器,服务器端需要安装有 LabVIEW(专业开发版或者完整开发版)开发环境(不过下面会讲到对于某些情况也有例外);而对于客户端来说,虽然不必安装 LabVIEW 开发环境,但至少需要安装 LabVIEW Runtime Engine,并且要求 LabVIEW Runtime Engine 的版本要与服务器所安装的 LabVIEW 版本一致。

  下面在 LabVIEW 8.5 中,分别介绍服务器端运行和客户端独立运行这两种方式在技术方面的实现细节。

1. 服务器端运行的远程实验室构架和配置

这种发布方式是基于LabVIEW的远程前面板(Remote Panel)技术,即VI运行在服务器端,客户端通过网页浏览器与服务器上 VI 的前面板进行交互。这种发布方式的优点在于简单易用,可以用 LabVIEW 直接生成 HTML 网页以供客户端链接;而且所有的程序均运行于服务器,对于客户端的要求较低。下面,我们先以软件共享的远程实验室为例,逐步介绍这种方式构建远程实验室的细节,之后再进一步扩展到硬件共享的远程实验室配置。

2. 软件共享的远程实验室配置

1) 准备 VI

在服务器端的计算机上,首先在 LabVIEW 中将要发布的 VI 准备好,其前面板如图 6-16 所示。

图 6-16　程序前面板

2) 配置服务器端的LabVIEW作为网络服务器

默认情况下,LabVIEW的网络发布功能是关闭的,所以需要选择【工具】→【选项】→【Web服务器:配置】来开启这一功能。如图6-17所示。

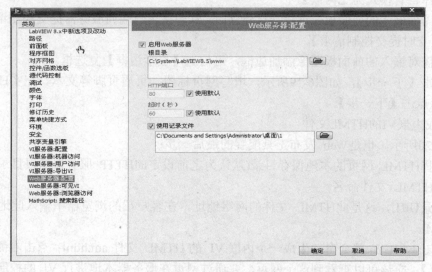

图 6-17　配置 Web 服务器

(1) 勾选"启用Web服务器"。
(2) 注意所使用的HTTP端口(默认为80，可以更改)。
(3) 选择用于存放即将生成的HTML文件的根目录。
(4) 点击【确定】。

经过以上的配置，当客户端在浏览器中通过上述HTTP 端口访问服务器上的HTML 时，便会直接到所配置的根目录下寻找相应的HTML 文件。

3) 自动生成内嵌VI 的HTML

如图6-18所示，选择【工具】→【Web发布工具】，在对话框中选择VI 在HTML 网页中的显示方式等：

(1) 选择想要发布的VI。

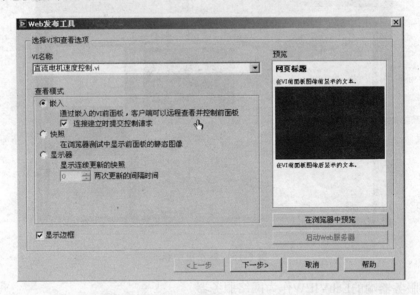

图 6-18　配置VI生成HTML网页选项

(2) 选择查看模式为【内嵌】。
(3) 如需使嵌入的前面板在远程连接建立时，立即从客户端向服务器提交控制请求，可勾选【连接建立时提交控制请求】。
(4) 如需对嵌入的前面板图像添加边框，可勾选【显示边框】复选框。
(5) 点击【下一步】，如图6-19所示，填写网页标题、页眉页脚等文本，充实HTML中的内容，然后点击【下一步】。

4) 生成内嵌VI的HTML文件

如图6-20所示，也是Web 发布工具配置的最后一步：

(1) 选择HTML 网页的本地保存目录(默认为之前设定的HTTP 服务器的根目录)。
(2) 为HTML 文件命名。
(3) 记录URL，这是此HTML 文件的网络地址，在客户端的浏览器中输入此地址即可链接至此HTML。

这样，LabVIEW 就会自动生成一个内嵌 VI 的 HTML 文件 am.html；点击右侧的【在浏览器中预览】，应该可以查看到这个网页，并通过网页在服务器本地进行 VI 的控制和显示。

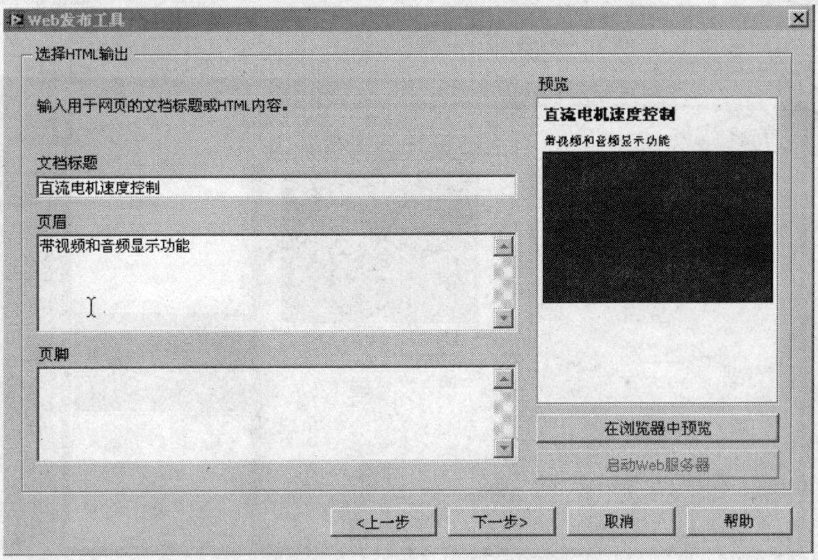

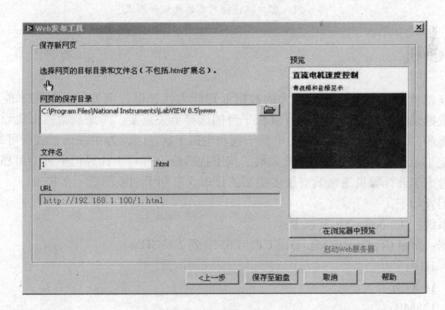

图 6-19 配置 VI 生成 HTML 网页名称

图 6-20 配置 VI 生成 HTML 网页地址

5) 从客户端机器访问已生成的 HTML 网页

注意：在访问服务器上的程序之前，一定要保证服务器上 LabVIEW 开发环境和程序都已经打开(不一定要运行)。

客户端在局域网内，可以直接在客户端的浏览器中输入上一步中产生的 URL，即可连接至刚刚生成的 HTML 文件。此时，如果客户端计算机中没有安装好 LabVIEW Runtime Engine，那么浏览器会提示下载并安装。当正确安装对应版本的 LabVIEW Runtime Engine 之后，重新刷新网页，即可在网页中看到程序的前面板窗口，如图 6-21 所示。可右键点击页面，请求并获取 VI 的控制权，进行相应的控制操作。

图 6-21　客户端连接网页的构架和形式

6.9　PC 机

虚拟仪器就是用通用计算机强大的数据处理能力代替以往需要硬件电路才能完成的功能，所以数据采集系统软件运行的计算机平台的选择至关重要。考虑到数据采集设备通常运行在工业现场，常常有较强的振动、电源干扰和电磁干扰，因此为了保证记录仪可靠地运行，设计时选定工业计算机。工业计算机采取了抗干扰措施，有利于计算机平台的可靠运行。另一方面是考虑工业计算机通常具有很多类型的接口，有利于功能的进一步扩展。

推荐配置如下：

操作系统：Windows XP 及以上；

处理器：Intel (R) Core (TM)2 Duo CPU E6550 @ 2.33GHz；

内存：1GB；

硬盘：160GB；

显卡：128MB。

6.10　软件系统设计

该系统软件大致可分为系统登录、直流电机转速控制、图像采集、声音采集、历史数据、网络通信等部分。

6.10.1　系统登录

系统登录主要用于限制用户权限。该部分包括用户登录、进入系统、用户管理、修改密码、退出系统。

系统登录程序如图 6-22 所示。

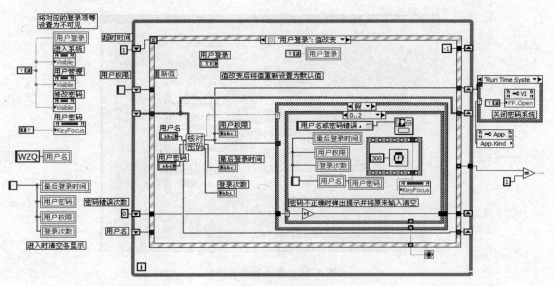

图 6-22　系统登录程序

系统登录流程如图 6-23 所示。

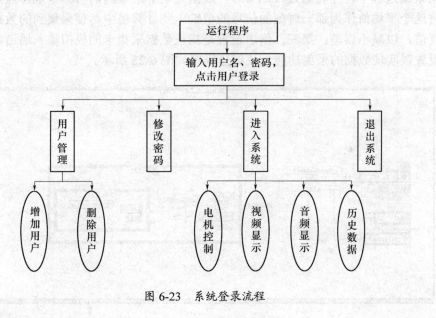

图 6-23　系统登录流程

系统登录前面板见图 6-24 所示。

6.10.2　直流电机转速控制

直流电机转速控制是本次研究的主体，主要包括参数设定、速度测控、实时显示三个部分。

1. 参数设置

该部分主要是数据采集的一些参数的设置，如采样率等。这里有几点需要注意：第一，采样率的设置要参考数据的实际频率，一般与数据的实际频率相等，这样出来的波形和信号

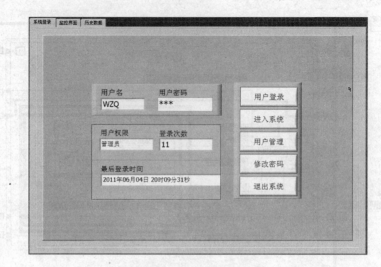

图 6-24　系统登录前面板

同频率，失真度小；第二，进行平均的点数，表示数据采集时有一个软件滤波的设置，就是说在数据采集过程中程序将通过 PCI-6014 数据采集卡采集到的 10 个采样点数据进行了平均，再将这个平均值作为那一时刻的信号的值输入到计算机中，使采集到的数据尽可能地接近实际真值，以减小误差；第三，信道设置是指在数据采集卡的模拟输入通道，选择对通道的具体设置以实现数据的采集功能。该部分程序如图 6-25 所示。

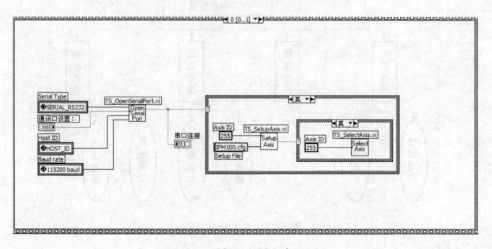

图 6-25　电机控制模块参数设定

2. 速度测控

该部分包括电机速度信号采集和速度控制两部分。信号采集是对某个时刻实际速度值的采集，速度控制是操作员根据需要给电机设定的转速值。在这个控制过程中还设有加速度这一项，用来控制电机达到设定速度的时间。

该部分程序如图 6-26 所示。速度测量与控制的转换关系见图 6-27。

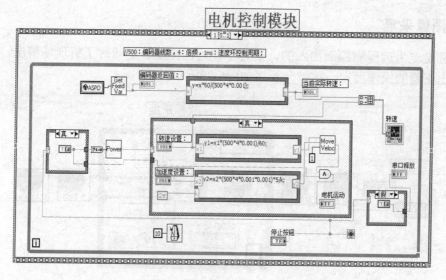

图 6-26　直流电机转速测量与控制

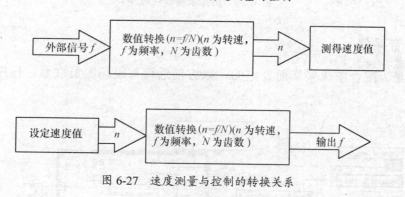

图 6-27　速度测量与控制的转换关系

3. 实时显示

这部分主要包括速度曲线和速度的显示面板，从图6-28所示的显示器下面的数据显示框中的【当前实际转速】可以得出当前速度的值。从速度曲线图6-28的显示器窗口中可以观察到信号在最近一段时间的变化趋势，其纵坐标代表速度值，横坐标则反映速度随时间的变化规律。

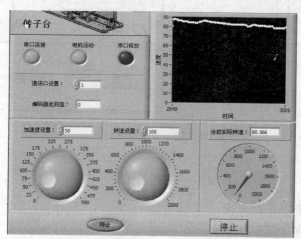

图 6-28　直流电机转速控制显示界面

6.10.3 图像采集

这部分是专为远程测控而加入的。是为了使远程控制者能随时了解现场情况,并根据现场情况做出正确的操作而定。这部分程序如图6-29所示。

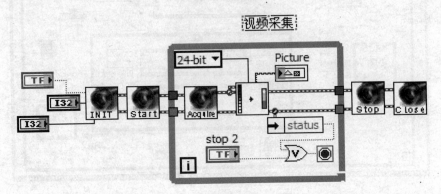

图 6-29 图像采集模块程序

6.10.4 声音采集

这部分是为配合图像采集而设定的,以方便远程与现场人员联系。程序图如图 6-30 所示。

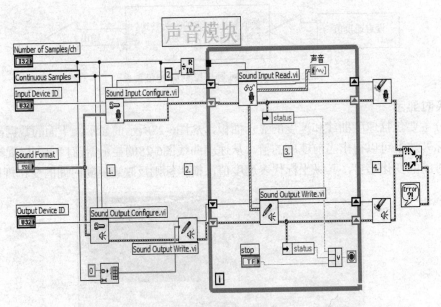

图 6-30 声音模块程序

6.10.5 历史数据

该部分分为采集和显示两方面。

数据采集部分程序如图6-31所示。

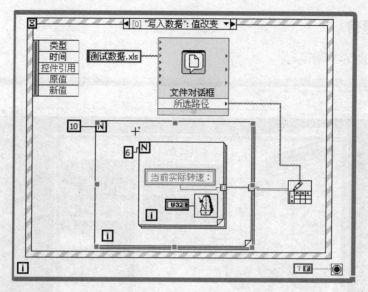

图 6.31　电机转速采集程序

图 6-32 给出了数据显示程序。

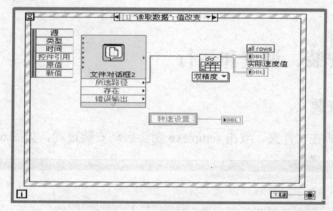

图 6-32　数据显示程序

历史数据前面板见图 6-33。

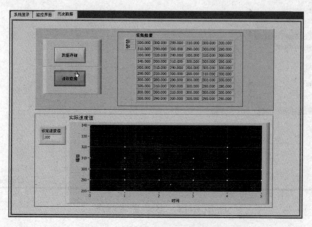

图 6-33　历史数据前面板

6.10.6 网络通信

生成实例如图 6-34 所示。

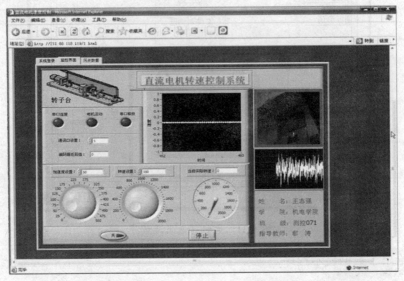

图 6-34 网络通信实例图

6.11 程序安装、调试和运行

6.11.1 程序的安装

找到安装程序所在文件夹，双击 setup.exe 则会启动安装过程，如图 6-35 所示。

图 6-35 启动安装程序

在安装程序初始化完成后，会弹出安装目录，如图 6-36 所示，按要求填写好安装目录。

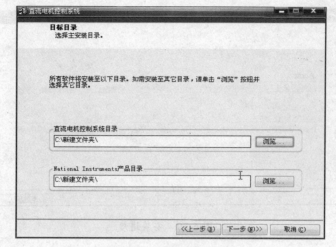

图 6-36　填写安装目录

查看并接受许可协议，如图 6-37 所示。

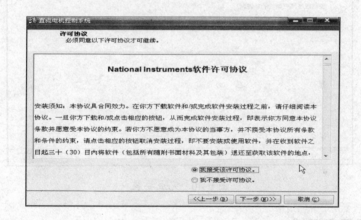

图 6-37　接受许可协议

点击【下一步】，开始安装，如图 6-38 所示。

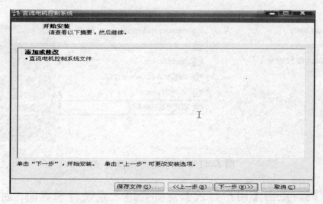

图 6-38　开始安装

点击【下一步】后会出现安装进度条(图 6-39)，待进度条读完后点击【完成】即可(图 6-40)。

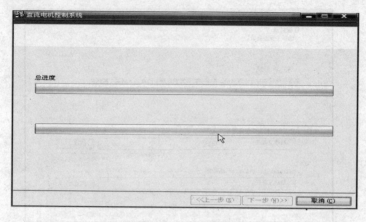

图 6-39 安装进度

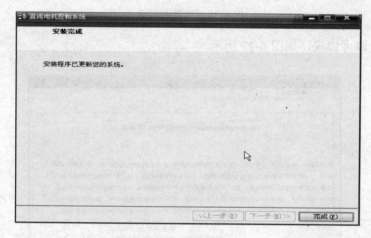

图 6-40 完成安装

6.11.2 现场运行和调试

点击程序快捷方式图标，如图 6-41 所示，进入程序运行界面，如图 6-42 所示。

图 6-41 程序运行快捷方式

输入用户名及密码，点击【用户登录】，则会进入系统管理界面，如图 6-43 所示，在此界面可进行用户管理、修改密码、进入系统、退出系统的操作。

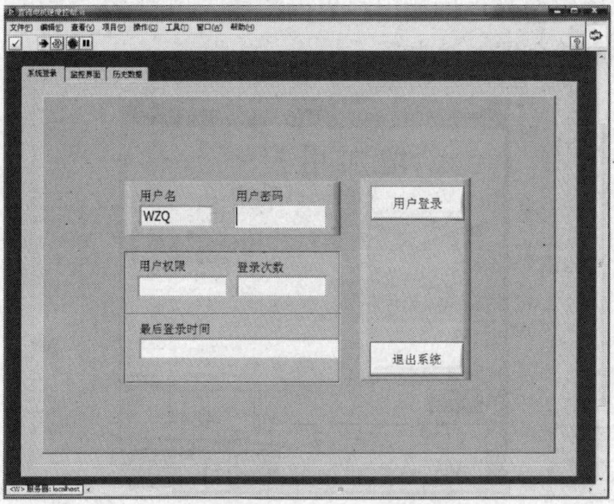

图 6-42 程序运行界面

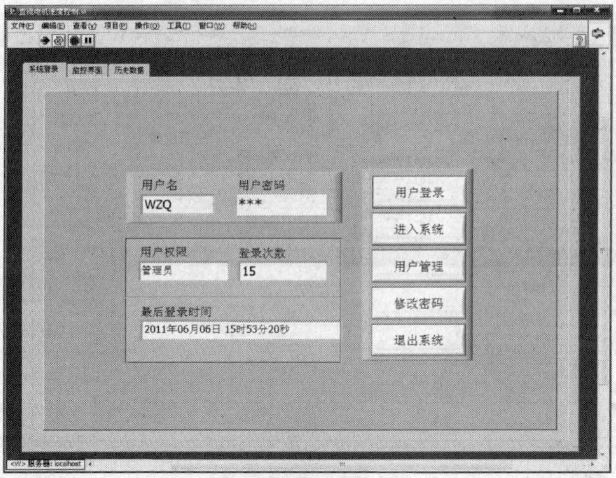

图 6-43 系统管理界面

在系统管理界面中点击【用户管理】，会进入用户管理界面(图 6-44)，在此界面可增加和删除用户(图 6-45 和图 6-46)。

图 6-44 用户管理界面

点击【增加用户】按钮会弹出增加用户界面，输入用户名、密码，选择用户权限然后点击【确认】，则新的用户就会被加进去。

图 6-45 增加用户

要想删除用户，只需在用户管理界面选中要删除的用户，点击【删除用户】即可。

图 6-46 删除用户

要想修改密码，在系统管理界面点击【修改密码】按钮，在弹出的修改密码界面(图 6-47)中输入新密码，点击【确认】即可。

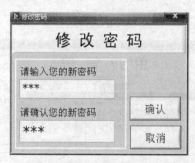

图 6-47 修改密码

要想对系统进行操作，必须点击进入系统按钮。在此之后，监控界面如图 6-48，及历史数据界面如图 6-49 才会有用。

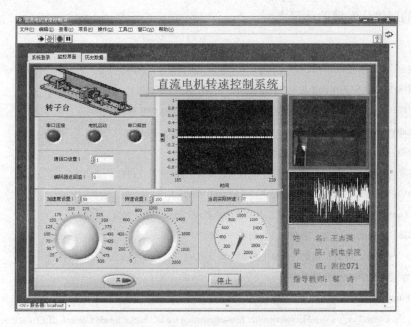

图 6-48　监控界面

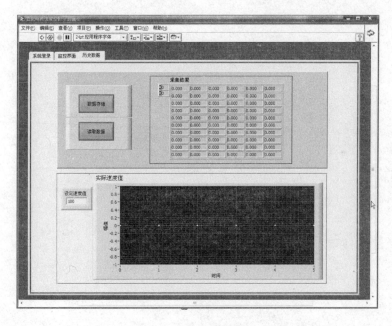

图 6-49　历史数据界面

6.12　结论

　　本项目使用虚拟仪器技术设计了直流电机的转速的数据采集、数据库管理及远程控制,实现了一个从物理信号到远程终端访问的多通道数据采集控制系统。

　　随着网络技术的飞速发展和远程测控的实际需要,以 PC 机或工作站为平台,运用虚拟仪器技术实现实用的测控系统将成为仪器和测试技术发展的一个重要方向,本书的项目设计正是测控技术的网络化发展的体现之一。

参考文献：

[1] 拉希德，陈建业，杨德刚.电力电子技术手册[M].北京：机械工业出版社，2004.

[2] 陈锡辉，张银鸿.LabVIEW 程序设计从入门到精通[M]. 北京：清华大学出版社，2007.

[3] 余成波，冯丽辉，潘盛辉，等. 虚拟仪器技术与设计[M]. 重庆：重庆大学出版社，2006.

[4] 汪敏生，等.LabVIEW 基础教程[M]. 北京：电子工业出版社，2002：1-20.

[5] 国家机械工业委员会.电机原理[M].北京：机械工业出版社，1988.

[6] 施佩特，许实章，陶醒世.电机：运行理论导论[M].北京：机械工业出版社，1983.

[7] 周琴.基于 LabVIEW 的直线电动机数据采集技术，微特电机，2010.3.

[8] 孙春龙. 基于 LabVIEW 多通道数据采集分析系统开发[D]. 武汉：武汉大学，2004.

[9] 张建民. 传感器与检测技术. 北京：机械工业出版社，1996.

[10] 陈实，查美生，李胜强，等.虚拟仪器的网络化测控技术. 电力建设，2002，23(5).

[11] 张启超.基于虚拟仪器的电机转速检测系统. 襄樊学院学报，2006，27(5).

[12] L. A. Zadeh. Fuzzy Sets. informat Control，1965(8)：338-353.

[13] Y. Tipsuwan，Y. Chow. Fuzzy LogicMicrocontroller Implementation for DC Motor Speed Control. IEEE，1999.

第七章 基于 HT46RU232 的快速路智能交通控制系统

【学习目的】
通过本章内容的学习，可以使学生对单片机在智能交通控制器中的应用有一个深入的认识，掌握单片机系统设计方法(包括硬件设计方法和软件设计方法)和调试方法。重点内容包括单片机最小系统、智能交通显示驱动、串口通信、故障检测模块、系统复位和状态存储模块、测光及调光系统等模块的软硬件设计。

7.1 快速路智能交通系统

7.1.1 总体概述

随着社会的发展，交通事故、交通堵塞、环境污染和能源消耗等问题日趋严重。因此提高城市路网的通行能力，实现道路交通的科学化管理迫在眉睫。智能交通系统(Intelligent Transportation System，ITS)在这种背景下应运而生，目的是充分发挥现有交通基础设施的潜力，提高运输效率，保障交通安全，缓解交通拥挤。

快速路交通信号控制系统如图 7-1 所示，由车道交通信号控制、入口匝道交通信号控制、出口匝道交通信号控制、与快速路相关的平面交叉口交通信号控制 4 部分组成，4 部分是统一的整体，可以有效地协调控制。通过对快速路及其相关辅路行驶的机动车流量、速度的控制，均衡快速路及其辅路的交通流量，以达到快速路系统交通安全、畅通、有序、快速的目标。信息采集系统利用雷达监测各个路段的车辆情况，并汇总到控制室的中心平台。客户端首先分析车辆的分布情况，然后发送控制信号到快速路的各个系统的信号机，再由信号机控制信号灯，完成对快速路系统的统一协调控制。主控室和信号机的通信采用公共专用网络，每个信号机配有固定的 IP 号，并附加密码保护，保证了信号机和上位机的可靠通信。信号机和信号灯采用 RS-485 通信，每台信号机可以控制多个信号灯。

本案例主要介绍车道灯控制器的设计，也称为快速路智能交通控制器设计，主要包括单片机的硬件、软件设计、调试和结果等内容。

7.1.2 总体方案

通过快速路车道灯控制实现对快速路主路车道的通行与关闭，并实现对车辆的速度诱导，其目的是当快速路主路出现因交通事故、故障车辆或其他紧急突发事件造成部分车道被占用时，引导车辆安全变更车道，并随时提示主路不同车道的驾驶员按照该车道限制车速安全驾驶。

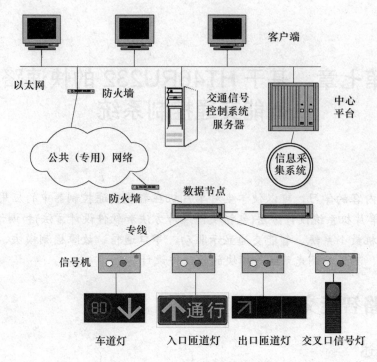

图 7-1 交通信号职能控制系统

1. 设计要求及功能

(1) 通信功能。能通过 RS485 与上位机进行通信，同时具有通信故障检测功能。

(2) 控制功能要求。能够根据上位机指令实现信号灯的控制。

(3) 故障监控功能要求。具备完备的故障监测和自诊断功能，发现故障后应该采取适当的措施以确保交通信号的安全，并向上级控制计算机发出故障警示信号。

(4) 调光功能。可根据需要增加夜间调光功能，在此功能下根据要求可自动开始及终止调光控制。进行调光控制时信号灯的光强应下降 25%～50%。

(5) 记忆功能。保证每次上电时，信号灯能显示断电前的状态。

(6) 快速路交通信号控制系统采用模块化结构，具有可扩展性，技术先进、功能完善、结构开放等特点。

(7) 主电源额定电压：AC 220V±44V、50Hz±2Hz，长期露天工作，使用的环境温度为 $-20℃\sim+70℃$。

2. 总体设计方案

根据设计要求和控制器的功能要求，该控制器系统的总体框图如图 7-2 所示。智能交通控制器能与上位机进行通信，并根据上位机指令对信号灯进行控制。

信号机作为上位机定时发送监控命令，轮询各个控制器和信号灯，上位机发出监控命令后等待控制器的应答。控制器处于侦听状态，在接收到地址码后，立即判断是否在呼叫自己；如果不是，则不予理睬；如果是，则继续接收下面的数据。接收完 1 个上位机监控命令后先进行校验，如果校验正确则解析、接收监控命令，并根据命令做出应答；如果校验不正确则回送出错信息要求重发。上位机发出的监控命令通过 RS-485 网络上传播，控制器接收到监控命令后，进行分析并将应答信息送至 RS-485 网络，由控制器的 RS-485 串行通信端口接收。

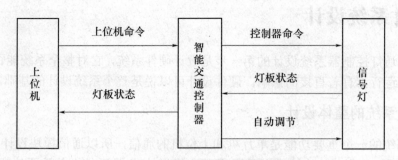

图 7-2 交通灯控制系统总体框图

智能交通控制器以单片机为控制核心,采用串口通信技术,通过上位机发送交通指挥信息,单片机接收到信息并经过处理后,通过信号灯来显示上位机发送的交通信息。系统通过 A/D 来采集灯板的当前状态以判断信号灯是否有故障;通过外部存储器来存储显示信息,以备在停电时能将显示信息存储在外部存储器,在来电后显示停电前信息,系统通过低电压检测电路来检测电源电压,当电压过低时能及时复位单片机,通过温度传感器来检测控制器的温度,当由于外部因素造成控制器温度过高时,可在上位机显示报警,系统还具备上位机控制信号灯亮度的功能。

图 7-3 是信号灯工作的 9 种状态显示。

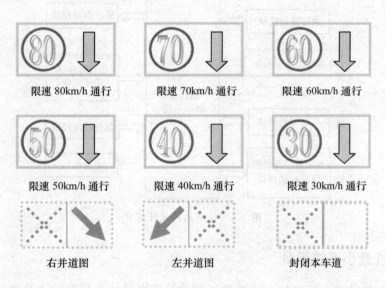

图 7-3 信号灯运行状态

在一般的控制系统设计中,首先是了解系统设计的需求,然后在综合考虑各种因素的条件下给出设计方案。总体设计方案经过论证可行后,进行下一步的具体设计,主要有硬件设计和软件设计,最后是试验和调试,调试分模拟调试、现场调试和联机调试。笔者认为调试是一个重要环节,任何理论的设计必须经过实践检验才能在实践中正常应用,因此设计过程中留出足够的调试时间非常必要。以下内容按照设计的基本步骤进行,即先介绍硬件系统设计,再介绍软件系统设计,最后介绍调试和结果。

7.2 硬件系统设计

快速路交通灯控制器系统设计的第一步是设计硬件系统,它对整个系统能否实时、准确、高效、稳定的运行都有着直接的影响。硬件设计可以说是整个系统设计的基础。

7.2.1 硬件系统的整体设计

考虑到系统的一个重要功能是单片机和上位机的通信,所以通信模块设计是本系统硬件设计的重要部分;同样,单片机最小系统(包括电源模块)也是系统至关重要的部分;信号灯的显示部分有数字和图形两种显示方式,均由高亮度发光二极管通过串并联实现,这些需要较大的功率输出,因此要设计系统的数字和图形驱动模块。这是系统的大体框架,但实际产品对可靠性设计要求非常高,为使系统能够更可靠、更稳定地运行,系统还需增加故障检测模块。故障检测模块包括信号灯状态检测、电源电压检测、温度检测以及系统复位电路,以保障该系统能在快速路上准确、稳定地运行。同时为了防止停电造成数据丢失,还要给系统增加外部数据存储模块,使控制器具有记忆功能。当今社会大力倡导节能减排,为了响应节能的号召,系统增加了自动调光模块,使系统能根据室外光强度自动调节信号灯的亮度。

系统硬件设计的框图如 7-4 所示。

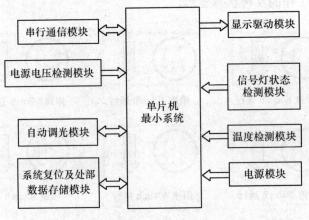

图 7-4 控制器的硬件设计

7.2.2 单片机最小系统设计

目前单片机的种类有很多种,一般的工程设计根据具体产品的设计要求和自己对单片机的熟悉程度来选择。"盛群"杯大学生单片机应用设计竞赛目前在高校比较盛行,但是对其单片机的介绍书籍较少,因此这里我们以中国台湾地区盛群半导体股份有限公司生产的单片机 HT46RU232 为例介绍。

1. HT46RU232 概述

HT46RU232 是盛群半导体公司生产的 8 位高性能精简指令集单片机,专门为需要 UART 串行通信和 A/D 转换产品而设计,具有低功耗、I/O 使用灵活、可编程分频器、计数器、振荡类型选择、多通道 A/D 转换、脉宽调制功能、I^2C 接口、UART 总线、暂停和唤醒功能。这款单片机可以广泛应用于传感器的 A/D 转换、马达控制、工业控制、消费类产品, 以及电子系统控制器等。

HT46RU232 的内部资源非常丰富, 具有 40 路 I/O 接口, 8 路 12 位 A/D 转换接口, 3 个定时/计数器, 4 个 PWM 脉冲发生器, 且具有 I^2C 接口和 UART 总线接口。对于 HT46RU232 丰富的内部资源以及具体的引脚名称、功能请参考 HT46RU232 芯片的有关资料。

2. HT46RU232 电源设计

单片机正常工作需要+5V 电源供电, 为保证产品可靠性, 这里采用+5V 开关电源为单片机供电。

3. HT46RU232 振荡电路设计

单片机是一个时序机, 它的一举一动都需要时钟的推动。HT46RU232 有两种振荡方式: 外部 RC 振荡和外部晶体振荡, 如图 7-5 所示, 可以通过掩膜选项设定, 不管选用哪一种振荡方式, 其信号都可以作为系统时钟。

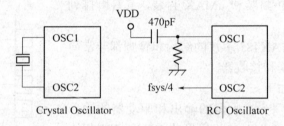

图 7-5 系统振荡器

如果选用外部 RC 振荡方式, 在 OSC1 与 VSS 之间需要接一个外部电阻, 其阻值为 30kΩ~750kΩ; 而 OSC2 上会输出带上拉的系统频率的 4 分频信号, 可用于同步外部逻辑。RC 振荡方式是一种低成本的方案, 但是, RC 振荡频率会随着 VDD、温度和芯片自身参数的漂移而产生误差。因此, 在需要精确振荡频率作为计时操作的场合, 一般不使用 RC 振荡方式。

如果选用晶体振荡方式, 在 OSC1 和 OSC2 之间需要连接一个晶体, 用来提供晶体振荡器所需的反馈和相移, 除此之外, 不再需要其他外部元件。另外, 在 OSC1 和 OSC2 之间也可使用谐振器来取代晶体振荡器, 但是在 OSC1 和 OSC2 需要多连接两个电容(如果振荡频率小于 1MHz)。

由于本系统要用到单片机的定时/计数器, 而且串行通信对时序有很严格的要求, 温度传感器 DS18B20 也要用到精确延时, 故选用晶体振荡方式, 晶振频率选为 4MHz。

7.2.3 串行通信模块设计

1. 串行通信标准选择

通常通信可以分为两种, 其一为并行传输式的通信, 另一种则为串行传输式的通信。所谓并行通信, 即是一次的传输量为 8 个位; 而串行通信则是一次只传输一个位。并行通信容易使数据出现错误, 尤其是传输线比较长的话。而串行通信不容易把数据漏失。目前串行通信比较常用的是 RS-232 和 RS-485 两种通信模式。由于 RS-232 串行通信最远距离是 50 英尺 (15.24m), 适合传输距离较近的场合。而 RS-485 适用于收发双方共用一对线进行通信, 也适用于多个点之间共用一对线路进行总线方式联网, 且传输距离远于 RS-232 串行通信, 所以此处采用 RS-485 串行通信。

RS-485 是美国电气工业联合会(EIA)制定的利用平衡双绞线作传输线的多点通信标准。它采用平衡驱动器和差分接收器的组合，抗共模干扰能力增强，即抗噪声干扰性好；最大传输距离可以达到 1.2km；最大可连接 32 个驱动器和收发器；接收器最小灵敏度可达±200mV；最大传输速率可达 2.5Mb/s。由此可见，RS-485 协议正是针对远距离、高灵敏度、多点通信制定的标准。

2．串行通信模块硬件设计

HT46RU232 具有一个全双工的异步串行通信口 UART，可以很方便地与其他具有串行口的芯片通信。这里采用符合 RS-485 标准的 MAXIM 公司生产的 MAX485，利用 RS-485 标准电平的优势，实现上位机和单片机之间的串行长距离可靠通信。

MAX485 是 MAXIM 公司生产的一款实现 RS-485 标准串行传送的接口转换芯片。采用单一电源+5V 工作，额定电流为 300μA，采用半双工通信方式。它完成将 TTL 电平转换为 RS-485 电平的功能。它采用 DIP 封装和 μMAX 封装，其管脚排列如图 7-6 所示。

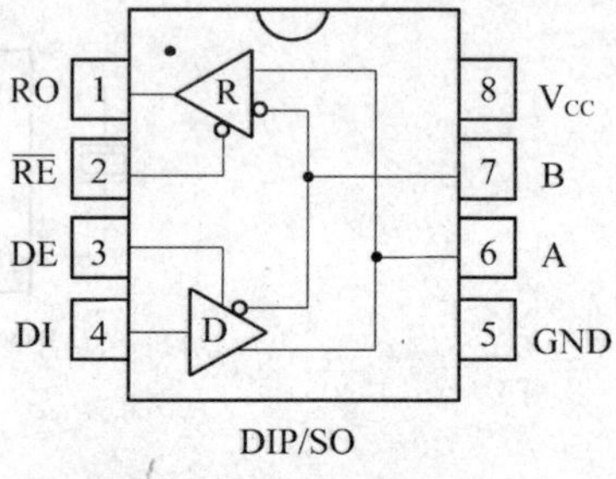

从图中可以看出，MAX485 芯片的结构和管脚都非常简单，内部含有一个驱动器和接收器。

各端口的连接介绍如下：

(1) RO 和 DI 端分别为接收器的输出和驱动器的输入端，与单片机连接时只需分别与单片机的 RX 和 TX 相连即可。

图 7-6 MAX485 管脚排列

(2) $\overline{RE}$ 和 DE 端分别为接收和发送的使能端，当 $\overline{RE}$ 为逻辑 0 时，器件处于接收状态；当 DE 为逻辑 1 时，器件处于发送状态。因为 MAX485 工作在半双工状态，所以只需用单片机的一个 I/O 端口控制这两个管脚即可。

(3) A 端和 B 端分别为接收和发送的差分信号端，当 A 管脚的电平高于 B 时，代表发送的数据为 1；当 A 端电平低于 B 端时，代表发送的数据为 0。

MAX485 芯片在与单片机连接时接线非常简单，只需要一个信号控制 MAX485 的接收和发送即可，这里我们选择 H46RU232 的 PF1 口，MAX485 的 RO 和 DI 分别连接到 H46RU232 的 PC1/RX 和 PC0/TX 引脚。同时要将 A 端和 B 端之间加匹配电阻，一般可选 100Ω 的电阻。

由于本系统的工作现场情况复杂，各个节点之间存在很高的共模电压，但当共模电压超出 RS-485 接收器的极限接收电压，即大于+12V 或小于-7V 时，接收器就再也无法正常工作了，严重时甚至会烧毁芯片。为了解决此问题，我们采用隔离电源，将系统电源和 RS-485 收发器的电源隔离，同时通过光电耦合器对 RS-485 和单片机之间的数字信号进行隔离，这样，信号的传递就通过光信号实现，没有了直接的电信号连接，隔离了干扰，彻底清除了共模电压的影响。

光电隔离采用日本东芝公司生产的高速光电耦合器 6N136。它内部封装一个红外发光管和光敏三极管，如图 7-7 所示为它的管脚和内部结构示意图。信号从脚 2、脚 3 输入，发光二极管被点亮，由片内发光通道传送到输出侧的光敏二极管，反向偏置的光敏二极管导通，经电流—电压转换后送到三极管的基极，三极管导通，经三极管反向后，光电耦合器输出低电平，反之输出高电平。光电耦合器中的三极管起放大和输出的作用。

由图 7-7 可知 6N136 的输出端是集电极开路输出端，要加上一个上拉电阻，光电耦合器才能正常工作。光电隔离器中的发光二极管所需工作电流一般为 10mA～15mA，一般 TTL 电路和 CMOS 电路的输出信号电流不足以直接驱动它，所以将输入端发光二极管的阳极通过限流电阻直接接到电源上，单片机和 MAX485 的输出信号接到输入端发光二极管的阴极。在光电耦合器的输入部分和输出部分分别采用独立的电源，使被隔离的两边没有任何电气上的联系。

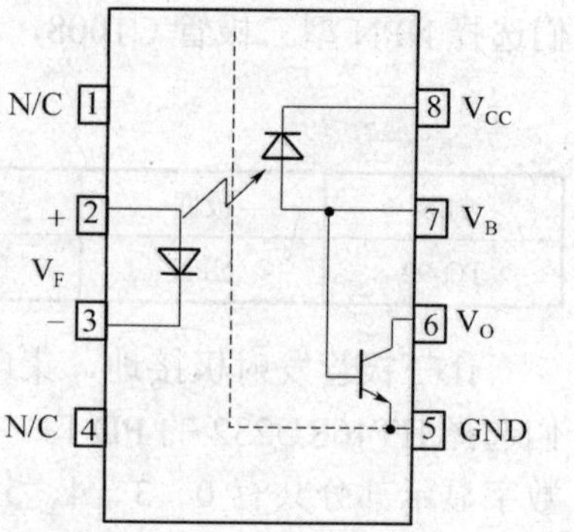

6N136 最主要的特点就是高速度，在 R_L=1.9kΩ，I_F=16mA，T_A=25℃的条件下，t_{PHL}=0.45μs，t_{PLH}=0.3μs。所以在高数字通信接口的隔离上更能显示和充分发挥其高速度的优良特性，数据的波特率可达 500Kb/s 以上。相比之下，常见的光电耦合器件 4N25、TIL117 只能做到几 Kb/s 的波特率。

图 7-7 6N136 结构原理图

串行通信模块的具体连接电路如图 7-8 所示。

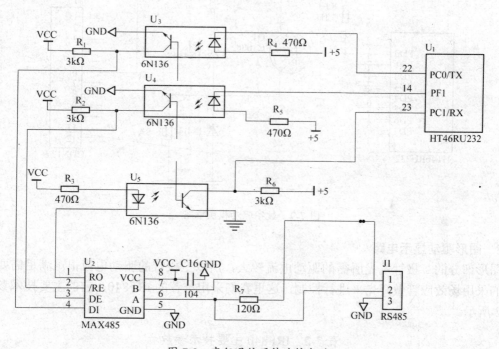

图 7-8 串行通信硬件连接电路

7.2.4 显示驱动模块设计

系统显示部分的信号灯有数字和图形两种，采用+36V 电源驱动，而且数字和图形的所需电流不同，因此要分别设计系统的数字和图形驱动模块。

1. 数字驱动显示电路

信号灯上数字部分的二极管发光所需的驱动电流较小，所以我们采用三极管做开关来进行控制。

三极管在饱和导通状态时，CE 极间相当于"短路"，即呈"开"的状态，由于数字显示部分的负端为控制端，所以集电极和发射极必须有一个接地，一个接数字的控制端。这里我们选择 NPN 型三极管 C1008，它的主要参数如表 7-1 所示。

表 7-1 C1008 主要技术参数

封装	极性	功能	耐压	电流	功率	频率
TO-92	NPN	通用	80V	0.7A	0.8W	50MHz

让三极管发射极接地，集电极连接数字的控制端，基极与单片机的 I/O 口相连，这里我们选择 HT46RU232 的 PD 口。为了增加 PD 口对三极管的驱动能力，在 PD 口外加上拉电阻。数字显示部分共有 0、3、4、5、6、7、8 这 7 个数字需要显示，所以只需要 PD0～PD6 这 7 个 I/O 口去控制 7 个三极管 C1008 的开关即可。基本连接电路图如图 7-9 所示。这里我们仅给出一路的连接图，其余与此相同，不予赘述。

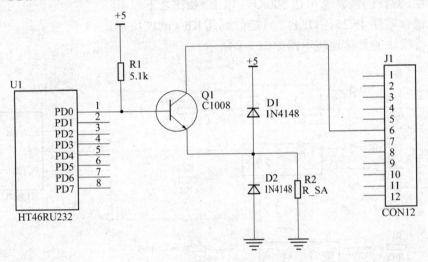

图 7-9 数字驱动模块电路

2. 图形驱动显示电路

图形部分的二极管发光所需的驱动电流较大，所以三极管的驱动电流很难满足需要。因此我们采用场效应管做开光来进行控制，这里我们采用推荐的 IRF840，它的主要技术参数如表 7-2 所示。

表 7-2 IRF840 主要技术参数

沟道材料	封装	漏源击穿电压	最大漏源电流	最大耗散功率
N沟道	TO-220AB	500V	8.0A	125W

场效应管 IRF840 的栅极与单片机的 I/O 口相连，作为控制引脚；源极与图形的控制端相连，漏极接地。这里单片机的 I/O 口选择 PA 口。图形显示部分共有限速、左并道、左信号灯禁行、直行、右并道、右信号灯禁行等 6 个图形要显示，所以只需要 PA0～PA5 这 6 个 I/O 口去控制场效应管 IRF840 的开关即可。单片机 I/O 口的输出电流有限，无法直接驱动场效应管，所以需外加放大电路。这里采用高耐压、大电流达林顿阵列驱动芯片 ULN2003。具体的硬件连接电路如图 7-10 所示，这里也仅给出一路的原理图。

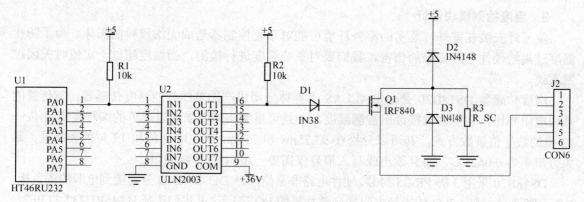

图 7-10 图形驱动模块电路

7.2.5 故障检测模块设计

故障检测模块包括信号灯状态检测、温度检测、电源电压检测,以保障该系统能在快速路上准确、稳定、可靠地运行。由于电源电压检测和外部数据存储可以采用同一款芯片完成,所以电源电压检测模块和外部数据存储模块将在系统复位和状态存储模块中介绍。

1. 信号灯状态检测电路设计

信号灯状态检测即检测信号灯上显示信息是否发生错误或故障,如信息显示不全或显示错误信息等。

信号灯上的信息是通过发光二极管按照一定顺序排列成数字和图形的,且每一个数字和图形各为一路,即每一个数字和图形的二极管成串联形式。二极管在发光的时候,必然会有电流,通过串联一个电阻,我们便可以得到电阻上的电压。当某一路发生断路时,电路的电流为 0,电阻上电压也为 0;当某一路发生短路时,电流便会增大,同时电阻上电压也会增大。通过检测电阻上电压值的大小,并与已知正常值比较,来判断信号灯状态是否正常。

检测方法一般有两种:模拟法和数字法。模拟法即通过比较器与一个已知电压进行比较。这种方法在实际应用中并不可取,因为电阻值受温度影响很大,检测误差非常大。数字法即用 A/D 转换,将模拟的电阻电压值转换成数字量(同时进行温度补偿),通过程序将信号灯正常工作时转换的数字量与其他时刻的转换值进行比较,以此来判断信号灯状态是否正常。这样,就解决了由于温度变化很难确定基准电压的难题。由于三极管发射极电阻上分压很小,所以电压需放大后再进行 A/D 转换。我们选用 LM358 双运算放大器,对采样电压进行放大,放大后接到 TLC1543 的模拟量输入端。具体的连接电路如图 7-11 所示。

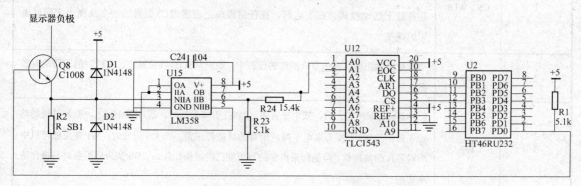

图 7-11 信号灯状态检测电路

2. 温度检测模块设计

信号灯安装在室外,恶劣的室外环境可能对系统控制器造成无法预料的损坏。为了防止温度过高给硬件电路带来的伤害,我们要对系统温度进行检测,当温度超过一定值时关闭控制系统。

温度传感器 DS18B20 是由 DALLAS 半导体公司生产的单线智能温度传感器。与传统的热敏电阻相比,它能够直接读出被测温度,并且可根据实际要求通过简单的编程实现 9 位~12 位的数字值读数方式。其可以分别在 93.75ms 和 750ms 内完成 9 位和 12 位的数字量,最大分辨率为 0.0625℃,而且读出或写入信息仅需要一根口线(单线接口)。

DS18B20 采用 3 脚 PR-35 封装,硬件电路非常简单,VDD 和 GND 分别接到电源的正负极,DQ 引脚通过一个 4.7kΩ 的上拉电阻接到单片机的 I/O 口,这里我们选择 HT46RU232 的 PF2。

7.2.6 系统复位和状态存储模块设计

由于系统在工业现场等恶劣的环境下容易造成死机,要求系统在这些场合可靠稳定地工作,就必须外加监视电路。X5045 是在单片机系统中广泛应用的一种看门狗芯片,它把上电复位、看门狗定时器、电压监控和 E2PROM 4 种常用功能组合在单个芯片里,以降低系统成本,节约电路板空间。其看门狗定时器和电源电压监控功能可对系统起到保护作用;512×8 位的 E^2PROM 可用来存储信号灯的显示信息,以备停电时不会造成信息的丢失。

X5045 的管脚排列如图 7-12 所示,共有 8 个引脚,各引脚的功能如表 7-3 所示。

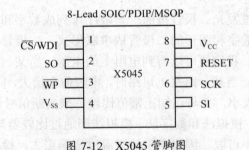

图 7-12 X5045 管脚图

表 7-3 X5045 引脚功能说明

引脚号	名 称	功能说明
1	$\overline{CS}$ $\overline{WDI}$	芯片使能信号输入端,低电平有效。当其为高电平时,芯片不被选择,SO脚为高阻态,除非一个内部的写操作正在进行,否则芯片处于待机模式;当引脚为低电平时,芯片处于活动模式,在上电后,在任何操作之前需要CS引脚的一个从高电平到低电平的跳变
2	SO	串行数据输出端,在一个读操作的过程中,数据从SO脚移位输出。在时钟的下降沿时数据改变
3	$\overline{WP}$	E^2PROM写保护输入端,低电平有效。当WP引脚为低时,芯片禁止写入,但是其他的功能正常。当WP引脚为高电平时,所有的功能都正常。当$\overline{CS}$为低时,WP变为低可以中断对芯片的写操作。但是如果内部的写周期已经被初始化后,WP变为低不会对写操作造成影响

(续)

引脚号	名称	功能说明
4	VSS	接地端
5	SI	串行数据输入端，所有的操作码、字节地址和数据从SI脚写入，在SCK时钟上升沿时，数据被锁定
6	SCK	串行时钟输入端，控制总线上数据输入和输出的时序
7	RESET	复位信号输出端
8	VCC	电源端

X5045 集上电复位、低电压检测、看门狗定时器和 SPI 串行存储器 4 种功能于一身，对于它们的工作原理，介绍如下。

1．上电复位

X5045 加电时会激活其内部的上电复位电路，从而使 RESET 引脚有效。该信号可避免系统微处理器在电压不足或振荡器未稳定的情况下工作。当 VCC 超过器件的 Vtrip 门限值时，电路将在 200ms(典型)延时后释放 RESET 以允许系统开始工作。

2．低电压检测

系统工作时，X5045 会对电源电平 VCC 进行监测，若电源电压跌落至预置的最小 Vtrip 以下时，系统即确认 RESET 有效，从而避免微处理器在电源失效或断开的情况下工作。当 RESET 被确认后，该 RESET 信号将一直保持有效，直到电压跌到低于 1V。而当电源电压恢复正常并超过 Vtrip 达 200ms 时，系统重新开始工作。

3．看门狗定时器

看门狗定时器的作用是通过监视 WDI 输入来监视微处理器是否激活。由于微处理器必须周期性地触发 $\overline{CS}$ WDI 引脚以避免 RESET 信号激活而使电路复位，所以 $\overline{CS}$ WDI 引脚必须在看门狗超时时间终止之前受到由高至低的脉冲信号触发。

4．SPI 串行存储器

X5045 除了以上几个功能以外，还有一个基本功能就是作为 E^2PROM 数据存储器使用，X5045 芯片内部具有 512×8 位的串行 E^2PROM，可以擦写 10 万次以上，内部数据可以保存 100 年以上。

X5045 主要是通过一个 8 位的指令寄存器来控制器件的工作，其指令代码通过 SI 输入端写入寄存器。当 $\overline{CS}$ 变低以后，SI 线上的输入数据在串行时钟 SCK 的上升沿被锁存；从芯片读取的数据从 SO 引脚串行移出，并在 SCK 的下降沿输出。在整个工作期内，$\overline{CS}$ 必须是低电平且 $\overline{WP}$ 必须是高电平。如果在看门狗定时器预置的溢出时间内没有总线活动，通常指 $\overline{CS}$ 引脚电平变化，那么 X5045 将提供复位信号输出以保证系统的可靠运行。X5045 内部有一个"写使能"锁存器，在执行写操作之前该锁存器必须被置位，在写周期完成之后，该锁存器自动复位。X5045 还有一个状态寄存器，用来提供 X5045 状态信息以及设置块保护和看门狗的定时周期。对芯片内部寄存器的读写均按照一定的指令格式进行，这些指令被组织成一个字节(8bit)，表 7-4 为 X5045 的指令格式。它们都是通过 SPI 总线写入芯片的，所有指令、地址、数据均以高位在前的方式串行传送。

表 7-4 X5045 的指令寄存器

指令名称	指令格式	操作
WREN	0000 0110	设置写使能锁存器(允许写操作)
WRDI	0000 0100	复位写使能锁存器(禁止写操作)
RSDR	0000 0101	读状态寄存器
WRSR	0000 0001	写状态寄存器
READ	0000 A_S011	从选定的开始地址单元中读数据
WRITE	0000 A_S010	向选定的开始地址单元写入数据

X5045 与单片机采用流行的 SPI 总线接口方式,可以和任意一款单片机的 I/O 口直接连接。但由于 X5045 复位引脚是高电平有效,而 HT46RU232 是低电平有效,所以在这里引入 74LS04 非门。X5045 与单片机的硬件接口电路如图 7-13 所示。

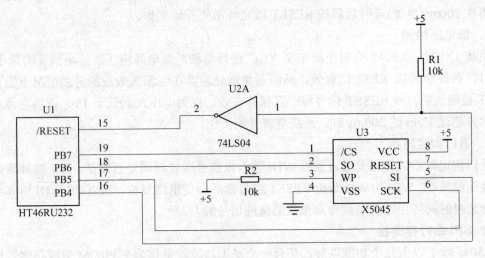

图 7-13 X5045 的硬件接口电路

7.2.7 自动调光模块设计

在系统设计时特意加入了自动调光模块,使系统能根据室外光强度自动调节信号灯的亮度。首先要检测室外光亮度,然后才能根据测得的光强去控制信号灯亮度。

1. 测光电路设计

系统采用美国微型半导体公司生产的 LX1970 型可见光亮度传感器来检测光亮度,LX1970 是一款采用新技术的人眼感光效应传感器,它具有像人眼一样的灵敏度,无需滤光器和外加放大器,而且成本低、易使用,可广泛应用于光照或显示应用的自动亮度控制系统中。

LX1970 采用 MSOP-8 表贴塑料封装,其管脚排列如图 7-14 所示。芯片正面有一个 0.369mm^2、半接收角为 60°的受光区。UDD 和 USS 分别接电源的正、负极。SNK 为电流接收器的引出端,SRC 为输出电流源的引出端。

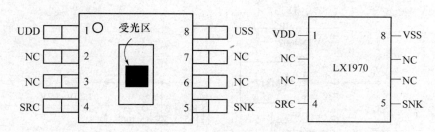

图 7-14 LX1970 管脚排列

LX1970将检测到的光亮强度转换成电流信号，经电阻后变成电压信号，对电压信号进行A/D转换，输入单片机后，单片机就可以根据光亮强度进行其他控制了。这里A/D转换同样采用TLC1543芯片。SRC端和SNK端仅使用一端时，另一端应该悬空。由于U_{SRC}与环境亮度成正比，所以这里系统选择SRC端，则SNK端悬空。VDD和VSS分别连接电源的正负极，NC端全部悬空。电阻R_2的允许范围是10kΩ～50kΩ，这里选择25kΩ，假设I_{SRCMAX}=50μA，则$U_{SRC}=I_{SRCMAX}×R_2$=1.25V，而TLC1543的电压转换范围为0～5V，所以对U_{SRC}进行放大，放大倍数设定为4倍，然后再进行A/D转换。$R_1=(5/U_{SRCMIN}-1)×R_2$，限制U_{SRC}的最小值为0.25V，这样R_1=475kΩ。采用的光电检测电路，如图7-15所示。

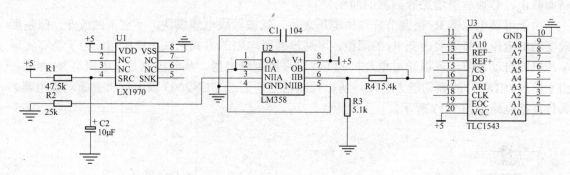

图 7-15 带放大的光电检测原理图

2．调光电路设计

系统通过改变信号灯电源电压的方式来调节信号灯的亮度。信号灯的工作电压 36V，系统使用 LM317 可调三端稳压器进行 36V 稳压。

LM317是美国国家半导体公司生产的可调节三端正电压稳压器。它的输出电压范围是1.2V～37V，负载电流最大为1.5A。它的使用非常简单，仅需两个外接电阻来设置输出电压，它的线性调整率和负载调整率也比标准的固定稳压器好，带保护二极管的稳压电路如图 7-16 所示。

LM317 是三端浮动稳压器，工作时 LM317 建立并保持输出与调节端之间 1.25V 的标称参考电压，即 R_1 两端 1.25V 恒定电压，该电压产生的恒定电流经 R_1 和 R_2 到地，在 R_2 上产生的电压加到调节端。此时，输出电压 V_o 取决于 R_1 和 R_2 的比值，当 R_2 阻值增大时，输出电压升高，即：$V_o=1.25[(R_1+R_2)/R_1]$。

改变 R_1 和 R_2 的比值可使输出电压在 1.2V～37V 之间连续可变。D_1 和 D_2 的作用是：当输出短路时，C_2 上的电压被 D_2 泄放掉，从而达到反偏保护的目的。此外，当输入短路时，C_3 等元件上储存的电压会通过 D_1 泄放，用于防止内部调整管反偏。C_2 用以提高 IC 的纹波抑制

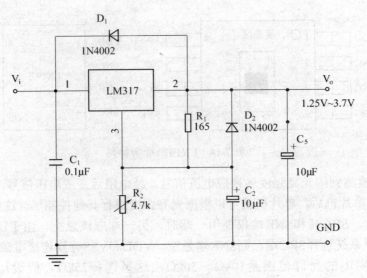

图 7-16　LM317 可调稳压电路

能力，C_3 用以改善 IC 的瞬态响应，C_1 用于输入整流滤波。在大电流输出时，IC 会因温升过高而截止，必须适当增加散热器的面积。

由于可调电位器 R_2 在调节好输出电压之后，就被做成电源模块，不宜再做改变。但是要改变输出电压就必须要改变 R_2 的阻值，可通过并联电阻的方式来减小电阻值。为了能够实现单片机的自动调节，可以通过单片机的 I/O 口来控制继电器，从而控制某一电阻与 R_2 并联。由于单片机 I/O 口的驱动能力有限，所以控制信号还要经 ULN2003 放大后再去驱动继电器。具体连接电路如图 7-17 所示。

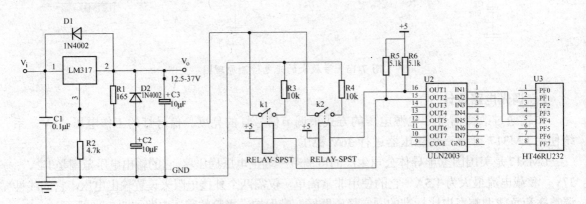

图 7-17　自动调光电路连接图

上面详细介绍了智能交通控制器的硬件设计过程，用 PROTEL 设计出了控制器的原理图，如图 7-18 所示。下一步就是根据原理图画出系统的 PCB 图，加工电路板。但是，所设计的硬件系统是否可用还需要进一步调试和实验验证。根据经验，一般硬件系统的设计需经过 2～3 次改进才可达到理想情况，如果是初学者可能还要进行更多次的改进、调整。

图 7-18 为总体硬件电路图(由于篇幅所限，图 7-18 只给出了总体硬件电路的示意图，图中各模块的细节可参阅图 7-5～图 7-17)。

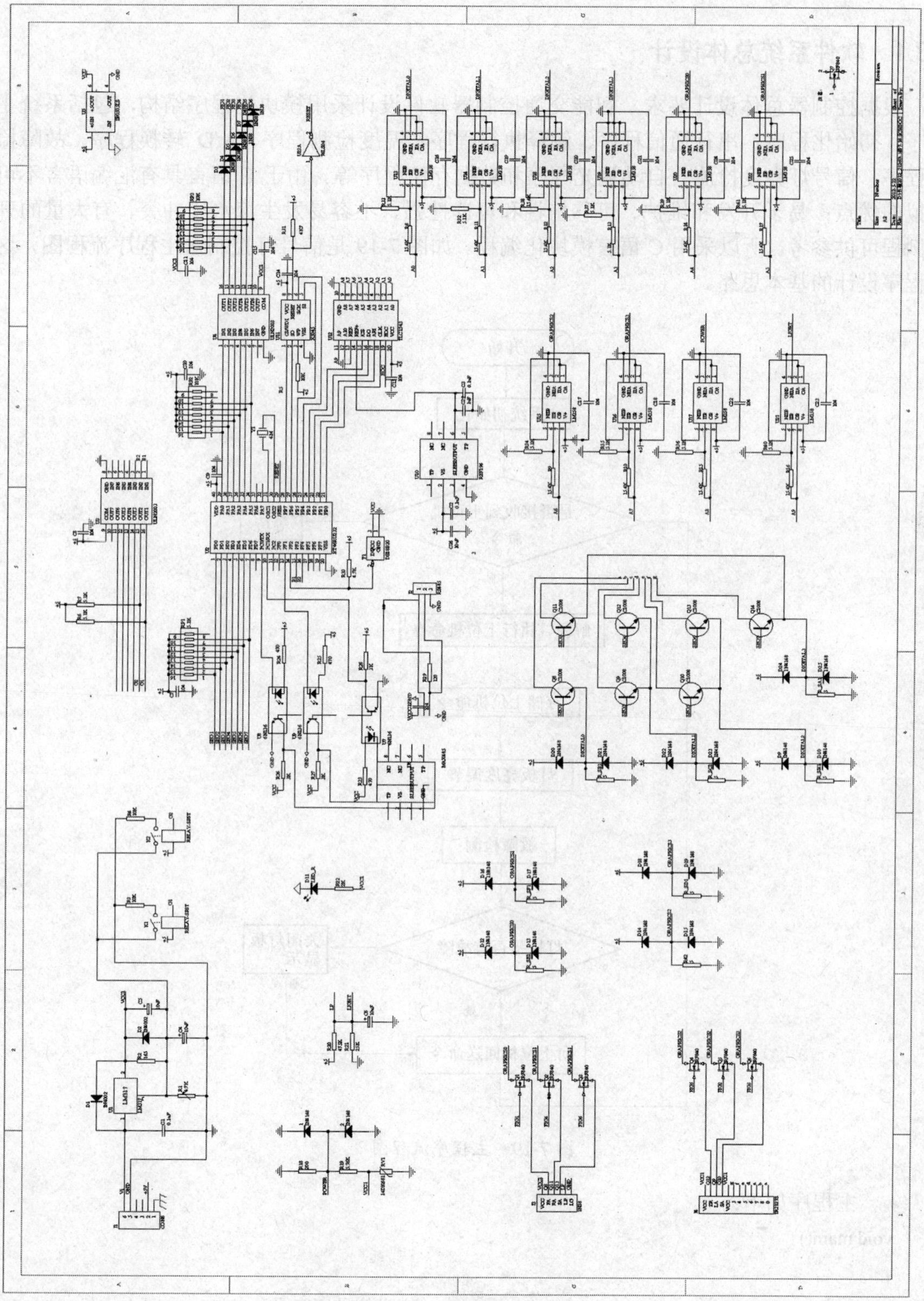

图 7-18 总体电路图

7.3 软件系统设计

7.3.1 软件系统总体设计

根据控制器总体设计要求，智能交通控制器软件设计采用模块化程序结构，包括系统主程序、初始化程序、串行通信程序、解释执行程序、温度检测程序、A/D 转换程序、故障检测程序、信号灯亮度检测、自动调光程序和数据存储程序等。由于 C 语言具有汇编语言不可比拟的优点：易于开发和维护、可移植性和可读性强、不容易发生流水线冲突、有大量的开发例程可供参考，所以采用 C 语言模块化编程。如图 7-19 是信号灯控制器主程序流程图，这是程序设计的基本思路。

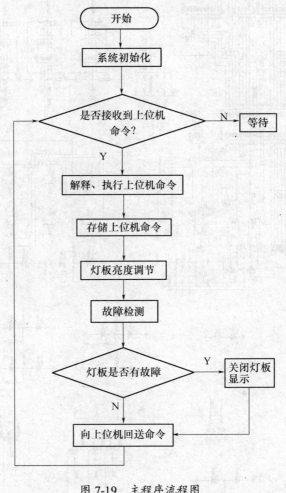

图 7-19 主程序流程图

主程序如下：
```
void main()
{
    attendant_address=1;                    //定义信号灯编码
```

```
        point=0;       buffer_point=0;              //定义变量
        rxd_new_flag=0;                             //定义信号接收标志位
        initsys();                                  //系统初始化子程序
        while(1)
        {   if(point==1)                            //判断是否接收到上位机命令
            { explain_prt1();                       //命令解释化子程序
              adjust();                             //命令执行子程序
              Rst_Watchdog();                       //"喂狗"程序
              if((rs485_buffer[3]!=0x50)&&(rs485_buffer[3]!=0xdf)&&(rs485_buffer[3]!=0xcf))/*判断是否有上位
机命令来改变信号灯状态,如果有则将信号灯的新状态进行存储,以便断电后重新显示断电前的状态。*/
              {
                wrx5045(0x0a, rs485_buffer[3]);     //存储左信号灯状态
                wrx5045(0x0b, rs485_buffer[4]);     //存储右信号灯状态
              }
              Rst_Watchdog();                       //"喂狗"程序
              tiaoguang();                          //调光子程序
              counductAD();                         //故障检测子程序
              transmitdata();                       //发送子程序
              point=0;       _euri=1;    }
        }
}
```

7.3.2 系统初始化模块设计

系统初始化程序 initsys()主要包括 HT46RU232 初始化程序 init_ht46ru232()和初始状态读取、判断执行程序。其作用是初始化 HT46RU232，读取 X5045 记忆的复位前灯板的显示状态，继续让灯板显示复位前的图案。HT46RU232 初始化程序 init_ht46ru232()功能是端口初始化、中断初始化、串行通信初始化。

7.3.3 串行通信模块设计

典型的串口通信使用 3 根线完成：地线、发送、接收。由于串行通信是异步的，端口能够在一根线上发送数据同时在另一根线上接收数据。其他线用于握手，但不是必须的。串行通信最重要的参数是波特率、数据位、停止位和奇偶校验。对于两个进行通信的端口，这些参数必须匹配。HT46RU232 具有一个全双工的异步串行通信接口，可以很方便地与其他具有串行口的芯片通信。

1. HT46RU232 的 UART 串行通信寄存器

HT46RU232 的 UART 串行通信由 5 个寄存器来控制实现，寄存器 USR、UCR1 和 UCR2 全面控制 UART，寄存器 BRG 控制波特率，发送寄存器 TXR 和接收寄存器 RXR，是共用一个地址的数据寄存器 TXR/RXR。

1) 寄存器 USR

寄存器 USR 是 UART 的状态寄存器，可以通过程序读取 UART 当前状态。USR 中所有

标志位为只读。USR 中所有标志位详细解释如表 7-5 所示。

表 7-5 USR 寄存器

PERR	NF	FERR	OERR	RIDLE	RXIF	TIDLE	TXIF

TXIF：TXIF 是发送数据寄存器为空标志。若 TXIF=0，数据还没有从缓冲器加载到移位寄存器中；若 TXIF=1，数据已从 TXR 寄存器中加载到移位寄存器。读取 USR 寄存器再写 TXR 寄存器将清除 TXIF。当 TXEN 被置位，即使发送缓冲器未满，TXIF 也会被置位。

TIDLE：TIDLE 是数据发送完成标志位。若 TIDLE=0，表明数据在传输中。当 TXIF=1 且数据发送完毕或暂停字被发送时，TIDLE 置位。TIDLE=1，TX 引脚空闲。读取 USR 寄存器再写 TXR 寄存器将清除 TIDLE 位。当数据字节或暂停字符排列好并准备发送时，TIDLE 不发生变化。

RXIF：RXIF 是接收寄存器状态标志。当 RXIF=0，表明 RXR 寄存器为空；当 RXIF=1，表明 RXR 寄存器接收到新数据。当数据从移位寄存器加载到 RXR 寄存器，如果 UCR2 寄存器中的 RIE=1，则会触发中断。当接收数据时检测到一个或多个错误时，相应的标志位 NF、FERR 或 PERR 会在同一周期内置位。读取 USR 寄存器再读 RXR 寄存器，如果 RXR 寄存器中没有新的数据，那么将清除 RXIF 标志。

RIDLE：RIDLE 是接收状态标志。若 RIDLE=0，表明正在接收数据；若 RIDLE=1，表明接收器空闲。在接收到停止位和下一个数据的起始位之间，RIDLE 被置位，表明 UART 空闲。

OERR：OERR 是过速错误标志，表示接收缓冲器溢出。若 OERR=0，表明没有数据溢出；若 OERR=1，表明发生了过速错误，它将禁止下一组数据的接收。先读取 USR 寄存器再读 RXR 寄存器将清除此标志位。

FERR：FERR 是帧错误标志位。若 FERR=0，表明没有帧错误发生；若 FERR=1，表明当前的数据发生了帧错误。先读取 USR 寄存器再读 RXR 寄存器将清除此位。

NF：NF 是噪声干扰标志。若 NF=0，表明没有受到噪声干扰；若 NF=1，表明 UART 接收数据时受到噪声干扰。它与 RXIF 在同一个周期内置位，但不会与过速标志位同时置位。先读取 USR 寄存器再读 RXR 寄存器将清除此标志位。

PERR：PERR 是奇偶校验出错标志。若 PERR=0，表明奇偶校验正确；若 PERR=1，表明接收到的数据奇偶校验出错。只有使能了奇偶校验此位才有效。先读取 USR 寄存器再读 RXR 寄存器将清除此位。

2) 寄存器 UCR1 和 UCR2

UCR1 和 UCR2 是 UART 的两个控制寄存器，用来定义各种 UART 功能，例如 UART 的使能与除能、奇偶校验控制和传输数据的长度等，如表 7-6 和表 7-7 所示。

表 7-6 UCR1 寄存器

UARTEN	BNO	PREN	PRT	STOPS	TXBRK	RX8	TX8

表 7-7 UCR2 寄存器

TXEN	RXEN	BRGH	ADDEN	WAKE	RIE	TIIE	TEIE

TX8：此位只有在传输数据为 9 位的格式中有效，TX8 用来存储发送数据的第 9 位，BNO 是用来控制传输位数是 8 位还是 9 位。

RX8：此位只有在传输数据为 9 位的格式中有效，RX8 用来存储接收数据的第 9 位，BNO

是用来控制传输位数是 8 位还是 9 位。

TXBRK：暂停字发送控制位。若 TXBRK=0，表明没有暂停字要发送，TX 引脚正常操作；若 TXBRK=1，表明将会发送暂停字，发送器将发送逻辑 0。若 TXBRK 为高，缓冲器中数据发送完毕后，发送器将至少保持 13 位宽的低电平直至 TXBRK 复位。

STOPS：此位用来设置停止位的长度。若 STOPS=1，表明有两位停止位；若 STOPS=0，表明只有一位停止位。

PRT：奇偶校验选择位。若 PRT=1，表明选择奇校验；若 PRT=0，表明选择偶校验。

PREN：此位为奇偶校验使能位。若 PREN=1，表明使能奇偶校验；若 PREN=0，表明除能奇偶校验。

BNO：选择数据长度为 8 位或 9 位格式。若 BNO=1，表明传输数据为 9 位；若 BNO=0，表明传输数据为 8 位。若选择了 9 位数据传输格式，RX8 和 TX8 将分别存储接收和发送数据的第 9 位。

UARTEN：此位为 UART 的使能位。若 UARTEN=0，表明 UART 除能，RX 和 TX 可用作普通输入/输出口；若 UARTEN=1，表明 UART 使能，TX 和 RX 将分别由 TXEN 和 RXEN 控制。当 UART 除能，系统将清除缓冲器，所有缓冲器中的数据将被忽略，另外波特率计数器、错误和状态标志位被复位，TXEN、RXEN、TXBRK、RXIF、OERR、FERR、PERR 和 NF 清零；而 TIDLE、TXIF 和 RIDLE 置位，UCR1、UCR2 和 BRG 寄存器中的其他位保持不变。若 UART 工作时 UARTEN 清零，所有发送和接收将停止，模块也将复位成上述状态。

TEIE：此位为发送寄存器为空时中断的使能或除能位。若 TEIE=1，当发送器为空时 TXIF 将置位，UART 的中断请求标志置位；若 TEIE=0，UART 中断请求标志不受 TXIF 的影响。

TIIE：此位为发送器空闲时中断的使能或除能位。若 TIIE=1，当发送器空闲时 TIDLE 置位，UART 的中断请求标志置位；若 TIIE=0，UART 中断请求标志不受 TIDLE 的影响。

RIE：此位为接收器中断使能或除能位。若 RIE=1，当接收器过速或接收数据有效时 OERR 或 RXIF 置位，UART 的中断请求标志置位；若 RIE=0，UART 中断请求标志不受 OERR 或 RXIF 影响。

WAKE：此位为接收器唤醒功能的使能和除能位。若 WAKE=1 且在暂停模式下，RX 引脚的下降沿将唤醒单片机。若 WAKE=0 且在暂停模式下，RX 引脚的任何边沿都不能唤醒单片机。

ADDEN：此位为地址检测使能和除能位。若 ADDEN=1，表明地址检测使能，此时数据的第 8 位(BON=0)或第 9 位(BON=1)为高，接到的是地址而非数据。若相应的中断使能且接收到的值最高位为 1，那么中断请求标志将会被置位，若最高位为 0，那么将不会产生中断且收到的数据也会被忽略。

BRGH：此位为波特率发生器高低速选择位，它和 BRG 寄存器一起控制 UART 的波特率。若 BRGH=1，为高速模式；若 BRGH=0，为低速模式。

RXEN：此位为接收使能位。若 RXEN=0，接收器将被除能，接收器停止工作。另外缓冲器将被复位，此时 RX 引脚可作普通输入/输出端口使用。若 RXEN=1 且 UARTEN=1，则接收将被使能，RX 引脚将由 UART 来控制。在数据传输时清除 RXEN 将中止数据接收且复位接收器，此时 RX 引脚可作为普通输入/输出端口使用。

TXEN：此位为发送使能位。若 TXEN=0，发送器将被除能，发送器停止工作，缓冲器将被复位，此时 TX 引脚可作为普通输入/输出端口使用。若 TXEN=1 且 UARTEN=1，则发送将被使能，TX 引脚将由 UART 来控制。在数据传输时清除 TXEN 将中止数据发送且复位发送器，此时 TX 引脚可作为普通的输入输出口使用。

2. 串行通信程序

串行通信程序流程图如图 7-20 和图 7-21 所示，其中图 7-20 为接收程序流程图，图 7-21 为发送程序流程图。

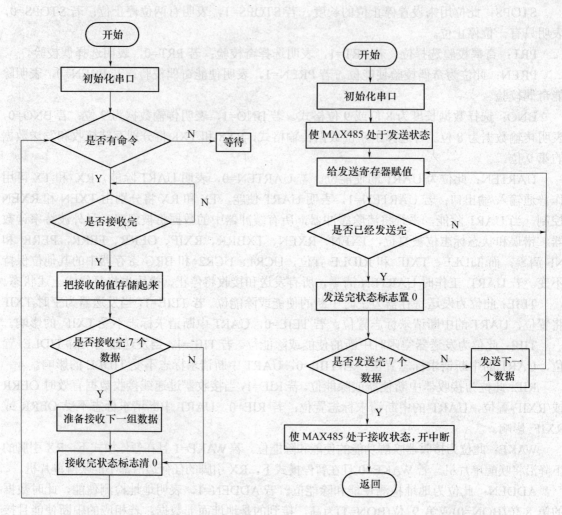

图 7-20 串行通信接收程序流程图　　　　图 7-21 串行通信发送程序流程图

接收子程序：

```
void serial_serivce(void)
  { unsigned char a;
    while(_rxif!=1);                    //判断是否有命令
    a=_txr_rxr;                         //接收指令
    rs485_buffer[buffer_point]=a;       //将指令存储到数组里
    _rxif=0;
 if(buffer_point= =6)                   //判断指令是否接收完，如果接收完则将
                                        //变量复位准备接收下一组
   {
```

188

```
         point=1;        buffer_point=0;          rxd_new_flag=1;
      }
      Else                                                   //如果没有接收完则继续接收
        buffer_point++;
      }
发送子程序:
   void transmitdata(void)
   {
unsigned char i;                  _euri=0;              _pf1=1;
        rs485_buffer[0]=0x10;                    //起始位
        rs485_buffer[6]=0x16;                    //结束位
        rs485_buffer[1]=attendant_address;       //信号灯编码位
        rs485_buffer[2]=0x41;
        rs485_buffer[5]=rs485_buffer[1]+rs485_buffer[2]+rs485_buffer[3]+rs485_buffer[4];
        for (i=0;i<8;i++)
           {
   _txr_rxr=rs485_buffer[i];        while(_txif!=1);        _txif=0;
           }
        _pf1=0;        _euri=1;
   }
```

7.3.4 解释、执行上位机指令程序设计

解释执行程序主要作用是校验和解释接收的上位机命令,然后根据上位机命令做出相应的操作。解释程序 explain_prt1()先对接收的上位机命令进行通信协议校验和判断;再对通信协议中数据域中的灯号1、灯号2按照通信协议进行解释,并置相应的标志位。执行程序 adjust()根据解释程序里的标志位做出相应操作,显示相应图案。以下是解释程序的源代码,限于篇幅这里只给出了右侧信号灯的程序。

```
   void explain_prt1(void)
   { unsigned char vsum;
     if(rxd_new_flag==1)                                 //判断是否接收到命令
     { _euri=0;        rxd_new_flag=0;
       if(rs485_buffer[0]!=0x10)   goto back;            //检测起始位是否正确
       if((rs485_buffer[1]!=attendant_address)&&(rs485_buffer[1]!=0x00))goto back;
   //检测信号灯编码是否正确,检测是否群发信号
       if(rs485_buffer[6]!=0x16)goto back;               //检测结束位是否正确
       if(rs485_buffer[2]!=0x43)goto back;               //检测下行命令是否正确
       vsum=rs485_buffer[1]+rs485_buffer[2]+rs485_buffer[3]+rs485_buffer[4];
       if(rs485_buffer[5]!=vsum)                         //检测校验和是否正确
          { if(rs485_buffer[1]!=0x00)                    //检测是否群发,若不是则向上位机返回指令
              txd_new_flag=1;
              rs485_buffer[0]=0x10;
```

```
            rs485_buffer[6]=0x16;
            rs485_buffer[1]=attendant_address;
            rs485_buffer[2]=0x41;
            rs485_buffer[3]=0xcf;
            rs485_buffer[4]=0xcf;
            vsum=rs485_buffer[1]+rs485_buffer[2]+rs485_buffer[3]+rs485_buffer[4];
            rs485_buffer[5]=vsum;
        }
    switch(rs485_buffer[4])                      //检测是否有右侧信号灯的控制指令,如果有
                                                 则置相应标志位
        { case 0x10:
          case 0x11:
          case 0x12: control_light4_flag=1;
          break;
          case 0x20:
          case 0x21:
          case 0x22: control_light5_flag=1;
          break;
          case 0x30:
          case 0x31:
          case 0x32: control_light6_flag=1;
          break;
          case 0x42: control_right_flag=1;
          break;
          default:   break;
        }
        back:vsum=vsum;
    }
}
```

执行程序 adjust()如下,限于篇幅这里省略了左并道、右道直行、右并道、右叉、限速、关左侧灯、关右侧灯的相关程序,这些程序与"判断是否有左叉指令"类似。

```
void adjust(void)
{   unsigned int tatus;
    buffer_next=0;
    if(adjust_light_flag)                        //判断是否有调光指令
    {   if(rs485_buffer[4]!=0xcf)
          buffer_next=rs485_buffer[4];
        switch(buffer_next)
          {case 1:
              _pf3=0;
              _pf4=0;
```

```
                lightvaluestate=1;
                    break;
            case 2:
                _pf3=1;
                _pf4=1;
                    lightvaluestate=0;
                    break;
            case 5:tatus=read1543(2);
                    tatus>>=2;
                    rs485_buffer[4]=tatus;
                    break;
            default:
                    break;
        }
            _delay(10000);
        adjust_light_flag=0;
    }
    if(temperature_flag==1)                          //判断是否有温度检测指令
        { if(rs485_buffer[3]!=0xcf)
        rs485_buffer[4]=read_temp();
        temperature_flag=0;
        }
    if(control_light1_flag)                          //判断是否有左叉指令
{       if(rs485_buffer[3]!=0xcf)
        buffer_next=rs485_buffer[3];
        if(buffer_next==0x22)
            { _pa2=1;
            light1state= rs485_buffer[3];
            }
        if(buffer_next==0x21)
            {   _pa2=0;
                _pd=0x00;
                _pa1=1;
                _pa4=1;
                light1state= rs485_buffer[3];
            }
        if(buffer_next==0x20)
            rs485_buffer[3]=light1state;
    _delay(10000);
        control_light1_flag=0;
    }
```

```
        if(buffer_next= =0x10)                    //判断是否有限速查询指令
            rs485_buffer[3]=light7state;
            _delay(10000);
            control_light7_flag=0;
        }
    }
```

7.3.5　X5045系统复位及状态存储模块软件设计

1．看门狗软件设计

微处理器必须周期性地触发 CS/WDI 引脚以避免 RESET 信号激活而使电路复位，所以 CS/WDI 引脚必须在看门狗定时时间内发动触发信号，程序如下所示：

```
void Rst_Watchdog(void)
{   _pb7=1;
    _pb7=0;
    _pb7=1;
}
```

2．状态存储软件设计

X5045 使用三线总线串行 SPI 外设接口，对芯片进行操作的所有操作码、字节地址及写入的数据都从 SI 引脚输入。图 7-22 为从 E^2PROM 中读 1 字节的流程图，图 7-23 为把数据写到 E^2PROM 中的流程图。

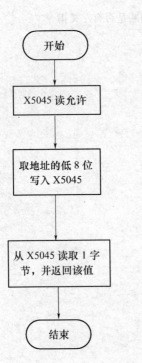

图 7-22　X5045 的读程序流程图

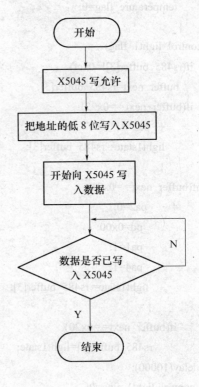

图 7-23　X5045 的写程序流程图

X5045 与 HT46RU232 单片机接口的编程包括下面程序：X5045 写一字节程序 wrbyte( )；X5045 读一字节程序 rebyte()；写 X5045 状态寄存器程序 wRStatus( )；读 X5045 状态寄存器程序 restatus()；把数据 data 写到 E^2PROM 中地址 address 中 wrx5045( )；从 E^2PROM 地址 address 中读 1 字节 rex5045( )。

```
void wrbyte(unsigned char j)                //写一个数
  { unsigned char i，m；
      for(i=0;i<8;i++)
        { _pb5=0;         m=j>>7;
          if(m!=0)
            _pb4=1;
          else
            _pb4=0;      _pb5=1;
          _delay(4);       j=j<<1;
        }
    _pb5=0;
  }
unsigned char rebyte(void)                  //读一个数
{ unsigned char i，result；  result=0；  _pb6=1;
    for(i=0;i<8;i++)
      { result<<=1;   _pb5=1;   _delay(4);   _pb5=0;   _delay(4);
        if(_pb6!=0)
          result|=0x01;
      }
  return(result);
 }
unsigned char restatus(void)                //读状态
  { unsigned char temp;   _pb5=0;   _pb7=0;
      wrbyte(5);
      temp=rebyte();   _pb5=0;   _pb7=1;   return(temp);
  }
    void wrstatus(unsigned char status)     //写状态
{ _pb5=0;   _pb7=0;       wrbyte(6);   _pb5=1;   _pb7=1;   _pb7=0;
    wrbyte(1);
    wrbyte(status);   _pb7=1;
    while((restatus()&0x01));     }
unsigned char rex5045(unsigned int address)      //从X5045存储地址中读数据
 { unsigned char result;
    _pb5=0;   _pb7=0;
    wrbyte((unsigned char)(address>255?11:3));
    wrbyte((unsigned char)(address&0x00ff));
```

```
    result=rebyte();   _pb5=0;   _pb7=1;   result>>=1;   return(result);
}
void wrx5045(unsigned int address，unsigned char data)       //向X5045存储地址中写数据
{ _pb7=0;
    wrbyte(6);
    _pb7=1;
    while((restatus()&0x01));
    _pb5=0;   _pb7=0;
    wrbyte((unsigned char)(address>255?10:2));
    wrbyte((unsigned char)(address&0x00ff));
    wrbyte(data);   _pb5=0;   _pb7=1;
    while((restatus()&0x01));
}
```

7.3.6 TLC1543 A/D 转换模块设计

TLC1543 工作时序如图 7-24 所示，当 EOC 为高时，将 CS 置低，A/D 开始工作，由 ADDRESS 端送入 4 位地址的最高位 B3，在 B3 有效期间输入一个 I/O CLOCK 信号，将地址最高位移入 A/D 地址寄存器，同时从 DATAOUT 端口读出前一次采样转换的 10 位数据的最高位 A9。然后送入 B2，同时输入一个 I/O CLOCK 信号将 B2 移入 A/D 地址寄存器，从 DATAOUT 读出 A8。按此时序进行直到将 4 位地址送入 A/D，同时读出前一次采样转换结果的 A9、A8、A7、A6 高四位。然后，输入 6 个 I/O CLOCK 信号将 A5~A0 读出。10 个 I/O CLOCK 信号后 EOC 将置低，此时 A/D 进入转换过程，转换完成后 EOC 置高。HT46RU232 的 PB0 接 TLC1543 的/CS，PB1 接 DATAOUT，PB2 接 ADDRESS，PB3 接 I/O CLOC。

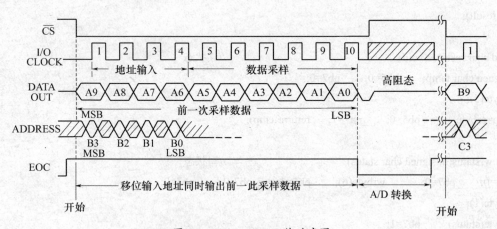

图 7-24 TLC1543 工作时序图

首先编写 HT46RU232 和 A/D 的接口程序，用软件模拟 SPI 协议，使 HT46RU232 和 TLC1543 能够正常地通信。为了克服各种干扰，如防止尖峰干扰，在 A/D 采集了数据后需要进行一定的数据处理。

long int read1543(unsigned char port)程序按照 TLC1543 工作时序编写。port 用于存放 TLC1543 通道地址，AD 为返回 A/D 值。程序软件编写应注意 TLC1543 通道地址必须为写入

字节的高四位，所以在程序里先把通道地址 port 左移 4 位，再给它 I/O CLOCK 信号；而单片机读入的数据是芯片上次 A/D 转换完成的数据。

```c
long int read1543(unsigned char port) //从 TLC1543 读取采样值，形参 port 是采样的通道号
{ long int ad;   unsigned int i, n;   unsigned char al=0, ah=0;
   _pb0=0;   _pb3=0;
   port<<=4; //取通道号的低 4 位
   for (i=0;i<4;i++)   //把通道号写入 1543
   {
   n=port/128;   _pb1=n;   _pb0=1;   _delay(5);   _pb0=0;   port<<=1;
   }
   for (i=0;i<6;i++) //填充 6 个时钟脉冲
   {
   _pb0=1;   _delay(5);   _pb0=0;
   }
   _delay(5);   _pb3=1;   _delay(5);   _pb3=0;   _delay(5);
   for (i=0;i<2;i++) //取转换值的第 9 位和第 8 位
   {
   _pb2=1;   _pb0=1;   ah<<=1;   _delay(5);
   if(_pb2==1)
    ah|=0x01;   _pb0=0;
   }
   for (i=0;i<8;i++) //取转换值的第 7 位到第 0 位
   {_pb2=1;   _pb0=1;   al<<=1;   _delay(5);
   if (_pb2)
   al|=0x01;   _pb0=0;
   }
   _pb3=1;   _pb0=1;   ad=ah;   ad*=256;
   ad+=al; //得到 AD 值
   return ad;
}
```

7.3.7 DS18B20 温度检测模块

由于 DS18B20 是单总线传感器，通过 DQ 脚接 HT46RU232 的 PF2，通过一根 I/O 线来读写数据，因此，对读写的数据位有着严格的时序要求。DS18B20 通过严格的通信协议来保证各位数据传输的正确性和完整性。该协议定义了几种信号的时序：初始化时序、读时序、写时序。所有时序都是将主机作为主设备，单总线器件作为从设备，而每一次命令和数据的传输都是从主机启动写时序开始，如果要求单总线器件回送数据，在进行写命令后，主机需启动读时序完成数据接收。数据和命令的传输都是低位在先。

使用 DS18B20 时，首先需将其复位，然后才能执行其他命令。复位时，主机将数据线激发为低电平并保持 480μs～960μs，然后释放数据线，再由上拉电阻将数据线拉高 15μs～60μs，

然后DS18B20发出响应信号，以将数据线激发成低电平60μs～240μs，这样，就完成了复位操作。

其次，写时序。在主机对DS18B20写数据(主机对DS18B20发送各种命令)时，先将数据线激发为低电平，该低电平应大于1μs。然后根据写"1"或写"0"来使数据线变高或继续为低。DS18B20将在数据线变成低电平后15μs～60μs对数据线进行采样。要求写入DS18B20的数据持续时间应大于60μs，而小于120μs，两次写数据之间的时间间隔应大于1μs。

再次，读时序。当主机从DS18B20读数据时，主机先使数据线激发出低电平，然后释放，以使数据线再升为高电平。DS18B20在数据线从高电平变为低电平的15μs内将数据送到数据线上。主机可在15μs后读取数据线以获得数据。表7-8说明了DS18B20相关命令字的含义。

表7-8 DS18B20相关命令字

命令	含义
ROM检测命令CCH	这条命令允许总线控制器不用提供64位ROM编码就能使用存储器操作命令，在单点总线情况下可以节省时间
DS18B20温度转换命令44H	这条命令启动一次温度转换而无需其他数据。温度转换命令被执行，而后DS18B20保持等待状态。如果总线控制器在这条命令之后跟着发出读时间隙，而DS18B20又忙于转换的话，DS18B20将在总线上输出"0"，若温度转换完成，则输出"1"
DS18B20读取暂存器命令BEH	这个命令读取暂存器的内容。读取将从字节0开始，一直进行下去，直到第9字节读完。如果不想读完所有字节，控制器可以在任何时间发出复位命令来终止读取

由于DS18B20有严格的时序要求，所以编程中采用C语言嵌套汇编延时。程序运行时先复位，再发送ROM检测命令CCH，然后发送启动DS18B20转换命令44H，过至少750ms后，再复位，发送ROM检测命令CCH，然后发送DS18B20读取暂存器命令BEH，最后分两次读取转换值，并按表7-9所示转换温度值。温度转换程序比较简单，而且很多参考书中均给出了源程序，限于篇幅此处不予赘述。

表7-9 温度转换关系

温度℃	数据输出(十六进制)
125	07D0
25.0625	0191
0	0
-10.125	FF5E
-55	FC90

7.3.8 亮度检测和自动调光程序

信号灯的亮度一般在较暗的环境下可以暗一些，而在环境较亮的地方信号灯应该更亮一些才能看清，例如白天信号灯需要较大的亮度，而在晚上为了节能应该调暗一点。室外环境亮度值检测是用LX1970实现，可得到一个模拟量，该模拟量经TLC1543进行A/D转换成数字量。调光程序如下：

```
void tiaoguang(void)
{   lightvalue=read1543(9);
    lightvalue+=read1543(9);
    lightvalue+=read1543(9);
    lightvalue+=read1543(9);
    lightvalue/=4;                      //取4组灯板亮度值，求平均
```

```
        if(lightvalue<500)                                  //环境亮度过暗,调信号灯调到最暗
            {
    _pf3=0;        _pf4=0;
            }
        if((lightvalue>600)&&(lightvalue<=700))             //环境中度亮度,调信号灯调中度亮度
            {
    _pf3=1;        _pf4=0;
            }
        if(lightvalue>700)                                  //环境亮度过亮,调信号灯调到最亮
            {
    _pf3=1;        _pf4=1;
            }
        }
```

7.3.9 灯板状态故障判断程序

灯板状态故障判断 counductAD( ) 主要是利用 TLC1543 A/D 检测的电压值和 DS18B20 采集的温度值进行判断。由于图形是由三段并联组成的,设计时认为当检测到的电压值小于正常值的 1/3 时,就认为系统发生了故障。软件先将这些通道在系统工作正常时 A/D 的数值赋给 ref_d,然后将检验每次经过 A/D 转换后的结果是否小于正常值的 1/3,这需要检验几次,软件设定是 80 次,即当连续监测到 80 次的 A/D 转换结果都小于正常显示时值的 1/3 则认为系统出故障了。

由于每块灯板二极管都各不同,因此 TLC1543 检测的灯板状态也不同。对于每块灯板完好状态的状态值范围,我们会在正式安装前测试。本系统所做的灯板完好状态的 TLC1543 A/D 值范围大于 100,如果灯板状态的 TLC1543 A/D 值小于 100,就说明灯板不正常,应该关闭灯板显示。因为如果电源电压变化太大,将导致灯板二极管和控制器损坏,所以需要检测电源,如果电源电压的灯板 TLC1543 A/D 值大于 760,就关闭灯板显示。

由于安装在室外,为防止因温度过高致使灯板烧坏,本系统设有温度检测。温度极限暂定为 80℃,如果检测的温度值高于等于 80℃,就说明灯板不正常,应关闭灯板显示。灯板不正常,除关闭灯板显示,还要向上位机报错。当上位机发送出测温命令时,控制器可以在不关闭灯板显示的前提下检测控制器温度,并向上位机返回温度值。

在 TLC1543 A/D 检测时,为了防止干扰,采用平均值滤波的数据处理方法。在数据采集的过程中,对每一路通道采集 4 个连续的采样数据,求其平均值,将该平均值作为一次采样检测的结果。在 DS18B20 温度检测时,为了防止干扰,也采用平均值滤波的数据处理方法。在数据采集的过程中,连续采集 4 个温度值,求其平均值,将该平均值作为一次温度采样检测的结果。

7.4 实验调试与结论

7.4.1 实验调试工具介绍

系统核心控制器采用的是中国台湾盛群半导体股份有限公司的 HT46RU232,该芯片的调

试使用盛群公司的开发工具HT-IDE集成开发环境,包括硬件方面的HT-ICE仿真器和软件方面的HT-IDE300软件。

TH-ICE仿真器能提供多种实时仿真功能,包含多功能跟踪、单步执行和断定功能。

图7-25为HT-ICE仿真器,图7-26为HT-IDE3000软件新建工程操作的界面。HT-IDE3000软件提供了良好的视窗界面,以便程序的编辑及除错。此平台将所有的软件工具,例如编辑器、编译器、连接器、函数库管理器和符号除错器,并入到视窗环境,使程序开发过程更加容易。同时HT-IDE3000还提供软件仿真功能,无需连接上HT-ICE仿真器,就可以进行程序开发。该软件仿真器可以仿真盛群8位单片机,以及HT-ICE硬件的所有基本功能。

图 7-25　HT-ICE 仿真器

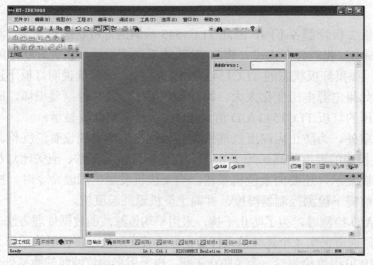

图 7-26　HT-IDE3000 软件界面

7.4.2　实验调试步骤

(1) 连接仿真器和所有电路,打开HT-ICE3000,加载工程,如图7-27所示。

(2) 编译程序,编译成功后运行程序,程序运行界面如图7-28所示。

(3) 启动上位机VB程序,在上位机界面选择【80直行】。图7-29为上位机界面,图7-30为信号灯显示直行限速80km/h的图片,结果表明信号灯显示正常。

图 7-27 软件启动界面

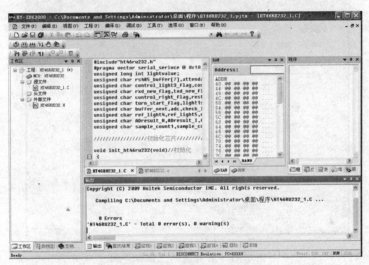

图 7-28 程序运行界面

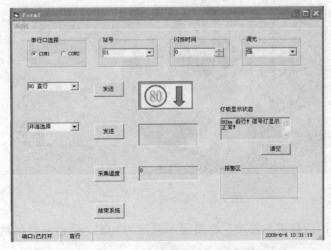

图 7-29 直行 80km/小时的上位机界面

199

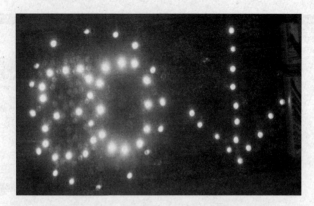

图 7-30　直行 80km/小时的信号灯图

(4) 在上位机界面选择左并道，如图7-31为上位机界面所示，则显示如图7-32所示，信号灯为左并道。结果表明信号灯显示正常。

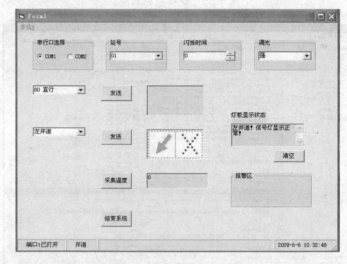

图 7-31　右并道的上位机界面

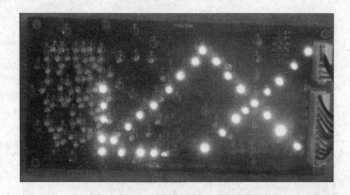

图 7-32　左并道的信号灯图

(5) 在上位机界面选择采集温度。结果显示温度为30℃，且信号灯依然显示左并道，如图7-33所示。

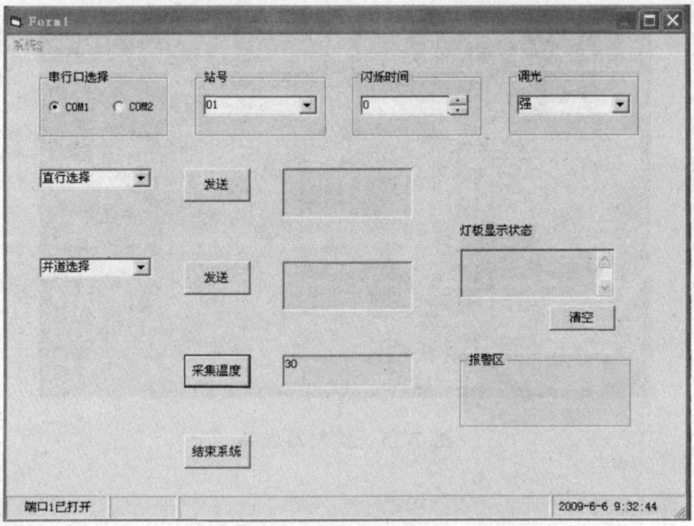

图 7-33　上位机采集温度界面

(6) 关闭正在运行的单片机程序和上位机通信VB程序，断开控制器电源；然后重新给控制器接通电源，运行单片机程序，启动上位机通信VB程序，在没有发送新的控制命令前，信号灯显示和断电前一样，显示左并道。

这说明软硬件调试成功，可以把程序烧入芯片。

(7) 在HT-ICE仿真器上连接48引脚的HT46RU232芯片，把单片机程序烧入HT46RU232芯片，如图7-34所示。

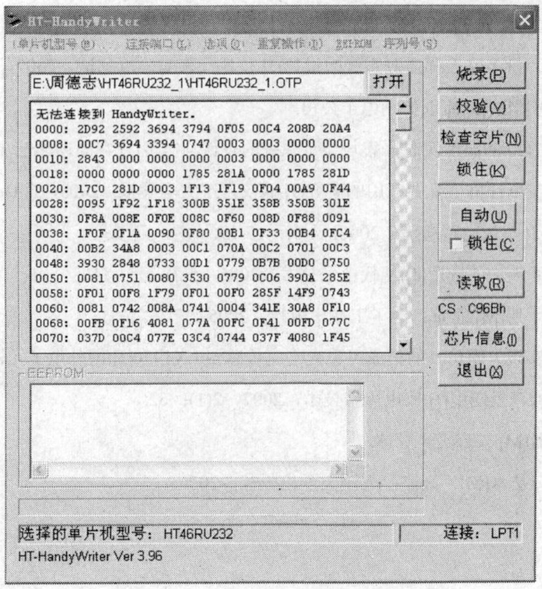

图 7-34　芯片的烧写

(8) 把烧录好程序的芯片焊接到电路板上，接通电源，重复(3)、(4)、(5)、(6)步骤，运行结果符合设计要求，说明控制器设计成功。控制器的电路板如图7-35所示。

图 7-35 控制器成品

参考文献：

[1] 李阳，李亮玉，杜玉红. 快速路智能交通系统研究[J].天津工业大学学报，2007，10(3)：86-88.

[2] HT46RU232 A/D+UART 型八位单片机[M]. 盛群半导体股份有限公司，2008.

[3] A/D with LCD 型单片机[M]. 盛群半导体股份有限公司，2005.

[4] 周凯，郭黎利.采用 MAX485 实现单片机与 PC 机串行通信的一种方法[J].应用科技，2003，3(3)：27-29.

[5] 周凯，郭黎利.基于 MAX485 实现 PC 机与单片机通信的程序设计[J].信息技术，2005，4(3)：10-12.

[6] 求是科技.单片机典型外围器件及应用实例[M].北京：人民邮电出版社，2006.

[7] 刘瀛.基于 RS485 通信有关问题的分析[J],中国科技信息 2005，17(1)：103.

[8] 李刚，刘薇，于学敏.高速光耦 6N135/6N136 及其应用[J].电子技术应用，1993，3(2)：51-52.

[9] 张盛煊. 10 位 11 路串行 A_D 转换器 TLC1543 的应用[J].集成电路应用，2000，5(4)：18-21.

[10] 吴方，邓素萍. 11 通道 10 位串行 A_D 转换器 TLC1543 及其在单片机系统中的应用[J].微电子技术，2002，12(4)：45-48.

[11] 卢丽君．基于 TLC1543 的单片机多路采样监测系统的设计[J].仪器仪表与分析测试，2007，4(3)：5-7.

[12] DS18B20 单总线数字温度传感器[M]. 深圳伟纳电子公司.

[13] 王晓娟，张海燕．基于 DS18B20 的温度实时采集与显示系统的设计与实现[J].青岛远洋船员学院学报，2007，2(4)：38-41.

[14] 雷升印，周元志.X5045 芯片在单片机系统中应用的研究[J].武汉理工大学学报，2003，6(4)：28-31.

[15] 张浩然.X5045 电路及其应用[J].集成电路通信，2006，4(5)：15-19.

[16] 周向红.X5045 芯片在单片机系统中的应用[J].现代电子技术，2006，5(2)：111-112.

[17] 沙占有.中外集成传感器实用手册[M].北京：电子工业出版社，2005.

[18] 孟志永，沙占友，安国臣.能实现人眼仿真的集成可见光亮度传感器 LX1970[J].国外电子元器件，2004，6(3)：26-28.

[19] 叶启明.光传感器 LX1970 的原理及应用[J].家电检修技术，2007，2(1)：62.

[20] 三端可调节输出正电压稳压器[M].安森美半导体.

[21] 耿仁义. 新编微机原理及接口技术[M]. 天津：天津大学出版社，2006.

第八章　基于 Mega16 单片机的仿生甲壳虫设计

【学习目的】

设计基于 Mega16 芯片的 AVR 控制板,并利用其制作一个具有一定智能的仿生甲壳虫。通过该设计,学生可以了解在平面内自动移动的移动机器人的设计方法;掌握机器人各种智能控制的实现方法。本设计机械结构为四轮车身,其中两个前轮作主动轮,两个后轮作从动轮。主动轮用两个直流电机;从动轮用两个万向轮。通过该设计,学生将了解如何利用 AVR 芯片实现移动机器人的控制,如启停、调速及换向等。掌握机器人各种智能如听觉、触觉、感光觉、接近觉等的实现方法。

8.1　仿生甲壳虫结构描述

本设计要求机构外形能与甲壳虫相近,以两电机驱动两轮代替腿足行走,设有触须可检测外界空间状态,设有双眼可根据外界光强自动点亮或熄灭,设有扬声器可播放音乐,有紧急情况时能发出紧急信号声,另有红外、碰撞、声控、光敏四种传感器,来测光、测声、测障并能判断障碍物方向。两个独立电机控制的左右轮,能绕任意半径画圆,无目的低速向前游走,轮上加载光电编码测量转角及行程。控制部分以 AVR 系列 Mega16 单片机为控制核心,设有逻辑运算、信号放大、门电路控制、驱动等多个电路单元,采用多个芯片协调运作,使各部分传感器能按要求稳定工作。软件编程设计输出两路 PWM 信号,以占空比调节行走速度,同时控制多个传感器及电机的工作。

本设计解决了多传感同步工作、按设计轨迹行走及避障等多个难题,实现甲壳虫的仿生。甲壳虫的顶部的照片如图 8-1 所示,底部的照片如图 8-2 所示。

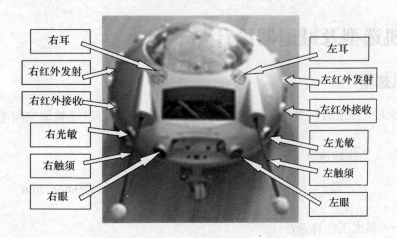

图 8-1　仿生甲壳虫顶部照片

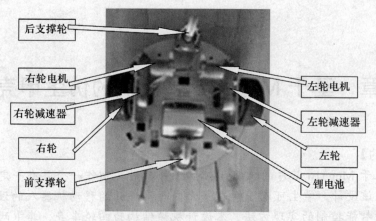

图 8-2 仿生甲壳虫底部照片

机器人的驱动系统由两个直流电机通过齿轮传动分别驱动两轮来实现,因此其运动形式为差动方式,即通过左右轮的不同转速来实现机器人的不同运动方式。轮3、4是偏心式定向轮,也称为万向轮,作为机器人运动的随动轮。C点为机器人的质心,F点为万向轮4相对于机器人本体的不动点,甲壳虫四轮平面如图8-3所示。

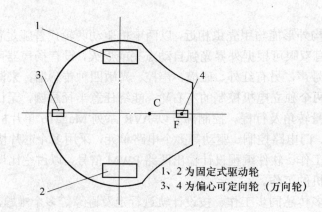

1、2 为固定式驱动轮
3、4 为偏心可定向轮(万向轮)

图 8-3 甲壳虫四轮平面图

8.2 电机选型及减速器设计

8.2.1 电机选型

考虑到仿生甲壳虫的自身质量轻,不要求其具有承载能力以及整体空间小等因素,电机选型如下。

1) 电机最大工作转速

$$n_{\max} = \frac{V_{\max}}{\pi D} \times i \times 60 = \frac{0.1}{3.14 \times 0.064} \times 51.24 = 1529.86 \text{r/min} \tag{8-1}$$

式中:$n_{\max}$——最大工作转速;

D——甲壳虫轮胎直径,$D=64\text{mm}$;

V_{max}——甲壳虫的最大移动速度,设定 $V_{max} = 0.1 \text{ m/s}$;

i——齿轮减速器的传动比 $i = 51.24$。

2) 甲壳虫轮胎的最大转矩

$$T_{max} = mg\mu \times \frac{D}{2} = 1.5 \times 10 \times 0.38 \times \frac{0.064}{2} = 0.18 \text{N} \cdot \text{m} \quad (8-2)$$

式中:T_{max}——机器人爬行时轮胎所受最大转矩;

m——机器人自重,设定 m=1.5kg;

μ——轮胎与地面的滑动摩擦系数,μ =0.38(参照橡胶与水泥地摩擦系数)。

3) 电机最大工作转矩

$$T_e = \frac{T_{max}}{i} = \frac{0.18}{51.24} = 0.0035 \text{N} \cdot \text{m} \quad (8-3)$$

式中:T_e——电机最大工作转矩。

4) 电机最大工作功率

$$P_{max} = \frac{T_e \times n_{max}}{9550} \times 10^3 = \frac{0.0035 \times 1529.86}{9550} \times 10^3 = 0.445(\text{W}) \quad (8-4)$$

式中:P_{max}——电机最大工作功率。

5) 选择电机

根据式(8-1)、式(8-3)、式(8-4)选择电机的参数,如表8-1所示。

表 8-1 所选电机参数

额定功率(W)	额定转矩(N·m)	最高工作转速(r/min)	最高电压(V)	额定电流(A)
0.5	0.01	1500	5	0.1

8.2.2 减速器设计

减速器采用三级齿轮减速,如图8-4所示。

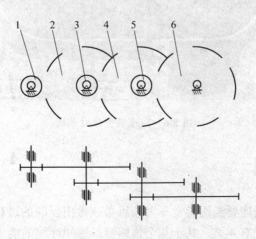

图 8-4 齿轮传动

各齿轮参数如表 8-2 所示。

表 8-2 各齿轮参数

齿轮参数	齿轮 1	齿轮 2	齿轮 3	齿轮 4	齿轮 5	齿轮 6
齿数	17	68	19	68	19	68
齿宽/mm	3.5	2	2	2	2	2
模数/mm	0.3	0.3	0.3	0.3	0.3	0.3

其中：齿轮 1 为主动件；齿轮 2、3 和齿轮 4、5 都为双联齿轮；齿轮 6 为输出；
各齿轮中心孔直径：$d=2mm$

传动比：$i = \dfrac{Z_2 \times Z_4 \times Z_6}{Z_1 \times Z_3 \times Z_5} = \dfrac{68 \times 68 \times 68}{17 \times 19 \times 19} = 51.24$

减速器齿轮传动效果图如图 8-5 所示，减速器整体效果图如图 8-6 所示。

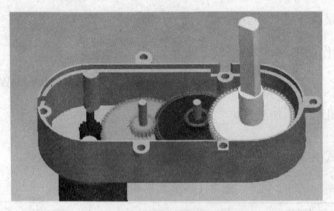

图 8-5 齿轮传动效果图

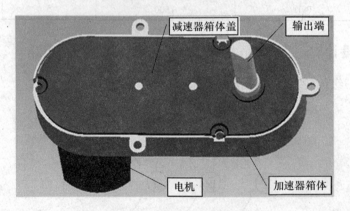

图 8-6 减速器整体效果图

8.3 传感器设计

人类对周围环境的反应要经历感觉→大脑思考→做出反映的过程，机器人的信息处理流程也是如此。仿生甲壳虫配有 4 类，共十几个传感器，感知环境的能力是产生智能行为的前提。

8.3.1 碰撞传感器

碰撞传感器是使甲壳虫有感知碰撞信息能力的传感器,如图 8-7 所示。甲壳虫的触须头上设置有两个碰撞开关(常开),当外界有障碍触碰到触须时,碰撞开关闭合,与此同时向甲壳虫大脑发出信号,说明触须方向有障碍,以使甲壳虫做出相应的避障。

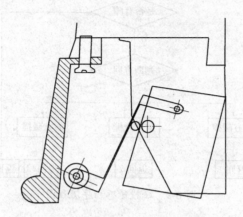

图 8-7　碰撞传感器结构示意图

1. 工作原理

在仿生甲壳虫上,两个碰撞开关接在一个电阻网络里,通过采集模拟口 PB0、PB1 电压值的变化来识别两个碰撞开关的闭合情况,从而判断出哪个方向有碰撞。如图 8-8,插座 P1、P2 处可直接连接触须(即碰撞传感器),初始状态 PB0 与 PB1 通过上拉电阻与 VCC 相通,处于高电平状态;当有碰撞发生时,信号端与电源 GND 端导通,处于低电平状态,通过检测电平的变化即可判断出哪个方向有障碍。接口电路如图 8-8 所示。

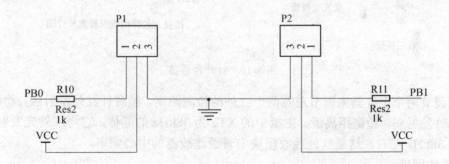

图 8-8　碰撞传感处理电路

2. 程序流程

碰撞子函数为 int bumper(),运行函数即可获得返回值 0(无碰撞)、1(左边碰撞)、-1(右边碰撞)或 2(两边均有碰撞)。其程序流程如图 8-9 所示。

8.3.2 红外传感器

仿生甲壳虫运用了两只红外发射管(970nm)、两只红外接收管构成红外传感系统,如图 8-10 所示,主要用来检测前方、左前方和右前方的障碍,检测距离范围为 10cm～80cm。

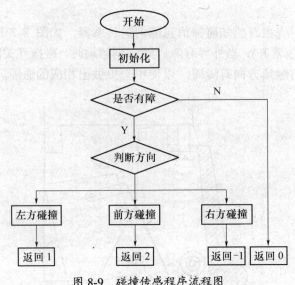

图 8-9 碰撞传感程序流程图

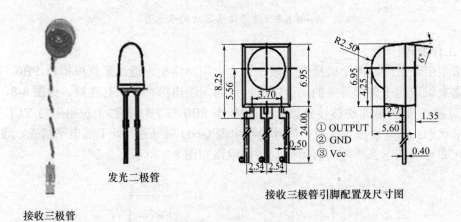

图 8-10 红外传感器

通过调节两个电位器来调节左右两个红外的检测距离,顺时针红外发射强,检测距离远,逆时针红外发射弱,检测距离近。主板中的 XT2 为 38kHz 的晶体,它将红外光发射的调制频率固化在 38kHz 左右,这是红外接收模块中带通滤波器的中心频率。

1. 工作原理

红外接收模块集成了红外接收管、前置放大器、限幅放大器、带通滤波器、峰值检波器、整前电路和输出放大电路,灵敏度很高。有时从红外管侧面和后面漏出的红外光也会被接受模块探测到,在仿生甲壳虫上,两个红外发射管和两个红外接收管都是先装在套管里,再固定在外壳上的,从而有效地避免了上述情况的发生。

红外接收模块只有在接收到了一定强度的红外光时才被检测到,认为有障碍。所以,当障碍物太细时,仿生甲壳虫可能会检测不到;当障碍物是黑色或深色时,会吸收大部分的红外光,而只反射回一小部分,有时会使接收模块接收到的红外光强度不够,不足以产生有障碍的信号。红外传感器的电路如图 8-11 所示。

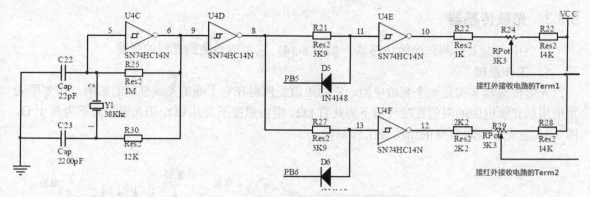

图 8-11 红外传感红外发射电路图

从图 8-12 中可以看出，I/O 口 PB3、PB4 分别控制左右红外光发射管的关闭和打开，可调电阻 R23 和 R28 控制左右红外光发射管的发射强度，红外电路能有效地防止噪声的干扰。红外以 38kHz 晶振方式发射，接收头的固化频率也同样为 38kHz。

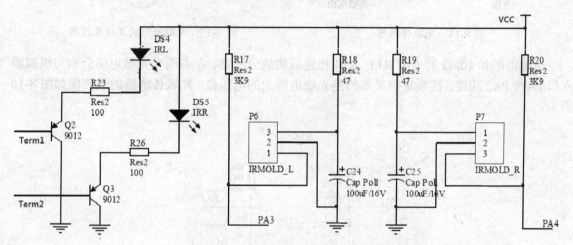

图 8-12 红外传感红外接收电路图

2. 程序流程

红外探测函数为 int ir_deector(int a)，当 a 为 1 时，即代表探测左边红外，为 2 时即探测右边红外。当程序中调用 ir_deector(int a)时，启动红外发射探测系统。首先，红外发射管发射，延时 1ms 后红外探测器探测一次信号，完成后，红外发射管关闭。流程图如图 8-13 所示。

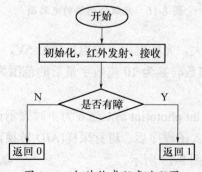

图 8-13 红外传感程序流程图

8.3.3 光敏传感器

仿生甲壳虫上有两只光敏传感器，如图 8-14，它可以检测到光线的强弱。

1. 工作原理

光敏传感器其实是一个光敏电阻，它的阻值受照射在它上面的光线强弱的影响。仿生甲壳虫所用的光敏电阻的阻值在暗环境下为几百 kΩ，室内照度下为几 kΩ，阳光或强光下为几十 Ω，图 8-15 是光敏电阻自身的结构及工作原理。

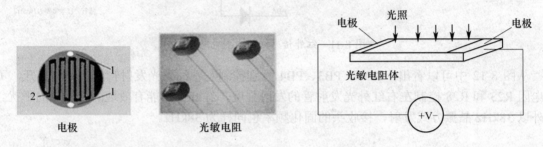

图 8-14 光敏传感器　　　　　　图 8-15 光敏电阻的工作原理图

光敏电阻和 10kΩ 的电阻 R13、R14 相连后构成分压器，左右两个光敏电阻分别与模拟输入口 PA1、PA2 相连，在系统中采集的是光敏电阻上的电压值。光敏传感器的线路图如图 8-16 所示。

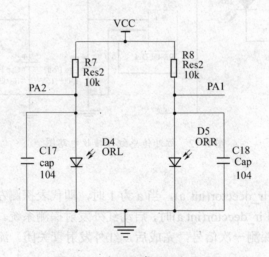

图 8-16 光敏传感器的电路图

光暗时，光敏电阻阻值很大，光敏电阻上的电压接近 5V，光强时，光敏电阻阻值很小，光敏电阻上的电压接近 0V，模数转换为 10 位数字量后的范围为 0～0x4ff。

2. 程序流程

光敏传感器的入口函数为 int photo(int a)，当 a 为 1 时表示读左光敏传感器状态，为 2 时表示读右光敏传感器状态。进入子程序后，进行采样(A/D 转换)，并与设定值比较返回 0、1，判断出光照强弱。程序流程如图 8-17 所示。

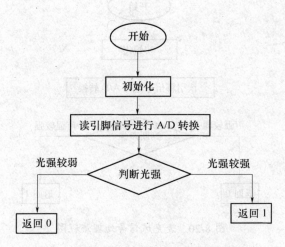

图 8-17 光敏传感程序流程图

8.3.4 声音传感器

仿生甲壳虫上的声音传感器,俗称咪头,见图 8-18。

1. 工作原理

如图 8-19 所示,声音传感器即麦克风采集到的信号通过 LM386(U1) 进行放大,放大倍数为 200,输出信号接至 PA0。没有声音时,电压为 2.5V 左右,转换为 8 位二进制数后得到的十进制整数为 127 左右,库函数 microphone() 对数据进行处理,使返回值为 0。当有声音时,LM386 的输出电压在 2.5V 上下波动,PA0 测得的电压和 2.5V 相减的绝对值越大,则声音越大。R4,C14 构成高频滤波,滤去线路板其他元器件产生的高频噪声。

图 8-18 声音传感器

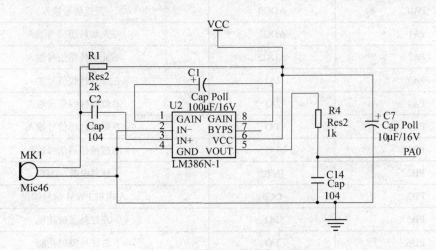

图 8-19 麦克风信号采集电路

2. 程序流程

声音传感器的库函数是 void microphone( ),在程序运行过程中此库函数仅在被调用到时执行一次,即采集数据一次。其流程如图 8-20 所示。

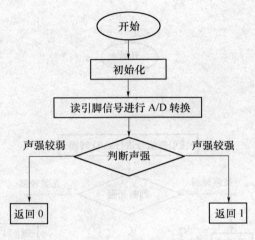

图 8-20 麦克风信号处理流程图

8.4 控制系统硬件设计

8.4.1 AVR 单片机系统

单片机系统采用 Atmel 公司的 ATMEGA16 微控制器(以后简称 M16)设计,开发板不再多述。

各传感器及执行部件与单片机系统间的引脚配置关系如表 8-3 所示。整个系统一共有 8 个输入,8 个输出,均为开关量。

表 8-3 甲壳虫接口与 Mega16 引脚配置关系

Mega16 引脚	功能描述	与甲壳虫接口配置关系
PA0	ADC0	麦克信号输入
PA1	ADC1	左光敏传感信号输入
PA2	ADC2	右光敏传感信号输入
PA3	I/O	左红外接收信号输入
PA4	I/O	右红外接收信号输入
PB0	I/O	左碰撞传感信号输入
PB1	I/O	右碰撞传感信号输入
PB2	INT2	外部中断,INT2
PB3	OC0	左电机 PWM 信号输出
PB5	I/O	左红外发射使能
PB6	I/O	右红外发射使能
PD0	I/O	左眼睛控制端口
PD1	I/O	右眼睛控制端口
PD2	INT0	左光电编码器信号输入

(续)

Mega16 引脚	功能描述	与甲壳虫接口配置关系
PD3	INT1	右光电编码器信号输入
PD4	OC1B	扬声器发声、PWM 输出
PD5	I/O	左电机驱动使能
PD6	I/O	右电机驱动使能
PD7	OC2	右电机 PWM 信号输出

8.4.2 电机驱动

仿生甲壳虫驱动 4 个电机，一共用到了 2 个 L298N。每个电机用 L298N 中的一组输入信号(如 IN1 与 IN2 或者 IN3 与 IN4)，每组信号中的两个信号是"非"的关系，即 IN2 是 IN1 的非信号，IN4 是 IN3 的非信号。电机驱动采用直流电机驱动芯片 SN754410，驱动电路如图 8-21 所示。

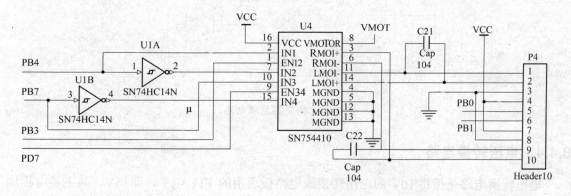

图 8-21 电机驱动电路

电机驱动采用直流电机驱动芯片 SN754410，该芯片采用四路高电流 half-H 驱动设计，其引脚及控制原理如图 8-22 所示。

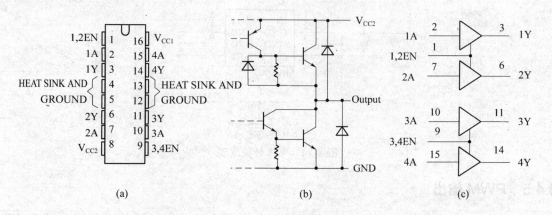

图 8-22 SN754410 引脚及控制原理
(a) SN754410 引脚图；(b) SN754410 工作原理图；(c) SN754410 引脚图。

213

SN754410 每路输出可以通过一对使能端，即 1，2EN(第 1 引脚)和 3，4EN(第 9 引脚)分别对驱动端 1A(第 2 引脚)、2A(第 7 引脚)和 3A(第 10 引脚)、4A(第 15 引脚)进行驱动，当使能端为高电平时，驱动被允许。外部高速输出钳位二极管将抑制瞬态感应输出。当使能端为低电平时，相关驱动被禁止，其输出关闭并处于高阻抗状态。

8.4.3 扬声器驱动

扬声器由 PD4 控制，可以通过软件修改频率及延时，以 PWM 输出方式播放音乐，也可以发出警报声，其电路原理如图 8-23 所示。

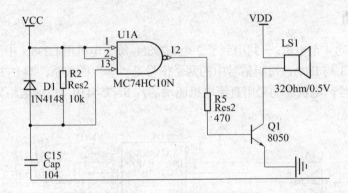

图 8-23 扬声器原理电路

8.4.4 电压转换电路

电压转换电路是指将 10V 的电压转换成电路板通用的 TTL 电平，即+5V，其主要由芯片 MAX603 完成，其原理如图 8-24 所示。VDD、VMOT 均为 10V 的输入电压，可用于电机和扬声器的驱动。电压从 1，4 引脚输入，8 引脚输出即为所需的+5V。

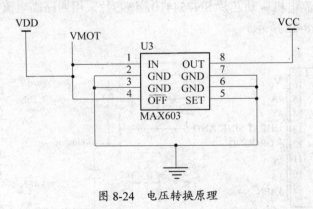

图 8-24 电压转换原理

8.4.5 PWM 输出

甲壳虫左右两个电机的驱动和喇叭播放音乐均采用 PWM 信号控制，由 PB3、PD7、PD4 三个端口输出，即两个 8 位的 PWM(T/C0、T/C2)信号和一个 16 位的 PWM(T/C1)输出，采用相位修正 PWM 模式。以下以 T/C0 为例说明原理、工作方式以及寄存器设置。

相位修正 PWM 模式(WGM01:0 = 1)基于双斜坡操作。计时器重复地从 BOTTOM 计到 MAX，然后又从 MAX 倒退回到 BOTTOM。在一般的比较输出模式下，当计时器向 MAX 计数时若发生了 TCNT0 与 OCR0 的匹配，OC0 将清零为低电平；而在计时器向 BOTTOM 计数时若发生了 TCNT0 与 OCR0 的匹配，OC0 将置位为高电平。工作于反向输出比较时则正好相反。与单斜坡操作相比，双斜坡操作可获得的最大频率小，但由于其对称的特性，十分适合于电机控制。

相位修正 PWM 模式的 PWM 精度固定为 8 比特，计时器不断地累加直到 MAX，然后开始减计数。在一个定时器时钟周期里 TCNT0 的值等于 MAX。时序图可参见图 8-25，图中 TCNT0 的数值用柱状图表示，以说明双斜坡操作。图中同时说明了普通 PWM 的输出和反向 PWM 的输出，TCNT0 斜坡上的小横条表示 OCR0 与 TCNT0 的比较匹配。

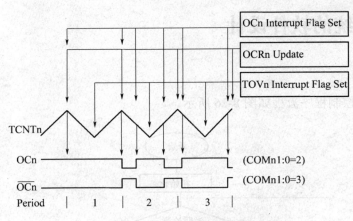

图 8-25 相位修正 PWM 模式的时序图

工作于相位修正 PWM 模式时，将 OC0 的数据方向设置为输出，比较单元可以在 OC0 引脚产生 PWM 波形。OCR0 和 TCNT0 比较匹配发生时 OC0 寄存器将产生相应的清零或置位操作，从而产生 PWM 波形。相位修正模式 PWM 频率可由下式获得：

$$f_{OCnPCPWM} = \frac{f_{clk\_I/O}}{N \cdot 510}$$

变量 N 表示预分频因子 (1、8、64、256 或 1024)。

如图所示，OCR0A 的值从 MAX 改变为其他数据。当 OCR0A 值为 MAX 时，引脚 OCn 的输出应该与前面降序记数比较匹配的结果相同。为了保证波形在 BOTTOM 两侧的对称，当 T/C 的数值为 MAX 时，引脚 OCn 的输出又必须符合后面升序记数比较匹配的结果。定时器从一个比 OCR0A 高的值开始记数，并因而丢失了一次比较匹配。

8.4.6 A/D 转换

ADC 通过逐次逼近的方法将输入的模拟电压转换成一个 10 位的数字量，最小值代表 GND，最大值代表 AREF 引脚上的电压再减去 1LSB。设置 ADMUX 寄存器的 REFS0、REFS1 位为零，选择外部参考电压，即在 AREF 上施加的外部参考电压。

通过写 ADMUX 寄存器的 MUX 位来选择模拟单输入通道，在此即将 PA0、PA1、PA2 作为模拟信号输入。通过设置 ADCSRA 寄存器的 ADEN 即可启动 ADC，将 ADEN 置位，参考电压及输入通道选择即生效，ADEN 写零时关闭 ADC。

向 ADC 启动转换位 ADSC 写"1"可以启动单次转换，在转换过程中此位保持为高，直到转换结束，然后被硬件清零。

ADC 转换结果为 10 位，存放于 ADC 数据寄存器 ADCH 及 ADCL 中，默认情况下转换结果为右对齐，单次转换的结果如下：

$$ADC = \frac{V_{IN} \cdot 1024}{V_{REF}}$$

式中，V_{IN} 为被选中引脚的输入电压，V_{REF} 为参考电压，0x000 代表模拟地电平，0x3FF 代表所选参考电压的数值减去 1LSB。

8.5 控制系统的软件设计

8.5.1 主程序

仿生甲壳虫主控制程序流程如图 8-26 所示。

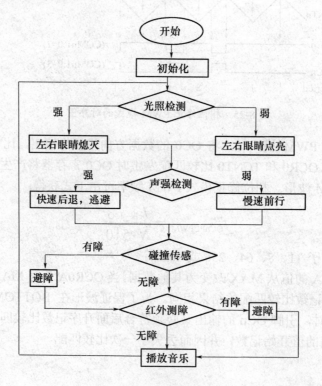

图 8-26 主程序流程图

主程序 Main.c 的源代码：
#define F_CPU 7372800
#include<avr/io.h>
#include<util/delay.h>

```c
#include<avr/pgmspace.h>
#include<avr/interrupt.h>
#include<avr/signal.h>
#define SET_L_EYE      PORTD&=~_BV(0);
#define CLR_L_EYE      PORTD|=_BV(0);
#define SET_R_EYE      PORTD&=~_BV(1);
#define CLR_R_EYE      PORTD|=_BV(1);
int vl;                              //左速度-70~70r/min
int vr;
int r;                               //半径 r
int n;                               //转圈数 n
int k;                               //maichong
int m;
int main(void)
{
    int right;
    int mic;
    int ir;
    int ir1;
    int ir2;
    DDRD|=_BV(0)|_BV(1);             //PD0~PD1 设置为输入
    DDRB|=_BV(5)|_BV(6);             //PB5~PB6 设置为输入
    PORTB|=_BV(5)|_BV(6);
    CLR_L_EYE;
    CLR_R_EYE;
    stop();
//  music();
    quan(80,1);
    stop();_delay_ms(3000);
    int2_init();                     //外部中断 2 初始化子程序
    while(1)
    {
        right=photo(1)&photo(2);
        if(right==0)
        {
            SET_L_EYE;
            SET_R_EYE;
        }
        else
        {
```

217

```
                CLR_L_EYE;
                CLR_R_EYE;
            }
/*          mic=microphone();
            if(mic==0)
            {
                yanjingshanshuo();
                drive(-40,-40);
                _delay_ms(1500);
            }*/
            ir1=ir_detector(1);
            ir2=ir_detector(2);
            if(ir1==0)
            {
                if(ir2==0)
                {
                    drive(-30,-33);_delay_ms(1000);drive(30,22);
                }
                else
                {
                    drive(30,22);
                }
            }
            else
            {
                if(ir2==0)
                {
                    drive(20,33);
                }
                else
                {
                    drive(30,33);
                }
            }
        }
    }
```

8.5.2 检测信号处理

1. 碰撞检测信号处理子程序

```
void pengzhuang(void)
```

```c
{
    m+=1;
    int key;
    int keyret;
    DDRB&=~(_BV(0)|_BV(1));
    PORTB|=_BV(0)|_BV(1);
    key=~PINB&0x03;
     if(m%2==0)
     {stop();
    if(key!=0x03)
        {
            _delay_ms(20);
          key=~PINB&0x03;
           if(key!=0x03)
            {
                yanjingshanshuo();
                switch(key)
                {
                    Case 0x01:didi();drive(-30,-44);_delay_ms(2000);drive(30,33);_delay_ms(1000);
                    break;
                    case 0x02:didi();drive(-40,-33);_delay_ms(2000);drive(30,33);_delay_ms(1000);
                    break;
                    case 0x00:didi();drive(-30,-33);_delay_ms(2000);drive(-40,-33);_delay_ms(1500);drive(40,33);_delay_ms(1000);
                    break;
                }
            }
        }}
}
```

2．光敏信号处理子程序

```c
static uint16_t g_aAdValue[8];
int photo(int a) //光敏传感器信号处理子程序
{
    uint8_t i;
    uint16_t ret;
    uint8_t max_id, min_id, max_value, min_value;
    if(a==1)
    {
        DDRA&=~_BV(1);
```

```c
            PORTA|=_BV(1);
            ADMUX=_BV(MUX0);
            ADCSRA=_BV(ADEN);
    }
    else
    {
            DDRA&=~_BV(2);
            PORTA|=_BV(2);
            ADMUX=_BV(MUX1);
            ADCSRA=_BV(ADEN);
    }
    for(i=0;i<8;i++)
    {
            ADCSRA|=_BV(ADSC);
            _delay_loop_1(60);
            while(ADCSRA&_BV(ADSC))
                    _delay_loop_1(60);
            ret=ADCL;
            ret|=(uint16_t)(ADCH<<8);
            g_aAdValue[i]=ret;
    }
    ret=0;
    for(i=1;i<8;i++)
            ret += g_aAdValue[i];
    ret /= 7;
    max_id = min_id = 1;
    max_value = min_value = 0;
    for(i=1;i<8;i++)
    {
        if(g_aAdValue[i]>ret)
        {
                if(g_aAdValue[i]-ret>max_value)
                {
                    max_value = g_aAdValue[i] - ret;
                    max_id = i;
                }
        }
        else
        {
                if(ret-g_aAdValue[i]>min_value)
                {
```

```
                    min_value = ret - g_aAdValue[i];
                    min_id = i;
            }
        }
    }
    // 去掉第一个和最大最小值后的平均值
    ret = 0;
    for(i=1;i<8;i++)
    {
            if((i!=min_id)&&(i!=max_id))
        ret += g_aAdValue[i];
    }
    if(min_id!=max_id)
    ret /= 5;
    else
    ret /= 6;
    ADCSRA = 0;                    // 关闭 ADC
    if(ret<=0x352)//0x300~0x3f0
    {
            ret=1;
    }
    else
            ret=0;
    return ret;
}
```

3. 声音信号处理子程序

```
int microphone(void) //麦克信号处理子程序
{
    uint8_t i;
    uint16_t ret;
    uint8_t max_id，min_id，max_value，min_value;
    DDRA&=~_BV(0);
    PORTA|=_BV(0);
    ADMUX=0;
    ADCSRA=_BV(ADEN);
for(i=0;i<8;i++)
    {
            ADCSRA|=_BV(ADSC);
            _delay_loop_1(60);
//          while(ADCSRA&_BV(ADSC))
```

```
//                  _delay_loop_1(60);
            ret=ADCL;
            ret|=(uint16_t)(ADCH<<8);
            g_aAdValue[i]=ret;
    }
    ret=0;
    for(i=1;i<8;i++)
            ret += g_aAdValue[i];
    ret /= 7;
    max_id = min_id = 1;
    max_value = min_value = 0;
    for(i=1;i<8;i++)
    {
        if(g_aAdValue[i]>ret)
        {
                if(g_aAdValue[i]-ret>max_value)
                {
                    max_value = g_aAdValue[i] - ret;
                    max_id = i;
                }
        }
        else
        {
                if(ret-g_aAdValue[i]>min_value)
                    {
                        min_value = ret - g_aAdValue[i];
                        min_id = i;
                    }
        }
    }
    // 去掉第一个和最大最小值后的平均值
    ret = 0;
    for(i=1;i<8;i++)
    {
            if((i!=min_id)&&(i!=max_id))
        ret += g_aAdValue[i];
    }
    if(min_id!=max_id)
    ret /= 5;
    else
```

```
        ret /= 6;
        ADCSRA = 0;                    // 关闭 ADC
        if(ret<=0x3f0)//0x300~0x3f0
        {
            ret=1;
        }
        else
            ret=0;
        return ret;
}
```

4．红外检测信号处理子程序

```
int ir_detector(int t)//红外检测信号处理子程序
{
    int key;
    int ret;
    if(t= =1)
    {
        DDRA&=~_BV(3);
        PORTA|=_BV(3);
        key=~PINA&0x08;
        if(key= =0x0)
        {
            _delay_ms(20);
            if(key= =0x0)
            {
                ret=1;
            }
        }
        else
        {
            ret=0;
        }
         PORTB&=~_BV(5);
        return ret;
    }
    else
    {
        DDRA&=~_BV(4);
        PORTA|=_BV(4);
        key=~PINA&0x10;
```

```c
        if(key==0x0)
        {
            _delay_ms(20);
            if(key==0x0)
            {
                ret=1;
            }
        }
        else
        {
            ret=0;
        }
        PORTB&=~_BV(6);
        return ret;
    }
}
```

8.5.3 控制功能程序设计

1. 眼睛闪烁子程序

```c
void yanjingshanshuo(void)
{
    SET_L_EYE;
    SET_R_EYE;
    _delay_ms(200);
    CLR_L_EYE;
    CLR_R_EYE;
    _delay_ms(200);
    SET_L_EYE;
    SET_R_EYE;
    _delay_ms(200);
    CLR_L_EYE;
    CLR_R_EYE;
    _delay_ms(200);
    SET_L_EYE;
    SET_R_EYE;
    _delay_ms(200);
    CLR_L_EYE;
    CLR_R_EYE;
    _delay_ms(200);
    SET_L_EYE;
```

```
    SET_R_EYE;
    _delay_ms(200);
    CLR_L_EYE;
    CLR_R_EYE;
}
```

2. 电机控制子程序

drive(int vl, int vr)为甲壳虫驱动子程序，有两个参数：vl——左轮转速；vr——右轮转速。程序中调用了 pwm_l(int vl) 和 pwm_r(int vl)，pwm_l(int vl)——左轮 PWM 波形产生子程序和 pwm_r(int vr) ——右轮 PWM 波形产生子程序。

stop(void)为甲壳虫停止运动子程序。

rotation(int k)为甲壳虫旋转子程序。

```
void drive(int vl, int vr)
{
    pwm_l(vl);
    pwm_r(vr);
//    DDRD|=_BV(6);
//    PORTD|=_BV(6);
    DDRD|=_BV(5)|_BV(6);
    PORTD|=_BV(6)|_BV(5);
}
void pwm_l(int vl) //左轮 PWM 波形产生子程序
{
    PORTB&=~_BV(3);
    DDRB|=_BV(3);
    TIMSK=0;
    TCCR0=_BV(WGM00)|_BV(COM01)|_BV(CS00);
    OCR0=(vl+70)*0xff/140;
    TCNT0=0;
}
void pwm_r(int vr)
{
    PORTD&=~_BV(4);
    DDRD|=_BV(4);
    TIMSK=0;
    TCCR1A=_BV(WGM10)|_BV(COM1B1);
    TCCR1B=_BV(CS10);
    OCR1B=(vr+70)*0xff/140;
    TCNT1=0;
}
void stop(void)
```

```c
{
    DDRD|=_BV(5)|_BV(6);
    PORTD&=~(_BV(5)|_BV(6));
}
void rotation(int k)
{
    int jk;
    int0_init();
    for(;k>0;)
    {
        jk=GIFR&0x40;
        if(jk!=0)
        {
            _delay_ms(20);
            jk=GIFR&0x40;
            if(jk!=0)
            {
                k-=1;
                GIFR|=_BV(INTF0);
            }
        }
    }
    GICR=_BV(INT0);
}
void rotation_r(int k)
{
    int jk;
    for(;k>0;)
    {
        jk=GIFR&0x80;
        if(jk!=0)
        {
            k-=1;
            GIFR|=_BV(INTF1);
        }
    }
}
void quan(int r, int n)
{
    vr=55;
```

```
    vl=30*r/(170+r)+20;
    drive(vl,vr);
    k=66*r*n/65;
    rotation(k);
    k=66*170*n/65;
    rotation(k);
}
```

2. 中断服务程序

1) 外部中断 2 的初始化

```
void int2_init(void)
{
    DDRB&=~_BV(2);
    PORTD|=_BV(3);
    MCUCSR|=_BV(ISC2);
    GICR=_BV(INT2);
    sei();
}
```

2) 外部中断 2 的中断服务程序

对连接在 PB0 和 PB1 上的左右触须是否碰到障碍物的信号读取,我们采取的是中断方式,而非常见的查询方式,这种方式可提高 CPU 的相应速度和执行效率。硬件电路中我们将 PB0 和 PB1 连接到一个"或"门芯片上,然后再将两信号相或的输出信号连接到外部中断 2 的引脚 INT2 上。这样,一旦两触须中有碰到障碍的时候,首先会触发外部中断 2 的中断服务程序,然后在该程序执行名为 pengzhuang()的子程序,在该子程序里再读取 PB0 和 PB1 的具体数值,查看到底是哪个触须碰到了障碍。

```
SIGNAL(SIG_INTERRUPT2)
{
    pengzhuang();
//  yanjingshanshuo();
//  drive(30,33);
}
```

8.6 结论

仿生甲壳虫在外形上模仿生物甲壳虫,设有双眼、触角等结构,设计制作涉及了机械结构、电子电路、计算机软件、传感器等多课程知识。实验表明,设计的仿生甲壳虫具有一般机器人常有的光强判断、碰撞测障、红外测障、声音检测等多种感知功能,以及实现多种动作的无级控制。系统的软件编写通过 GCC 语言完成,GCC 语言是一种高级语言,它具有简单易学、编程快速等优点。

仿生甲壳虫的软硬件设计,集成了机电一体化技术,提供了光敏、碰撞、声音、红外等传感器的应用,单片机系统设计,多个直流电机的复合控制,单片机程序设计等多种实验条件,可以作为测控技术与仪器专业实验教学和科技竞赛的优秀平台,并且其技术可以应用推广到各种测控系统中。

参考文献:

[1] 马忠梅. 单片机的 C 语言应用程序设计. 北京:北京航空航天大学出版社, 1997.

[2] 余锡存, 曹国华.单片机原理及接口技术.西安:西安电子科技大学出版社, 2000.

[3] 祝诗平. 传感器与检测技术. 北京:北京大学出版社, 2006.

[4] 姜立华, 等. 常用电工电子线路 200 例. 北京:中国电力出版社, 2008.

[5] 广茂达. 能力风暴智能机器人开发系统使用手册. 广茂达有限公司, 2008.

[6] 吕泉. 现代传感器原理及应用. 北京:清华大学出版社, 2006.

[7] 赵艳华, 等. Protel 99SE 原理图与 PCB 设计. 北京:电子工业出版社, 2007.

[8] 潘永雄, 等. 电子线路 CAD 实用教程. 西安:西安电子科技大学出版社, 2001.

[9] 吴双力, 等. AVR—GCC 与 AVR 单片机 C 语言开发. 北京:航空航天大学出版社, 2004.

[10] LM386-1 Low voltage audio power amplifier.

[11] MC74HC10 Triple 3-input nand gate.

[12] ATMEGA16_datasheet_en.pdf.

[13] SN754410 Quadruple half-h driver.

[14] MAX603 5V/3.3V or Adjustable,Low-Dropout,Low I_Q,500mA Linear Regulators.

[15] SN74HC14 Hex Schmitt-trigger inverters.

第九章 基于 PLC 的四轴数控加工中心的控制系统

【学习目的】

通过本案例的学习，可以使学生对加工中心的组成及数控系统的原理和方法有较深入的认识，掌握 PLC 基本应用技巧，PLC 控制交流伺服电机、步进电机的方法，以及交流电动机的变频调速方法，培养学生对加工中心多轴运动控制的综合编程能力。

9.1 数控加工中心的功能描述

9.1.1 总体结构概述

数控加工技术已经深入到机械行业的各种加工中，数控加工技术以工序集中、高速、高效、高精度以及方便使用的特点得到了社会的认可。数控加工技术综合了计算机、自动控制、电气传动、测量技术、机械制造等多项技术，成为 20 世纪以来逐步发展起来的机床控制的新技术，是一门交叉学科。数控加工中心是一种带有刀库，并能自动更换刀具，对工件能够在一定的范围内进行多种加工操作的数控机床，数控加工中心在机械加工中已经日益普遍，数控加工技术也得到了深入发展，并成为机械制造工业提升改造和实现自动化、柔性化、集成化生产的重要手段和标志。

本案例主要介绍了 HJD-4 型小型数控加工中心的基本结构，着重介绍了数控加工中心的控制系统的原理及控制方法，包括可编程序控制器 PLC，交流异步电动机的变频调速系统，步进电动机多轴联动的控制系统，交流伺服电机控制系统等，给出了该系统的控制电路图、控制软件程序，设计了综合调试试验，完成了对特定零件的加工。

小型数控加工中心是典型的教学实验产品，由机械工作台、电气控制系统、主控计算机及软件等组成，其整体结构如图 9-1 所示。

其中电气控制系统是本案例设计的重点，主要包括：可编程控制器 PLC、主轴电机及变频调速器、交流伺服电机及其控制器、步进电机及其控制器、CJ1W-NC213 定位模块、PLC 与 PC 通信接口板、继电器、接触器及控制面板等。

本案例以数控加工中心 HJD-4 的控制系统为研究对象，通过采用 PLC 对步进电机、交流异步电机、交流伺服电机等的控制，实现小型数控加工中心的四轴联动控制。通过本案例的设计与学习，可以对自动化专业、机械电子工程专业的各门专业课进行系统理解和综合应用，充分理解数控加工中心的控制系统，掌握各个控制模块的控制原理及控制方法；更重要的是锻炼学生的实践动手能力，提高发现问题、分析问题和独立解决问题的能力，培养科学研究思想，为以后的学习和深造打下良好基础。

HJD-4 机电一体化教学实验系统由机械工作台、电气控制系统、控制软件三大部分组成。

图 9-1 教学实验型小型数控加工中心的整体结构

HJD-4 小型数控加工中心的主要用途如下：

(1) 用于"机电传动控制"、"可编程控制器原理与应用"、"机床电气控制"、"机电一体化控制技术与系统"等课程的实验教学。

(2) 为自动化类、机电类本科生、专科生的课程设计及毕业设计提供实践环节。

(3) 为教师和相关科技人员从事机电产品开发提供实验平台。

(4) 为企业培养机电一体化设备的维护管理人员。

1．机械工作台

HJD-4 小型数控加工中心由 X、Y、Z、C 四轴工作台和刀库机械手组成，其坐标系如图 9-2 所示。

图 9-2 机械工作台坐标系

其中 X 轴和 Z 轴由位置控制单元 CJ1W-NC213 控制,分别由步进电机驱动器驱动步进电机后,通过滚珠丝杠传动而作直线运动,并可实现两轴联动;Y 轴由 PLC 直接控制伺服驱动器驱动交流伺服电机,通过滚珠丝杠传动后作直线运动;C 轴由 PLC 直接控制步进电机控制器,从而驱动步进电机,通过蜗轮蜗杆传动作旋转运动;T 轴由 PLC 控制步进电机驱动器驱动步进电机,通过蜗轮蜗杆传动作旋转运动。主轴由 PLC 控制变频器,变频器控制交流异步电动机实现无级调速,T 轴的 X 向进给运动以及主轴的松、夹刀则由液压系统驱动。

2. 电气控制系统

HJD-4 控制系统是本案例阐述的重点,其控制核心为 OMRON(欧姆龙)PLC,包括交流变频调速系统、步进电机控制系统、交流伺服控制系统,以及相应的低压电器器件和控制面板、面板接线端子等。

电气控制柜通过前面板的接线端子与机械工作台的微加工中心连接,实现对微加工中心的控制。其硬件部分的控制系统结构如图 9-3 所示。

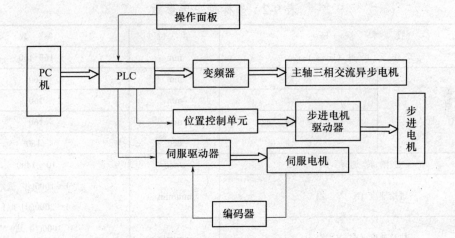

图 9-3 控制系统结构框图

在四轴数控加工中心的控制系统中,涉及到步进电机控制、交流伺服电机控制、交流电机变频调速控制等,图 9-3 中,各器件的功能分配如表 9-1 所示。

表 9-1 控制系统器件功能分配表

PLC 输出	继电器	接触器	断路器	控制对象
		KM1	QF1	系统总电源
103.00	KA1	KM2	QF2	步进电机控制器电源
103.01	KA2	KM3	QF3	交流伺服电机控制器电源
103.02	KA3	KM4	QF4	变频器电源
103.03	KA4	KM5	QF5	交流异步电机电源(正转)
103.05	KA6	KM7	QF7	液压系统电源
103.06	KA7	YA1 电磁铁		松刀
103.07	KA5	KM6	QF5	交流异步电机电源(反转)

3. 控制软件

个人计算机是整个控制系统的上位机，完成两大功能：

(1) 通过 RS232 串行通信与 HJD-4 控制系统中的 PLC 连接，形成两级控制系统，实现对 PLC 的监控及两级控制。

(2) 通过 SC-09 编程电缆与 PLC 连接，利用 CX-Programmer7.1 编程工具实现 PLC 的编程，包括程序的输入输出、监控、在线调试等。

9.1.2 主要技术参数

1. 输入电压

三相四线：交流 380V，50Hz

2. 坐标轴参数

坐标轴主要参数如表 9-2 所示。

表 9-2 坐标轴主要参数

技 术 规 格		单 位	参 数
工作台尺寸(长×宽)		mm	160×160
行 程	X 轴	mm	160
	Y 轴	mm	160
	Z 轴	mm	160
	C 轴	deg	±180
主轴转速范围		r/min	10～1400
进给速度 (X、Y、Z)		mm/min	1～1000(步 进)
			1～2000(伺 服)
快移速度 (X、Y、Z)		mm/min	1000(步 进)
			2000(伺服)
刀库刀具容量		把	8
脉冲当量	X 轴	mm	0.025
	Y 轴	mm	0.0005
	Z 轴	mm	0.025
	刀库	mdeg	0.74

3. 计算机环境

1) 硬件环境

CPU：Intel Celeron400 以上；

内存：不小于 64MB；

显示器：800×600 以上，颜色设置为 256 色以上；

串行通信口：两个。

2) 软件环境

操作系统平台：Win98/WinMe/Win2000/WinXP；

应用软件：Visual Basic 6.0 、CX-Programmer7.1。

9.2 交流变频调速系统

交流变频调速系统用来进行主轴调速。

9.2.1 主要元器件选型

1. 断路器

该系统所选断路器型号为 CHNT D247-60 C6，断路器作用可以概括为以下几点：

(1) 正常情况下接通和断开强电回路的空载电流。

(2) 在系统发生故障时，能与保护装置和自动装置相配合，迅速切断电流，防止事故扩大，从而保证系统安全运行。

断路器实质就是一种开关，它和其他普通开关的不同点主要在：

(1) 适用电压等级高。

(2) 采用了灭弧方式。

(3) 具有欠电压、过电流、过热等保护功能，安全性高。

2. 继电器和接触器

1) 继电器

继电器是一种电子控制器件，它具有控制系统(又称输入回路)和被控制系统(又称输出回路)的控制功能，通常应用于自动控制电路中，它实际上是用较小的电流去控制较大电流的一种"自动开关"。故在电路中起着自动调节、安全保护、转换电路等作用。该系统所选的继电器型号为欧姆龙 MY2NJ 24VDC。

2) 接触器

接触器分为直流接触器、交流接触器、真空接触器、半导体接触器 4 种。在这里，选用广泛用在电力控制电路的 LC1-D09，LC1-D18，LC1-D25 等交流接触器。交流接触器利用主触点来开闭电路，用辅助触点来执行控制指令。主触点一般只有常开触点，而辅助触点常有两对具有常开和常闭功能的触点，小型的接触器也经常作为中间继电器配合主电路使用。

3) 两者区别

(1) 继电器一般没有主触点，只有辅助触点。

(2) 继电器辅助触点电流一般小于 10A，多数在 5A；接触器主触点电流大于 10A。

(3) 继电器辅助触点比较多，用于控制回路；接触器辅助触点少，用于主回路控制。

3. 可编程序控制器 PLC

可编程控制器具有灵活性和通用性强、抗干扰能力强、可靠性高的特点，因此根据需要我们选择 PLC 作为控制核心。可编程控制器由电源、中央处理器、编程器、存储器、输入输出单元 5 个基本部分组成。

欧姆龙公司的可编程控制器 SYSMAC CP1H 是一种用于实现高速处理、多功能的程序包型 PLC。配备与 CS/CJ 系列共通的体系结构，与以往产品 CPM2A 40 点输入输出型尺寸相同，但处理速度可提高约 10 倍。对于 X 型 CPU 单元单体，内置输入 24 点/输出 16 点。通过扩展 CPM1A 系列的扩展 I/O 单元，CP1H 整体可以达到最大 320 点的输入输出，同时通过扩展 CPM1A 系列的扩展单元,也能够进行功能扩展(温度传感器输入等)。通过安装选件板,可进行 RS-232C 通信或 RS-422A/485 通信(PT、条形码阅读器、变频器等的连接用)。通过扩展 CJ 系列高功能单元,可扩展向高位/低位的通信功能等。

PLC 的开关量输出单元有晶体管型、双向晶闸管型、继电器输出型 3 种。由于在该系统中需要输出大量频繁的通断,虽然继电器输出单元的负载可以有直流和交流,但是使用寿命短,因此应选用晶体管型或晶闸管型。

综合考虑上述 PLC 优点、系统所需要的 I/O 口点数及使用特点,选型为 CP1H-X40DT-D 型 PLC。由于内置输入只有 24 点,输出 16 点,因此需要外加一个扩展单元,根据需要的输入输出点数及其经济性,选用 CPM1A-16ER 型扩展单元。

主要元器件如图 9-4 所示。

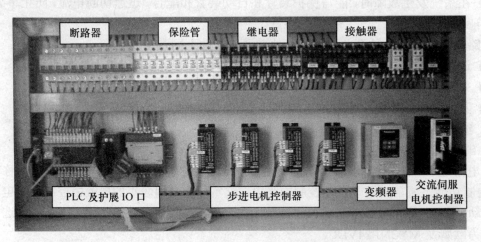

图 9-4 控制系统主要元器件布局

各接线端子将接口预留在前面板,通过接线端子面板,可以灵活地实现不同的电路接法,如图 9-5。外部操作控制开关与 PLC 相连,如图 9-6。

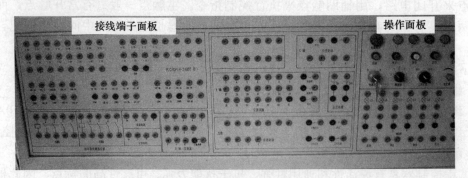

图 9-5 接线端子与操作面板

如图 9-6 所示,由于 PLC 需要外部提供 24V 直流电源,因此这里选择 24V 直流开关电源。

4. 三相交流异步电动机

由于主轴只需旋转带动刀具完成加工,对电机要求不高,而异步电动机结构简单,制造、使用和维护方便,运行可靠,能满足大多数机械的使用要求,因此选用三相异步电动机带动主轴转动,用来完成刀具的转动和零件的加工动作。

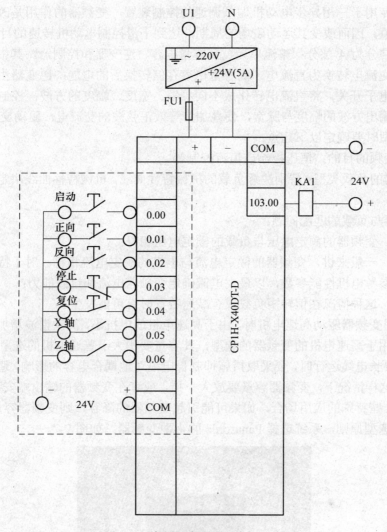

图 9-6 外部操作控制开关与 PLC

根据数控加工中心的要求,选定所需的转速及功率,选用武汉微型电机厂生产的三相异步电机,型式:AO5614,功率:90W,额定转速:1400r/min。

5. 变频器

由于主轴上装有各种刀具,而各种刀具工作的速度不一,因此需要主轴能够有变速功能。由于 $n=(1-s)60f/p$,其中 n 为异步电机转速,s 为转差率(和电机本身特性有关,不易调节),f 为电源频率,p 为电机的磁极对数。因此感应式交流电机的旋转速度取决于电机的极数和电源频率。电机的工作原理决定电机的极数一般是固定不变的,并且电机的极对数不是一个连续的数值,例如极数为 2,4,6,所以一般不适合通过改变该值来调整电机的速度,而频率能够在电机的外面调节后再供给电机,这样电机的旋转速度就可以被自由地控制。但是如果仅改变频率而不改变电压,频率降低时会使电机处于过电压(过励磁),导致电机可能被烧坏。因此通过改变三相异步电动机定子绕组电压的频率即可改变转子的旋转速度,当改变频率的同时改变电压的大小,使电压与频率的比值等于常数(恒压频比),实质是保持电机的恒励磁,则可保证电动机的最大输出转矩不变。

变频器是专用于三相异步电动机调频调速的控制装置,变频器的作用是改变交流电机供电的频率和幅值,因而改变其运动磁场的周期,达到平滑控制电动机转速的目的。

变频器通常分为4部分:整流单元、高容量电容、逆变器和控制器。其中整流单元将工作频率固定的交流电转换为直流电;高容量电容存储转换后的电能;逆变器由大功率开关晶体管阵列组成电子开关,将直流电转化成不同频率、宽度、幅度的方波;控制器按设定的程序工作,控制输出方波的幅度与脉宽,使叠加为等效正弦波的交流电,驱动交流电动机。

变频器选型时要确定以下几点:

(1) 采用变频的目的:恒压控制或恒流控制等。

(2) 变频器的负载类型:特别注意负载的机械特性曲线,机械特性曲线决定了应用时的方式方法。

(3) 变频器与负载的匹配问题:

电压匹配:变频器的额定电压与负载的额定电压相符;

电流匹配:一般来讲,变频器的额定电流与电机的额定电流相符。对于特殊的负载如深水泵等则需要参考电机性能参数,以最大电流确定变频器电流和过载能力;

转矩匹配:这种情况在恒转矩负载或有减速装置时有可能发生。

(4) 在使用变频器驱动高速电机时,由于高速电机的电抗小,高次谐波增加导致输出电流值增大。因此用于高速电机的变频器的选型,其容量要稍大于普通电机的选型。

(5) 如果要长电缆运行时,要采取措施抑制长电缆对地耦合电容的影响,避免变频器出力不足,所以在这样情况下,变频器容量要放大一挡,或者在变频器的输出端安装输出电抗器。

(6) 对于一些特殊的应用场合,如果可能引起变频器的降容,则变频器容量要放大一挡。

根据以上选型原则,系统选择Panasonic的小型变频器,如图9-7。

图9-7 Panasonic的小型变频器

9.2.2 转向控制原理

三相异步电动机定子三相绕组接入三相交流电,产生旋转磁场,旋转磁场切割转子绕组产生感应电流和电磁力,在感应电流和电磁力的共同作用下,转子随着旋转磁场的旋转方向转动。因此转子的旋转方向是通过改变定子旋转磁场的旋转方向来实现的,而旋转磁场的旋转方向只需改变三相定子绕组任意两相的电源相序就可实现。其控制电路图如图9-8所示。

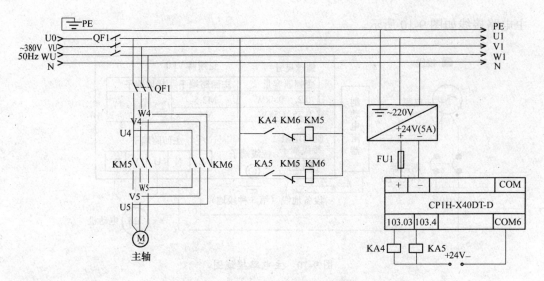

图 9-8 主轴电机正反转控制原理

由于系统所使用的 PLC 为欧姆龙 CPIH-X40DT-D，输出为晶体管型。由于晶体管输出型的输出电流比较小，只有 0.5A，不能直接驱动接触器的线圈，因此在电路中用继电器 KA4、KA5 做中间转换器，起到放大电流的作用。

从图 9-8 可以看出，当 PLC 输出端 103.03 闭合时，即继电器 KA4 闭合时，接触器 KM5 得电，KM5 的主触点闭合，接通主轴电机正转；当 PLC 输出端 103.04 闭合时，继电器 KA5 闭合时，接触器 KM6 得电，KM6 的主触点闭合，接通主轴电机反转，通过 PLC 控制输出端 103.03 或 103.04 的闭合来实现正反转。在 KM5 和 KM6 线圈回路中互串常闭触头进行硬件互锁，保证软件错误后不至于引起主回路短路。

9.2.3 变频调速控制原理

利用变频器改变频率、电压来调节三相交流异步电动机的速度，使用变频器时要考虑操作模式和频率设定模式。

1. 变频器的接线

变频器端子罩内部的宏观结构如图 9-9 所示。

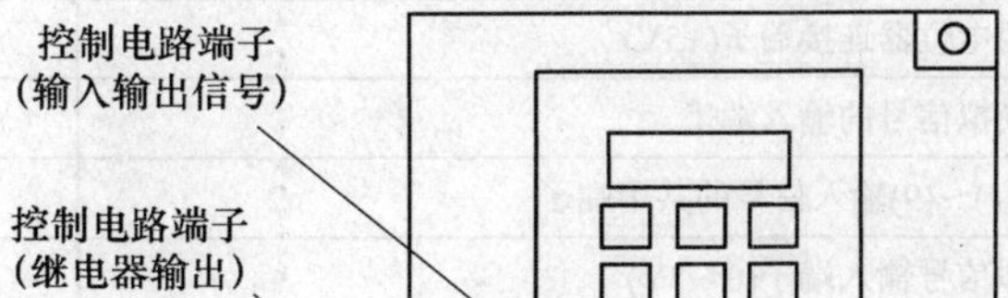

图 9-9 变频器端子罩内部结构图

主电路接线如图 9-10 所示。

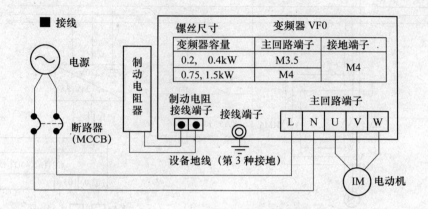

图 9-10 主电路接线图

控制回路的接线如图 9-11 所示。

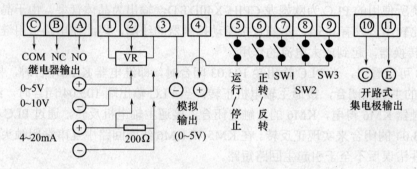

图 9-11 控制电路接线图

2．变频器端子功能

变频器各端子功能如表 9-3 所示。

表 9-3 变频器各端子功能

端子 NO.	端子功能	关联数据
1	频率设定用电位器连接端子(+5V)	P09
2	频率设定模拟信号的输入端子	P09
3	(1)、(2)、(4)~(9)输入信号的共用端子	
4	多功能模拟信号输入端子(0~5V)	P58，59
5	运行/停止、正转运行信号的输入端子	P08
6	正转/反转、反转运行信号的输入端子	P08
7	多功能控制信号 SW1 的输入端子	P19，20，21
8	多功能控制线号 SW2 的输入端子 PWM 控制的频率切换用输入端子	P19~21 P22~24
9	多功能控制线号 SW2 的输入端子 PWM 控制时的 PWM 信号输入端子	P19~21 P22~24

(续)

端子 NO.	端子功能	关联数据
10	开路式集电极输出端子(C：集电极)	P25
11	开路式集电极输出端子(E:发射集)	P25
A	继电器接点输出端子(NO:出厂配置)	P26
B	继电器接点输出端子(NC：出厂配置)	P26
C	继电器接点输入端子(COM)	P26

3．重要参数设置

1) 选择运行指令 P08

设置该参数可选择操作面板或外控操作的输入信号来进行运行/停止和正/反转。该参数设置数据对应的含义，如表 9-4 所示。

表 9-4　P08 参数设置

设定数据	面板外控	操作板复位功能	操作方法　控制端子连接图
0	面板	有	运行：RUN；停止：STOP；正反转：用 dr 模式设定
1	面板	有	正转运行：▲RUN，反转运行：▼RUN；停止：STOP
2	外控	无	共用端子　ON:运行/OFF:停止　ON:反转/OFF:正转　[3][5][7]
4	外控	有	
3	外控	无	共用端子　ON:运行/OFF:停止　ON:反转/OFF:正转　[3][5][6]
5	外控	有	

2) 频率设定信号 P09

设置该参数可以选择面板操作或是外部输入信号来进行频率设定信号的操作。该参数设置对应的含义如表 9-5 所示。

表 9-5　P09 参数设置

设定数据	面板外控	设定信号内容	操作方法•控制端子连接图
0	面板	电位器设定(操作板)	频率设定钮：Max(最大频率)Min 最低频率(或零电位停止)
1	面板	数字设定(操作板)	用 MODE、▲、▼、SET 键，利用"Fr"模式进行设定
2	外控	电位器	端子 No.1，2，3(将电位器的中心引线接到 2 上)
3	外控	0~5V(电压信号)	端子 No.2，3(2：+，3：-)
4	外控	0~10V(电压信号)	端子 No.2，3(2：+，3：-)
5	外控	4~20mA(电流信号)	端子 No.2，3(2：+，3：-)，在 2~3 之间连接 200Ω

4. 正反转控制模式

对于电动机正、反转的控制，可以如 9.2.2 节中介绍的那样，不通过变频器，直接由接触器控制三相电机的通电相序来实现，但这种方式下不能同时进行调速。

采用变频器可以将三相交流电机的变频调速与正反转统一控制。

采用变频器进行电机正反转控制包括外部操作和面板操作两种模式，通过专用参数的设定来实现。

面板操作模式：通过变频器自带面板上的操作键实现正转、反转控制。具体来说：设定 P08=0，待电机运转后，一直按操作面板上的 MODE 键直到显示 dr，按 SET 键，显示 L-F，而后按▲键将显示 L-r，按下 SET 键确定数据，再按下 RUN 即可；或是设定 P08=1 时可以按上、下键进行正反转。

外部操作模式：通过接在变频器输入端的开关信号的接通、断开实现正转、反转控制。具体来说，即设定 P08=3 是根据变频器控制电路中的端子 5、6 的通断而定的。

5. 频率设定模式

运行频率的设定方式分为面板设定、外部设定两种，通过专用参数的设定来确定。

面板设定模式：通过变频器自带面板上的电位器(P09=0)或专用键(P09=1 且 P08≠1)来设定频率的大小。

外部设定模式：通过变频器上专用输入端上的电位器、电压信号、电流信号、开关编码信号或是 PWM 信号来设定频率的大小。

6. 变频调速控制电路

利用外部电位器来调节频率，外部控制和外部电位器频率设定工作方式控制电路如图 9-12 所示。

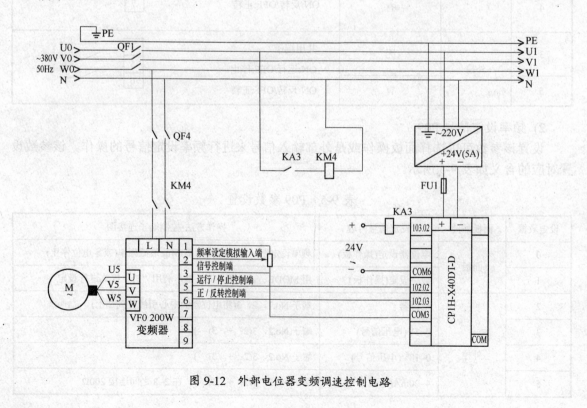

图 9-12 外部电位器变频调速控制电路

9.3 步进电机控制系统

9.3.1 主要元器件选型

典型的步进电机驱动控制系统由三部分组成:
(1) 步进电机。
(2) 驱动器,把 PLC 输出的脉冲加以放大,以驱动步进电动机。
(3) 位置控制单元。
其控制系统框图如图 9-13 所示。

图 9-13 步进电动机典型控制系统

1. 步进电动机

步进电动机是一种将电脉冲信号转换为相应的角位移或直线位移量的机电执行元件,即步进电动机输入的是脉冲信号,输出的是角位移或直线位置。在非超载的情况下,电机的转速、停止的位置只取决于脉冲信号的频率和脉冲数,而不受负载变化的影响,即给电机加一个脉冲信号,电机则转过一个步距角,且运动速度正比于脉冲频率,角位移正比于脉冲个数。这一线性关系的存在,加上步进电机只有周期性的误差而无累积误差等特点,使得在速度、位置等控制领域用步进电机来控制变得非常的简单。

对步进电机的选型,主要考虑三方面的问题:

第一,步进电机的步距角要满足进给传动系统脉冲当量的要求;

第二,步进电机的最大静力矩要满足进给传动系统的空载快速启动力矩要求;

第三,步进电机的启动矩频特性和工作矩频特性必须满足进给传动系统对启动力矩与启动频率、工作运行力矩与运行频率的要求。

总之,应遵循以下原则:

(1) 应使步距角和机械系统相匹配,以得到机床所需的脉冲当量。有时为了在机械传动过程中得到更小的脉冲当量,一是改变丝杠的导程,二是通过步进电机的细分驱动来完成。但细分只能改变其分辨率,不能改变其精度。精度是由电机的固有特性所决定的。

(2) 要正确计算机械系统的负载转矩,使电机的矩频特性能满足机械负载要求,并有一定的余量,保证其运行可靠。在实际工作过程中,各种频率下的负载力矩必须在矩频特性曲线的范围内。一般来说,静力矩大的电机,其承受的负载力矩也大。

(3) 应当估算机械负载的负载惯量和机床要求的启动频率,使之与步进电机的惯性频率特性相匹配,还有一定的余量,使之最高速连续工作频率能满足机床快速移动的需要。

(4) 合理确定脉冲当量和传动链的传动比。

根据以上选型原则,X、Z 轴步进电机型号选为两相混合式步进电机 56BYG250E,C 轴(旋转工作台)的步进电机选为 45BYG250B,T 轴(换刀)的步进电机选型为 42BYG250C 型电动机。步进电机的驱动电流为 1.5A,步距角 1.8°。

2. 步进电机驱动器

1) 步进电机驱动器

步进电机的运行需要有一电子装置进行驱动，这种装置就是步进电机驱动器，它是把控制系统发出的脉冲信号放大以驱动步进电机。步进电机驱动器包括脉冲发生器、脉冲分配器、推动级、驱动级等电路。脉冲分配器用以使驱动器输出的脉冲按一定的顺序分配给步进电机各相绕组，即进行脉冲分配。

2) 细分驱动原理

如果要求在不改变电动机结构的前提下使步进电机有更小的步距角，并且减小电动机振动、噪声等，可以在每次输入脉冲切换时，不是将绕组脉冲全部通入或者切除，而只是改变相应绕组中脉冲的一部分，则电动机转子的每步运动也只有步距角的一部分。因此，这里的绕组电流不是一个方波而是阶梯波，额定电流是台阶式的投入或切除，并且电流分成多少个台阶，则转子就以同样的个数转过一个步距角。这样将一个步距角细分成若干步的驱动方法称为细分驱动。如图 9-14 所示为细分系数为 8 时，四相步进电机各绕组的电流分配。

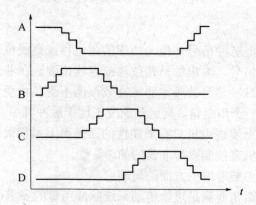

图 9-14 四相步进电机细分系数为 8 时的各绕组电流分配

步进电机每转动一步，机构实际的位移量为脉冲当量，脉冲当量是数控系统中很重要的参数。当步进电机驱动器处于细分状态时，

$$\delta = \frac{丝杠螺距}{360/(\theta_b * 细分系数)}$$

式中：δ——脉冲当量；θ_b——步距角。

细分驱动器比一般驱动器具有以下优点：

(1) 完全消除了电机的低频振荡。低频振荡是步进电机(尤其是反应式电机)的固有特性，而细分是消除它的唯一途径，如果步进电机有时要在共振区工作(如走圆弧)，则选择细分驱动器是唯一的选择。

(2) 提高了电机的输出转矩。尤其是对三相反应式电机，其力矩比不细分时提高约 30%~40%。

(3) 提高了电机的分辨率。由于减小了步距角，提高了步距的均匀度，提高电机的分辨率是不言而喻的。因此选细分驱动器，由电动机型号所定选驱动器型号为 SH-20403。

3) 细分驱动器的输入输出信号

(1) 输入信号。

公共端：本驱动器的输入信号采用共阳极接线方式，用户应将输入信号的电源正极连接到该端子上，将输入的控制信号连接到对应的信号端子上。控制信号低电平有效，此时对应的内部光耦导通，控制信号输入驱动器中。

脉冲信号输入：共阳极时该脉冲信号下降沿被驱动器解释为一个有效脉冲，并驱动电机运行一步。为了确保脉冲信号的可靠响应，共阳极时脉冲低电平的持续时间不应少于 10μs。本驱动器的信号响应频率为 70kHz，过高的输入频率将可能得不到正确响应。

方向信号输入：该端信号的高电平和低电平控制电机的两个转向。共阳极时该端悬空被认为输入高电平。控制电机转向时，应确保方向信号领先脉冲信号至少 10μs 建立，可避免驱动器对脉冲的错误响应。

脱机信号输入：该端接受控制机输出的高/低电平信号，共阳极低电平时电机相电流被切断，转子处于自由状态(脱机状态)。共阳极时高电平或悬空时，转子处于锁定状态。

本驱动器可以通过修改程序实现对双脉冲工作方式的支持，当工作于双脉冲时，方向信号端输入的脉冲被解释为反脉冲，脉冲信号端输入的脉冲为正脉冲。

(2) 输出信号。

输出信号接入步进电动机的绕组，步进电机驱动器的接线图如图 9-15 所示。

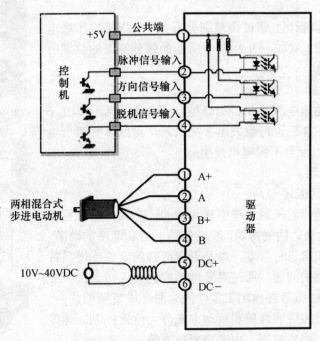

图 9-15　步进电机驱动器接线图

位置控制单元可根据需要的频率和个数以及设定的加减时间控制步进电动机运动。由于步进电动机需要正反转运动，因此定位单元的输出脉冲形式有"脉冲+方向"和"正脉冲+负脉冲"两种，它们均可控制步进电动机正反转运动。输出脉冲形式通过参数设定来选择。其脉冲形式如图 9-16 所示。

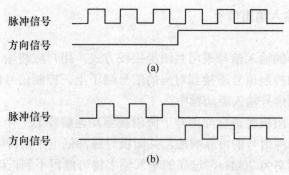

图 9-16 定位模块的两种输出脉冲形式
(a) 脉冲+方向；(b) 正脉冲+负脉冲。

步进电动机驱动器将位置定位模块的输出脉冲信号进行分配并放大后驱动步进电动机的各相绕组，依次通电而旋转。驱动器也可以接受两种不同形式的脉冲信号，通过开关来选择，定位模块和驱动器的脉冲形式要相同。

4) 步进电机驱动器的参数设定

(1) 细分选择。

本驱动器可提供整步、改善半步、4 细分、8 细分、16 细分、32 细分和 64 细分 7 种运行模式，利用驱动器面板上 6 位拨码开关的第 1、2、3 三位可组合出不同的状态。

从图 9-17 中可以看出，通过调整细分开关，可以确定步进电机控制器的细分系数。例如，图 9-17 中所示的细分开关的位置所确定的细分系数为 8。

(2) 输出电流选择

本驱动器最大输出电流为 3A/相(峰值)，通过驱动器面板上 6 位拨码开关的 5、6、7 三位可组成出 8 种状态，对应 8 种输出电流，从 0.9A 到 3A 以配合不同电机使用。

3. 位置控制单元

1) 位置控制单元概述

运动控制系统是指对机械系统中称为轴的一个或多个坐标上的运动，以及这些运动之间的协调，涉及各轴上运动速度的调节，以一定的加减速曲线来进行运动，以及形成准确的定位或遵循特定的轨迹等诸如此类的问题。通过对多轴的控制使机械部件在空间运动轨迹符合要求,或者在被加工零件的表面形成复杂的曲面。运动控制系统按照被控量的性质和运动方式分为位置控制、速度控制和加速度控制、同步控制、力和力矩控制等。

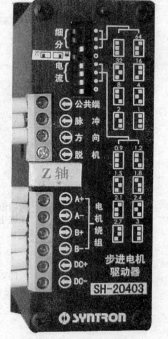

图 9-17 步进电机控制器

数控机床的控制系统由数字控制器(运动控制单元)和内装式 PLC 组成。运动控制器负责运动轨迹控制，也是专用控制装置。位置控制单元就是用于定位控制的一种运动控制单元，运动控制器是运动控制系统的核心。

CJ1W-NC113/213/413/133/233/433 是欧姆龙公司为 CJ1 系列可编程程序控制配置的位置控制单元(PCU)，是专为位置控制系统开发的专用控制器。CJ1 系列的位置控制单元提供两种不同控制方法，第一种是存储器操作，在这种操作模式下定位控制所需的信息(例如定位序列、位置、速度、加速时间、减速时间等参数)被预先传输到位置控制单元中，然后位置控制单元根据可编程序控制器 CPU 向工作存储器区发出命令，执行定位序列来完成定位控制。第二种方式是直接操作，CPU 不断输出位置控制的目的位置和目的速度等参数。位置控制单元可以控制 1 轴(NC113/NC213)、2 轴(NC213/NC223)或 4 轴(NC413/NC433)，使用 2 轴或 4 轴位置控制单元时，还可以实现线性插补。CJ1W 系列位置控制单元输出脉冲到步进电动机驱动器，从而实现步进电动机定位控制。位置控制单元功能如图 9-18 所示。由于该系统需要两轴联动，因此在 X、Z 轴方向的步进电机应该由位置控制单元控制，且是两轴的位置控制单元。因此选择位置控制单元 CJ1W-NC213。

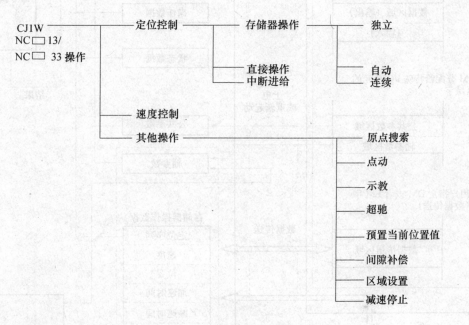

图 9-18 PCU 操作功能

2) 位置控制单元数据区分配

CJ1W 系列位置单元通过在 CPU 与单元之间交换各种数据来操作和使用，图 9-19 表示了在 CPU 和位置控制单元之间交换数据的过程以及交换数据的种类。

CPU 分配给位置控制单元的数据区域可以分为以下几种类型：

(1) 公共参数区：包含的内容与基本的 NC 单元操作有关，必须设置此参数，公共参数区域使用了分配给单元的 DM 区域中的数据段。

(2) 轴参数区域：设置与轴操作有关的参数。

(3) 工作存储区域：是 CPU 在 CIO 区域中分配给 NC 单元的一段存储区，用来输出命令以控制位置控制单元。

(4) 工作数据区域：用来设置输出到位置控制单元的操作命令所需的工作数据。

(5) 存储器操作数据：用来存储与存储器操作命令有关的设置，例如定位序列、位置、速度等。

(6) 区域数据：用以确定由位置控制单元控制的轴当前位置所处的区域。

245

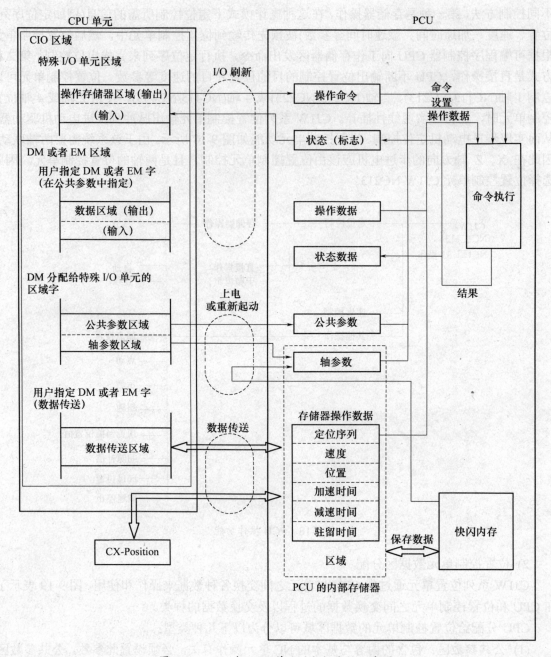

图 9-19 CPU 与 PCU 单元的数据交换示意图

3. 位置控制单元的数据传送

(1) 用数据传送位进行数据读写：使用工作存储器中的数据传送位(字 n+1，12 位，写数据；字 n+1，13 位，读数据)来进行数据读写。

(2) 用 IOWR 和 IORD 进行数据读写。

9.3.2 步进电机单轴定位控制

步进电机单轴定位控制系统原理如图 9-20 所示。

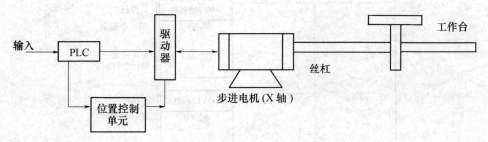

图 9-20 单轴定位控制系统

由于步进电机转动后，通过滚珠丝杠传动带动 X 轴或 Z 轴做直线运动，因此为了保证丝杠不被损坏，安装限位开关使其输出信号反馈到位置控制单元特定的输入口中。

正限位和负限位开关的安装位置由工作台的运动空间决定，保证丝杠不被损坏，即当这两个开关的位置确定后，定位模块保证工作台的运动只能在这两个行程开关之间进行。原位开关用来确定机械坐标原点位置，位置控制模块回原点操作，就是使机械原点和电气原点统一。

查手册后[18,19]，选用 LXJ8(3SG)系列接近开关，该系列接近开关引进德国西门子技术，适用于频率(40~60)Hz，额定电压(30~250)V，电流(300~500)mA 及额定电压(6~30)V、电流(10~300)mA 的控制线路中，作为机床限位、检测、计数、测速元件使用。该系列产品具有规格齐全，外形结构多样，定位精度高，频率响应快，抗干扰性强，使用寿命长的优点。前极限、后极限、原位都选用常开触点的接近开关，根据需要选型为 LXJ83231/0AH31。

若只需对 X 轴或 Z 轴中任意一轴进行单轴定位，则只需对位置控制单元进行直接操作，即通过运用 MOV 指令对位置控制单元中操作数据区域进行单轴的位置、速度、加速时间、减速时间等设置即可。例如针对位置控制单元 CJ1W-NC213 的 X 轴而言，在进行工作数据区所处的存储器、操作数据区域、轴参数设置后，若需改变定位位置，直接将改变的数据传送到 D20068 单元即可，其定位控制过程如图 9-21 所示，图 9-22 所示为完成控制任务的梯形图，控制电路如图 9-23 所示。

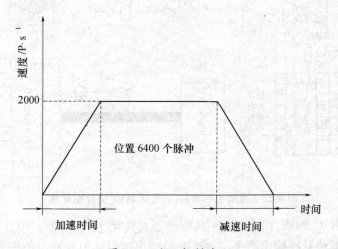

图 9-21 定位控制过程

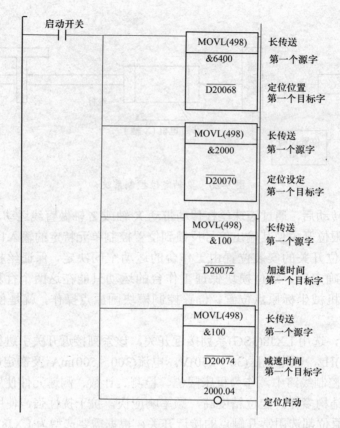

图 9-22 单轴控制的梯形图

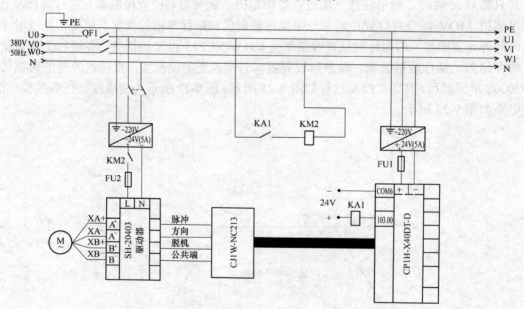

图 9-23 步进电机单轴(X 或 Z 轴)定位控制电路

对于旋转工作台 C 轴或 T 轴,由于其驱动器直接由 PLC 控制,因此直接用 PLC 指令 SPED、PLS2 或者其他脉冲输出指令,对选取的输出端口输出脉冲,而后直接接到步进电机驱动器的输入端口,其控制电路图如图 9-24 所示。

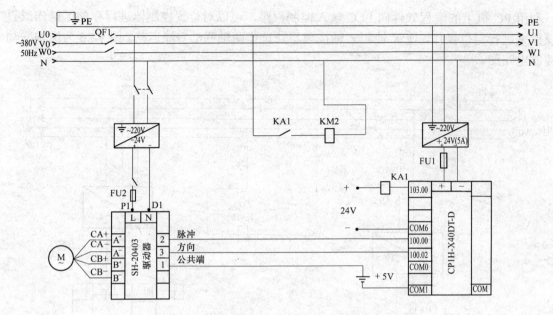

图 9-24 步进电机单轴(C 或 T 轴)定位控制电路图

9.3.3 步进电动机两轴联动控制

机械加工中,平面上的轨迹可以靠两个数控轴的协调运动完成,称为两轴联动。实现两轴联动的算法可以实现插补计算。平面上的任意曲线都可以用直线和圆弧来逼近,因此一般两轴位置控制器都具有直线插补计算和圆弧插补计算功能。

由上节内容可知,针对 X、Z 两轴选择了两轴定位模块 CJ1W-NC213,因此可以对 X、Z 轴进行两轴联动控制。经编程软件编程后传送到 PLC,PLC 接收外部操作信号发送给 CJ1W-NC213,CJ1W-NC213 接收命令,控制驱动器使运动轴按轨迹运动。其控制系统原理如图 9-25 所示。

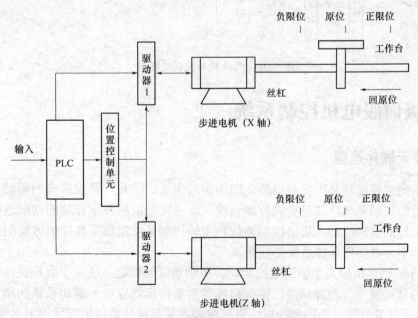

图 9-25 两轴联动系统控制原理图

利用 PC 机上的编程软件向 PLC 输入控制程序，可以对位置控制器进行存储区操作或直接操作来进行定位操作，使 X 轴和 Z 轴按理想轨迹作两轴联动直线运动。图 9-26 为两轴联动的控制电路图。

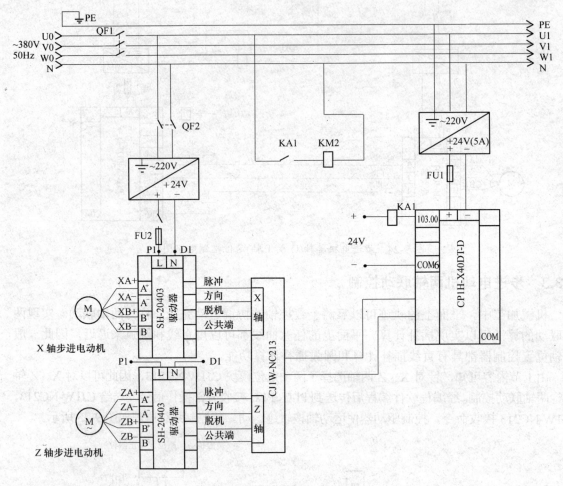

图 9-26 两轴联动控制电路图

9.4 交流伺服电机控制系统

9.4.1 主要元器件选型

数控机床的主要运动是工件与刀具之间的相对运动。因此，数控机床的驱动系统主要有两种：一是进给控制系统，二是主轴控制系统。前者控制机床各坐标轴的切削进给运动，后者控制机床主轴的旋转运动。进给控制系统和主轴控制系统提供了数控机床切削过程中所需要的转矩和功率，并实现运转速度的任意调节。

本系统的 Y 轴运动即为主轴的进给运动。驱动系统的性能，决定了数控机床的性能。数控机床的最高移动速度、跟踪精度、定位精度等重要指标均取决于驱动系统的动态和静态性能，因此，研究并开发高性能的数控机床进给控制系统是现代数控机床发展的关键技术之一。

数控机床的进给控制系统,有开环和闭环控制系统。开环控制系统没有位置的检测及反馈,闭环控制系统则有位置的检测及反馈。现代的高中档数控系统都采用闭环控制系统,只有在经济型用步进电机作为驱动元件的系统中才采用开环控制系统。

闭环控制系统是一种位置伺服系统,它是根据反馈控制原理工作的。即把被控量与输入的指令值进行比较,以形成误差值,并用此误差来控制伺服机构向着消除误差的方向运转(负反馈),最终达到准确驱动的目的。位置控制的职能是精确地控制机床运转部件的底座位置,快速而准确地跟踪指令运动。因此该系统的主轴进给系统选用伺服系统[10, 11]。

交流伺服电动机典型控制系统一般由位置控制单元、伺服驱动器、伺服电动机、编码器组成,其控制系统框图如图9-27所示。

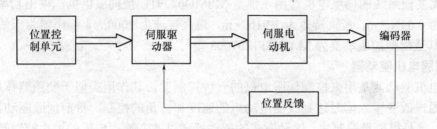

图9-27 伺服电动机控制系统

1. 伺服电机

伺服电机驱动器控制的U/V/W三相电形成电磁场,转子在此磁场的作用下转动,同时电机自带的编码器反馈位置和速度信号给驱动器,驱动器根据反馈值与目标值进行比较,调整转子转动的角度。伺服电机的精度决定于编码器的精度(线数)。伺服电动机又称为执行电动机,在自动控制系统中,用作执行元件,把所收到的电信号转换成电动机轴上的角位移或角速度输出。

和步进驱动相比,伺服驱动有以下优势:

(1) 实现了位置、速度和力矩的闭环控制,并且克服了步进电机失步的问题。

(2) 高速性能好,一般额定转速能达到(2000~3000)转。

(3) 抗过载能力强,能承受三倍于额定转矩的负载,对有瞬间负载波动和要求快速起动的场合特别适用。

(4) 低速运行平稳,低速运行时不会产生类似于步进电机的爬行现象。

(5) 伺服电机加减速的动态相应时间短,一般在几十毫秒之内,适用于有高速响应要求的场合。

(6) 伺服电机的发热和噪声明显降低。

伺服电机的选型计算如下:

(1) 转速和编码器分辨率的确认。

(2) 电机轴上负载力矩的折算和加减速力矩的计算。

(3) 计算负载惯量和转动惯量的匹配。

松下的伺服电机有以下优点:

(1) 采用松下公司独特算法,使速度频率响应提高2倍,达到500Hz,定位超调整定时间缩短为以往产品的1/4。

(2) 具有共振抑制和控制功能,可弥补机械的刚性不足,从而实现高速定位。

(3) 具有全闭环控制功能,通过外接高精度的光电编码器,构成全闭环控制,进一步提高系统精度。

(4) 具有一系列方便使用的功能，内藏频率解析功能(FFT)，从而可检测出机械的共振点，便于系统调整；有两种自动增益调整方式：常规自动增益调整和实时自动增益调整；配有RS485，RS232C 通信口，上位控制器可同时控制多达 16 个轴。

(5) 电机防护等级达 IP65，环境适应性强。

(6) 电机可配用多种编码器，适应各种用户需要：

普通型：2500p/r 增量式编码器；

高精度型：17 位型(2^{17})增量式编码器；

特殊型：217 位型(2^{17})绝对式编码器。

根据需要该系统的伺服电机选用小惯量 MSMD02291U 型伺服电机，输出功率为 200W，额定转矩为 0.64N·m，最大转矩为 1.91N·m，最高转速为 3000r/s，编码器为五线制增量式，2500p/r，其适配型的驱动器为 MADDT1207003 型号。

2．伺服电机驱动器

伺服电机驱动器是用来控制伺服电机的一种控制器，其作用类似于变频器作用于普通交流电机。通过改变输入信号达到改变电动机的速度和转角的控制。目前伺服驱动器的输入有两种形式：一是模拟量控制式，这种方式的驱动器通过改变输入电压的大小控制转速或转角；二是数字控制式，这种方式驱动器与步进电动机控制相同，通过脉冲信号实现转角、速度和方向的控制。

伺服电机驱动器所选型号为 MADDT1207003 型，图 9-28 为其接线图。

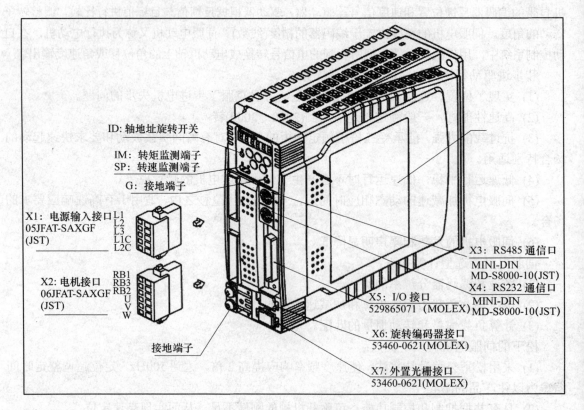

图 9-28　伺服电机驱动器外部接线口

伺服电机驱动器能实现的功能有：位置控制、速度控制、转矩控制及全闭环控制等。伺服驱动器的信号有3种：控制信号、模拟量信号、脉冲信号。该驱动器的I/O信号状态如表9-6所示。

表 9-6 I/O 信号状态表

输入信号(显示为：in)				输出信号(显示为 out)			
编号	信号名称	记号	XS 引脚号	编号	信号名称	记号	XS 引脚号
00	伺服使能	SRV-ON	29	0	伺服准备好	S-RDY	35, 34
01	报警清除	A-CLR	31	1	伺服服务	ALM	37, 36
02	CW 行程极限	CWL	8	2	位置到达	COIN	39, 8
03	CCW 行程极限	CCWL	9	3	制动器释放	BRK-OFF	11, 10
04	控制模式切换	C-MODE	32	4	零速检测	ZSP	12
05	零速位	ZEROSPD	26	5	转矩限制	TLC	12/40
06	指令脉冲分倍频选择	DIV	28	6	速度一致性	V-COIN	39, 38
08	指令脉冲输入禁止	INH	33	7	速度到达	COIN	39, 38
09	增益切换	GAIN	27	8	全闭环位置到达	EX-COIN	
0A	偏差计数器清零	CL	30	9			
0C	内部速度选择 1	INTSPD1	33	A			
0D	内部速度选择 2	INTSPD2	30				
13	振动抑制控制切换	VS-SEL	26				
14	内部速度选择 3	INTSPD3	28				
15	转矩限制切换	TL-SEL	27				

3. 编码器

编码器把角位移或直线位移转换成电信号，前者成为码盘，后者称码尺。

按照工作原理编码器可分为增量式和绝对式两类。增量式编码器是将位移转换成周期性的电信号，再把这个电信号转变成计数脉冲，用脉冲的个数表示位移的大小。而绝对式编码器的每一个位置对应一个确定的数字码，因此它的示值只与测量的起始和终止位置有关，而与测量的中间过程无关。

编码器为五线制增量式，2500P/r，其适配型的驱动器为 MADDT1207003 型号。

9.4.2 交流伺服电机定位控制

1. 控制原理

本系统采用欧姆龙 CP1H 系列 PLC 的高速输出功能实现脉冲输出和方向控制。控制系统结构框图如图 9-29 所示。

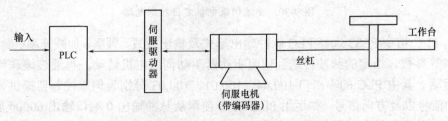

图 9-29 交流伺服定位控制系统结构

PLC 高速输出端输出脉冲和方向信号，实现对伺服电动机系统的通电控制和定位控制。伺服电动机通过丝杠带动工作台作直线运动。在给伺服驱动器输出脉冲和方向信号时选用 SPED 指令可以进行无加减速脉冲输出控制，或 ACC 指令进行加减速比率相同的脉冲输出控制，但它们若单独使用时不可进行定位，若需定位时可以在此命令前加入 PLUS 指令进行输出脉冲量设置，而选用 PLS2 指令时可进行加减比率不同的加减速脉冲输出控制，并且是从 CPU 单元内置输出发出的固定占空比脉冲输出信号，通过输出脉冲量到伺服电动机驱动器进行定位/速度控制。

在工作台的运动方向上装有正负限位开关和原点开关，正负限位开关跟步进电机的限位开关意义相同，此处的限位开关选为常闭型的 LXJ83232/0AH32，此类型的精度比常开型精度更高。

在该系统中，丝杠的螺距为 5mm，伺服电动机的每转所需脉冲数为 2500 个。正限位和负限位开关的安装位置由丝杠的行程确定，保证丝杠不被损坏，即当这两个开关信号接入到交流伺服控制器的响应的输入端或送到位置控制器时，即可保证工作台的运动只能在这两个行程开关之间进行。原位开关用来确定机械坐标原点的位置，位置控制模块回原点操作就是使机械原点和电气原点统一。前、后限位开关直接接入交流伺服驱动器的专用输入端，进行限位保护。

2. 控制电路及控制程序

交流伺服电机定位控制电路如图 9-30 所示。

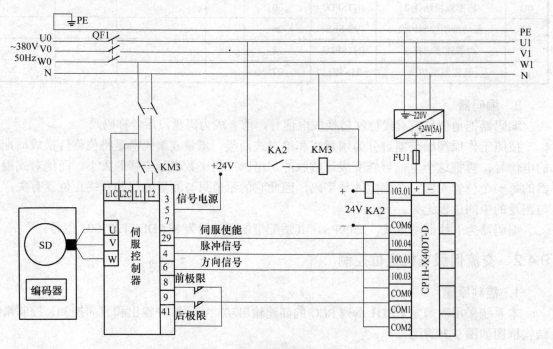

图 9-30 交流伺服电机定位控制电路

利用 PLC 指令 PLS2 选择 PLC 脉冲输出形式及输出模式、频率、加减速率、脉冲输出量、启动频率等参数。指定的脉冲传送到伺服驱动器驱动伺服电机转动，再通过滚珠丝杠传动变成直线运动。其中 PLC 的输出口 100.04、100.01、100.03 分别为伺服控制器提供伺服使能信号、脉冲信号以及方向信号。如运用 PLS2 指令使得从脉冲输出 0 端口输出 60000 脉冲，使电动机运行，其定位控制过程如图 9-31 所示。

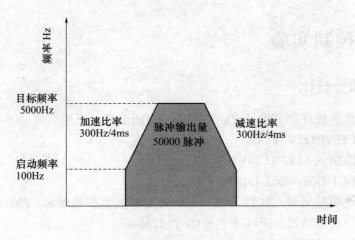

图 9-31　示例定位控制过程

运用MOV或MOVL指令进行DM区域设定(D0～D7)，所设数据如表9-7所示。

表 9-7　PLS2 指令的设定

设定内容	地址	数据
加速比率 300Hz/4ms	D0	#012C
减速比率 300Hz/4ms	D1	#012C
目标频率 5000Hz	D2	#1388
	D3	#0000
脉冲量输出设定：60000 脉冲	D4	#C350
	D5	#0000
启动频率：100Hz	D6	#0064
	D7	#0000

若要改变其定位位置，只需改变向 D4 所送的数据即可，其执行梯形图如图 9-32 所示。

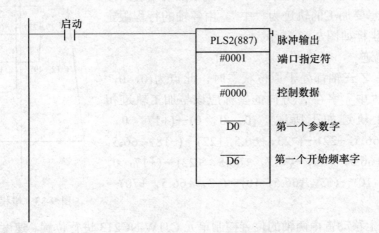

图 9-32　交流伺服定位控制梯形图

9.5 综合控制实验

9.5.1 硬件部分设计

各控制系统的硬件部分设计已经在前面中有所涉及，下面汇总一下：
断路器：CHNT D247-60 C6；
继电器：欧姆龙 MY2NJ 24VDC；
接触器：LC1-D09，LC1-D18，LC1-D25；
可编程序逻辑控制器：欧姆龙 CP1H-X40DT-D 及其扩展单元 CPM1A-16ER；
三相交流异步电动机：IP44 系列中的 Y112M-4；
变频器：VF0 200W；
位置控制单元：CJ1W-NC213；
步进电动机：56BYG250E(X、Z 轴)，45BYG250B(C 轴)，42BYG250C(T 轴)；
步进电机驱动器：SH-20403；
伺服电动机：小惯量 MSMD022P1U；
伺服电机驱动器：MADDT1207003。

9.5.2 软件部分设计

1. 综合控制实验总体思路

本系统共有主轴交流变频调速系统、步进电动机控制系统、伺服电动机控制系统三大运动控制系统。为了体现该系统的功能，三大运动控制系统在本案例的控制中皆将用到。

本案例采用蜡模作为加工零件，该蜡模共有 6 个面，上下两面为正方形，4 个侧面皆为等腰梯形，上边正方形边长 8cm，底面正方形边长为 10.5cm，梯形高为 10.5cm。通过反复实验来进行各个控制系统的单个运动，测量到当 X、Z 轴处于各自原点时主轴在蜡模的位置，也可测出蜡模中点在 XOZ 平面的坐标为(+3, 0)。考虑到为体现两轴联动中的直线插补功能，所以多处用到斜直线，而旋转工作台的 T 轴也只是步进电机单轴定位，因此大同小异，故而没用，只是在点动中有所涉及。在零件上想要加工的轨迹为"中"，由各轴的行程限定字的大小，其坐标如图 9-33 所示。

2. 加工轨迹

当 X、Y、Z 三轴都处于原位状态时，此点为(0，0，0)，由于所刻"中"字在 X 方向的坐标应该与加工轨迹相反，所以加工轨迹如下所述：(0，0，0)→(+17，0，+22)→(+17，+66.5，+22)→(-23，+66.5，+22)→(-18，+66.5，+49)→(+12，+66.5，+49)→(+17，+66.5，+22)→(+17，0，+22)→(-3，0，10)→(-3，+66.5，10)→(-3，+66.5，+70)→(-3，0，+70)。

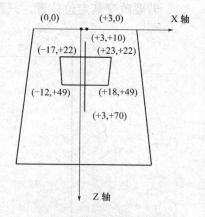

图 9-33 蜡模及其加工形状

XOZ 平面上移动皆由两轴的位置控制单元 CJ1W-NC213 进行位置、速度控制，输出脉冲到 X、Z 轴步进电机驱动器实现两轴联动。伺服电机则带动主轴的进给，移动到加工表面或者是退出加工面。加工时主轴旋转，可以通过调节外部电位器进行主轴无级变速。由于X、Z轴的步进电机驱动器在细分系数为8时的脉冲当量都为0.003125mm，即步进电机走转一圈(工作台移动 5mm)需要 1600 个脉冲。Y 轴在伺服电机驱动器的参数设置下，脉冲当量为 0.0005mm，即电机转一圈(工作台移动 5mm)需要 10000 个脉冲数，在编程时应该用脉冲数来表示位移量。

对于 X、Z 两轴的控制可以对位置控制器进行两种操作方式，一种是存储区操作，其步骤大概如下：把运动分成若干个定位序列，通过先设置公共参数，然后设置各个数控程序的定位序列参数，最后把数控程序的这些设置传送到位置控制器中，而后启动各个序列号使能位，执行各个定位序列；另一种是直接操作，即对位置控制单元进行直接操作，其步骤大概如下：首先设置公共参数，设置工作数据区所处的存储器以及工作数据区的开始字，指定轴参数，然后设置工作数据区，对操作数据区域的固定位进行位置参数、速度参数、加速时间、减速时间等设置，最后执行绝对移动或相对移动，即把绝对移动命令位或相对移动命令位由 OFF 变为 ON，进行定位启动。点动或只有单轴运动时因为不用多次定位，故选用直接操作比较简单，使点动位使能即可；若反向运动时，使方向位使能即可实现，而当启动自动加工时，由于需要多次定位且有斜线，需要两轴联动的加工轨迹，因而选择存储区操作方式。

对于 Y 轴的伺服驱动，分为点动和自动两种情况。当点动时，只需要控制速度即可，不用控制位置，因此可以选用 PLC 脉冲输出指令 SPED 进行对伺服控制器脉冲输出。而当自动加工过程中的 Y 轴运动时则需要有位置、速度两方面的控制，因此可以用 PLS2 指令对伺服驱动器进行脉冲输出，PLS2 指令还可以改动定位位置。

控制电路见图 9-34。

3．控制程序

在自动控制程序的编辑中，由于蜡模大小形状不一样，为了使加工出的字更加美观，必须改变字的大小及改变加工轨迹的长度及位置。

在位置控制器控制的两轴联动中，可以通过改变各个定位序列的位置参数来改变步进电机的定位位置。例如改变序列 0002、0003 的定位位置，用 MOV 指令设置，定位序列如表 9-8 所示。

表 9-8 定位序列设置

数据	数据结构			设置值(十六进制)	地址(十进制)
序列号#0002	15 12 11 08 07 04 03 00			#3000	D106
				#0000	D107
	轴指定	输出码	位置指定 完成码	#0100	D108
序列号#0003	驻留时间号	加速时间号	减速时间号	#3000	D109
	初始速度号	目标速度号		#0000	D110
				#0100	D111

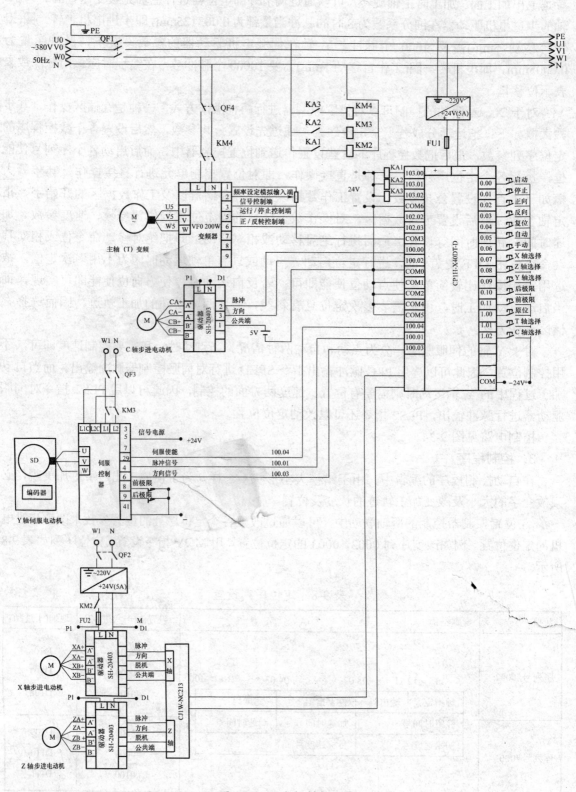

图 9-34 综合控制电路图

用MOVL指令对其速度设置如表9-9所示。

表9-9 速度设定

数据	数据结构	设定值(P/s)	设定值(十六进制)	地址(十六进制)
速度号#0	15 最左端 00 15 最右端 00 速度数据 (P/s) 无符号32位二进制数	32768	#8000	D300
			#0000	D301
速度号#1		0000	#0000	D302
			#0000	D303

用MOVL指令进行X轴位置设定，数据如表9-10所示。

表9-10 位置设定

数据	数据结构	设定值(脉冲，十进制)	地址(十六进制)
位置号#0002	15 最左端 00 15 最右端 00 位置数据 (脉冲) 有符号32位二进制数	−5760	D404
			D405
速度号#0003		+3840	D406
			D407

用MOVL指令进行Z轴位置设定，数据如表9-11所示。

表9-11 位置设定

数据	数据结构	设定值(脉冲，十进制)	地址(十六进制)
位置号#0002	15 最左端 00 15 最右端 00 位置数据 (脉冲) 有符号32位二进制数	+15680	D604
			D605
速度号#0003		+15680	D606
			D607

其X轴定位控制过程如图9-35所示。

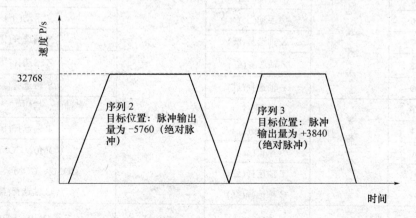

图9-35 两轴联动存储区操作定位控制

以上数据设置好后需要写入位置控制单元,并保存在特定单元的 Flash 存储器中,将数据保存到位置控制单元后就可以使用如图 9-36 所示的梯形图来启动定位控制,并实现定位控制。若要改变定位位置,只需改变送往位置号地址的值即可。

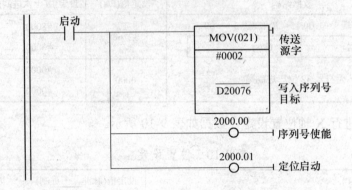

图 9-36 存储区定位操作梯形图

完成加工的具体程序较长,因案例篇幅有限,这里不再详细介绍。

9.6.3 综合实验

1. 实验过程

(1) 蜡模的装夹定位,安装好所需刀具。
(2) 按表 9-12 接线。

表 9-12 综合控制实验接线图

	PLC	其他		其他	
输入	0.00	按钮和选择开关	启动(左)		启动(右)
	0.01		停止(左)		停止(右)
	0.02		正向(左)		正向(右)
	0.03		反向(左)		反向(右)
	0.04		复位(左)		复位(右)
	0.05		自动(上)		自动(下)
	0.06		手动(上)		手动(下)
	0.07		X 轴选择(红)		X 轴选择(黑)
	0.08		Z 轴选择(红)		Z 轴选择(黑)
	0.09		Y 轴选择(红)		Y 轴选择(黑)
	0.10	Y 轴信号	后极限(红)	24V(-)	Y 轴前、后极限、原位(黑)
	0.11		前极限(红)		T 轴选择(黑)
	1.00		原位(红)		COM0、COM1、
	1.01		T 轴选择(红)		COM2、COM4、COM5
	1.02		C 轴选择(红)		C 轴选择(黑)
	COM		24V(+)	5V(-)	COM0、COM1